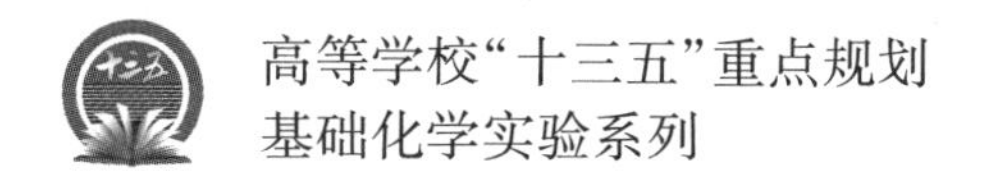
高等学校“十三五”重点规划
基础化学实验系列

无机化学实验

（第二版）

主　编　刘岩峰
副主编　刘　琦　王　君　朱春玲

HEUP 哈尔滨工程大学出版社

内容简介

本教材主要依据无机化学学科发展及新版无机化学实验教学大纲的需要，结合化学实验教学中心近年来实验教学改革经验和成果编写而成。

本教材内容共有四部分：第一部分为无机化学实验基本知识；第二部分为无机化学实验基本操作；第三部分为无机化学实验；第四部分为附录。

本教材适用于化学工程专业、环境化学专业、材料化学专业和应用化学专业无机化学实验课程的教学，也可作为其他相关专业的无机化学实验课程的教材和参考书。

图书在版编目(CIP)数据

无机化学实验 / 刘岩峰主编. —2 版. —哈尔滨：哈尔滨工程大学出版社，2018.2(2025.1 重印)
ISBN 978-7-5661-1753-3

Ⅰ.①无… Ⅱ.①刘… Ⅲ.①无机化学-化学实验 Ⅳ.①O61-33

中国版本图书馆 CIP 数据核字(2017)第 313414 号

责任编辑 马佳佳
封面设计 博鑫设计

出版发行 哈尔滨工程大学出版社
社　　址 哈尔滨市南岗区南通大街 145 号
邮政编码 150001
发行电话 0451-82519328
传　　真 0451-82519699
经　　销 新华书店
印　　刷 哈尔滨午阳印刷有限公司
开　　本 787 mm×1 092 mm　1/16
印　　张 15.25
字　　数 395 千字
版　　次 2018 年 2 月第 2 版
印　　次 2025 年 1 月第 6 次印刷
定　　价 36.00 元
http://www.hrbeupress.com
E-mail:heupress@hrbeu.edu.cn

第二版前言

化学实验是化学学科赖以形成和发展的基础，是化学教学中学生获取化学经验知识和检验化学知识的重要媒介和手段。已故著名化学家、中国科学院院士戴安邦教授对化学实验教学做了精辟的论述：实验教学是实施全面化学教育的有效形式。教师通过化学实验教学，不仅传授化学知识，更重要的是培养学生的实践能力和科学素质，掌握实验基本技能，培养分析问题和解决问题的能力，养成实事求是的科学态度，树立勇于开拓的意识。随着化学科学的发展，无机化学的研究对象、内容和技术方法都发生了新的变化，无机化学实验课程的教学内容和结构也应与时俱进、更新和完善。随着教学改革的深化，高等院校的人才培养目标和教学模式有了新的变化，因此无机化学实验教材必须适应教学改革发展需要而做出相应的改革。

本教材主要依据当前实验教学改革发展需要，遵照哈尔滨工程大学新版教学大纲要求和目标，结合多年来化学实验教学中心的实验教学改革经验和成果，参考国内其他院校先进的实验理念及实验教学内容编写而成。教材内容由以下四部分组成：

第一部分为无机化学实验基本知识，共3章。分别介绍了无机化学实验课程的目的及要求、实验室基本常识、无机化学实验中数据的表达与处理等基础知识，这些都是学生进行化学实验前必须学习的内容。

第二部分为无机化学实验基本操作，共3章。分别介绍了无机化学实验常用基本仪器、无机化学实验基本操作及无机化学实验基本测量仪器，目的是强化学生对无机化学实验基础知识以及对实验规范化操作的掌握，帮助学生在实验过程中正确使用仪器和设备。

第三部分为无机化学实验，共5章。其中化学基本原理与化学反应特征常数的测定共设6个实验，主要目的是使学生加深对无机化学反应原理的理解以及对化学理论常数来源的了解，培养和训练学生正确记录、合理处理实验数据，掌握作图方法和分析误差的能力；元素化合物的性质及离子的分离鉴定共设8个实验，主要目的是熟悉和掌握常见主族和过渡元素及其重要化合物的特性、共性和规律性，引导学生灵活运用这些性质和规律性，培养学生分析问题和解决问题的能力；综合性实验共设8个实验，主要目的是训练和提高学生的基本操作能力，培养学生对所学知识及技能的融会贯通、综合运用的能力；设计性实验共设5个实验,主要培养学生独立思考及实践创新能力,强化绿色化学实验概念;生活实用性实验共设4个实验,进一步扩大实验范围,拓展实验视野,培养学生运用化学知识与技能解决实际生活中的一些问题的能力,激发学生的创新能力。

第四部分为附录,主要是无机化学实验中经常用到的相关数据,以表格形式列出,便于使用者查阅和使用。

教材中优化整合了无机化学实验课程体系和教学内容。精选传统经典实验内容;针对实验产品回收及实验废液回收处理再利用,对污染重的实验内容进行了绿色化和微型化改进;从环保的角度,选择对环境友好的实验试剂,并将实验中的试剂用量减少至低量;在保证实验体系的完整性及内容的统一性的前提下,增加了与社会生活相关的生活实用性实验项目。在具体实验内容的编排方面也做了精心的安排,每个实验都由实验目的、实验原理、所用仪器与试剂、实验内容、数据记录和处理、课后思考题等组成。绝大部分实验还列出了实验注意事项和预习内容,帮助学生了解实验的关键所在,启迪学生的实验思维,以便学生更好地进行预习和完成实验。

本教材在编写过程中,得到了实验室、资产管理处和化学实验教学中心领导及老师的大力支持与帮助。特别感谢王松武教授、干久安教授和张秀忠教授对编写本教材的建议与积极贡献。

本教材编写参阅了诸多兄弟院校同类实验教材内容,在此特对诸位编者老师致以衷心的感谢和敬意!

由于时间仓促,编者学识水平所限,教材中疏漏和欠妥之处在所难免,恳请使用本教材的老师和同学们给予批评与指正。

编　者

2018年1月

目　　录

第一部分　无机化学实验基本知识

第二部分　无机化学实验基本操作

第三部分　无机化学实验

第四部分　附　录

第一部分
无机化学实验基本知识

第1章　无机化学实验课程的目的及要求

1.1　无机化学实验课程的目的

无机化学实验是高等院校化学与化工类本科生必修的一门独立的基础实验课程，是培养学生独立操作、观察、记录、分析归纳、写报告等多方面能力的极为重要的环节。通过开设无机化学实验课程，应达到以下三个目的：

(1)学生通过实验可掌握化学学科大量的第一手感性知识，经分析、归纳、总结，从感性认识上升到理性认识，加深对理论知识的理解掌握，使理论和实践联系起来。

(2)在化学实验全过程中，学生独立查阅资料，设计实验方案，动手进行实验，观察实验现象，测定实验数据，养成细致观察和记录现象的习惯，达到正确归纳综合处理数据和分析实验结果的能力。从而培养学生独立分析问题、解决问题的能力。

(3)通过实验可以培养学生实事求是的科学态度、富于创新的科学精神和良好的工作习惯，使学生逐步掌握科学研究的方法，为学生参加科学研究及实际工作打下坚实的基础。

1.2　无机化学实验课程的学习方法

无机化学实验课程的教学效果与学生的实验态度和学习方法密切相关，要做好无机化学实验必须掌握以下几个方面内容。

1.2.1　预习

预习是做无机化学实验之前必须完成的准备工作，是保证做好无机化学实验的一个重要环节，否则将严重影响实验的教学效果。实验预习要求如下：

(1)阅读实验教材及相关资料，明确实验的目的和实验原理，熟悉实验内容、主要操作步骤及数据处理方法。

(2)根据实验内容查阅附录及有关资料，记录实验所需的物理化学数据、定量实验的计算公式及反应方程式等。

(3)预习实验中涉及的实验操作技术、相关实验仪器的使用方法及注意事项等内容。

(4)认真撰写实验预习报告。注意在报告中预留记录实验现象和数据的位置。

(5)对于没有预习报告或没有达到上述预习要求者，不允许进行本次实验。

1.2.2　实验

实验过程中学生应在任课教师的指导下，按照要求独立进行实验，这是培养学生实验动手能力及独立思考、独立分析与解决问题的能力的重要环节。

(1)认真操作,仔细观察实验现象,及时、认真测定实验数据,并将实验数据如实记录在预习报告中。数据记录应真实、规范和整洁,实验数据不得随意更改或删减,这是培养学生良好科学习惯的重要环节。

(2)实验中要勤于思考,细心观察,自己分析、解决问题。对实验现象有疑惑,或实验结果误差太大,要认真分析操作过程,努力找到原因。如果必要,可以在教师指导下,做对照实验、空白实验,或自行设计实验进行核实。以培养学生独立分析问题、解决问题的能力。

(3)如实验失败,要查明原因,经任课教师准许后方可重做实验。

(4)实验结束后,将实验记录交给任课教师审阅后方可离开实验室。

1.2.3 实验报告

实验报告是对实验现象进行分析、对实验数据进行处理,是对实验的概括和总结的过程。实验操作完成后,必须根据自己的实验记录进行归纳和总结。用简明扼要的文字条理清晰地撰写实验报告。这也是培养学生分析、归纳、总结和书写能力以及严谨的科学态度和实事求是科学精神的重要环节。

(1)实验现象要表述正确,并进行合理的解释,写出相应的反应式,得出结论。

(2)根据实验记录进行必要的数据处理和计算。

(3)分析产生误差的原因。对于实验中遇到的问题应提出自己的见解,包括对实验方法、教学方法和实验内容提出改进意见或建议。

(4)实验报告应文字精练、内容确切、数据准确可靠、表格清晰、图形规范、书写整洁。

(5)实验报告应按一定的格式书写,实验类型不同,实验报告的格式也不同。

1.3 无机化学实验报告格式示例

无机化学实验的类型较多,但实验报告的书写大致可分为 4 种格式:测定实验报告、性质实验报告、制备(包括提纯)实验报告、设计性实验报告。现将几种不同类型的实验报告格式介绍如下,以供撰写实验报告时参考。

1.3.1 测定实验报告示例

实验三 醋酸解离常数的测定(pH 法)

学号________ 姓名________ 实验时间________

一、实验目的

1. 掌握 pH 法测定醋酸解离度和解离常数的原理和方法。
2. 加深对弱电解质解离平衡的理解。
3. 掌握容量瓶和吸量管的规范操作。
4. 掌握酸度计的使用方法。

二、实验原理

配制一系列已知浓度的醋酸溶液，在一定温度下，用酸度计测定其 pH 值，然后根据 $pH = -\lg[H^+]$ 关系式计算出 $[H^+]$，将 $[H^+]$ 代入下列式中：

$$\alpha = \frac{[H^+]}{c}$$

$$K = \frac{c\alpha^2}{1-\alpha}$$

即可求得一系列对应的 α 和 K 值，求取 K 的平均值，即为该温度下醋酸的解离平衡常数。

三、实验步骤

1. 配制系列浓度的醋酸溶液。
2. pHS—3C 型数显酸度计的校准。
3. 系列浓度醋酸溶液 pH 值的测定。

四、数据记录与处理

1. 数据记录

系列浓度醋酸溶液的配制

容量瓶编号	标准醋酸溶液的体积/mL	系列醋酸溶液的浓度/$mol \cdot L^{-1}$
1	5.00	
2	10.00	
3	15.00	
4	25.00	
5	35.00	

醋酸电离常数的测定

溶液的温度：________℃		标准醋酸溶液的浓度：________ $mol \cdot L^{-1}$			
烧杯编号	c /$mol \cdot L^{-1}$	pH	$[H^+]$ /$mol \cdot L^{-1}$	α	K
1					
2					
3					
4					
5					
6					

2. 数据计算

(1)计算醋酸的解离度 α。

(2)计算 K 值和 K 的平均值。

(3)查阅 K_{HAc} 文献值，计算 K_{HAc} 相对误差。

五、误差分析及问题讨论

六、思考题

1.3.2 性质实验报告示例

实验十二　ds 区重要金属化合物的性质

学号________　姓名________　实验时间________

一、实验目的

1. 掌握 Cu,Ag,Zn,Cd,Hg 氢氧化物的性质。
2. 掌握 Cu,Ag,Zn,Cd,Hg 重要化合物的性质。
3. 掌握 Cu^{2+},Ag^{+},Zn^{2+},Cd^{2+},Hg^{2+}的分离和鉴定方法。

二、实验原理

ds 区重要金属元素 Cu,Ag,Zn,Cd,Hg 的氢氧化物中,$Zn(OH)_2$ 为两性氢氧化物,既溶于酸又溶于碱。$Cu(OH)_2$ 为两性偏碱,易溶于酸,溶于强碱生成$[Cu(OH)_4]^{2-}$。$Cu(OH)_2$不太稳定,加热或放置太久会脱水变为黑色的 CuO。$Cd(OH)_2$ 具有两性,易溶于酸,因其酸性很弱,难溶于强碱中,只能缓慢地溶于热、浓的强碱中。AgOH,$Hg(OH)_2$,$Hg_2(OH)_2$ 都极不稳定,易脱水变为相应的氧化物 Ag_2O,HgO 和 Hg_2O,Hg_2O 也不稳定,易歧化为 HgO 和 Hg。Ag_2O,HgO 溶于酸,但不溶于碱。

Cu^{2+},Ag^{+},Zn^{2+},Cd^{2+} 与过量的氨水反应时,分别生成相应氨配合物。但 Hg^{2+} 和 Hg_2^{2+} 与过量 $NH_3 \cdot H_2O$ 反应时,若没有大量的 NH_4^+ 存在,将不能生成氨配离子。

三、实验步骤及实验结果记录

1. Cu,Ag,Zn,Cd,Hg 氢氧化物的生成与性质		
实验步骤	实验现象	现象的解释、相关反应式及结论
$CuSO_4$ + NaOH	蓝色絮状沉淀	$Cu^{2+} + 2OH^- = Cu(OH)_2\downarrow$
$Cu(OH)_2$ 加热	黑色沉淀	$Cu(OH)_2 = CuO\downarrow$ (黑色) $+ H_2O$
$Cu(OH)_2$ 加酸	沉淀溶解	$Cu(OH)_2 + 2H^+ = Cu^{2+} + 2H_2O$
$Cu(OH)_2$ 加浓碱	沉淀溶解	$Cu(OH)_2 + 2OH^- = [Cu(OH)_4]^{2-}$
$ZnSO_4$ + NaOH	白色沉淀	$Zn^{2+} + 2OH^- = Zn(OH)_2\downarrow$
—	—	—

四、结果分析与讨论

五、思考题

1.3.3　制备(包括提纯)实验报告示例

实验十六　试剂级氯化钠的制备及纯度鉴定

学号________　姓名________　实验时间________

一、实验目的

1. 掌握通过沉淀反应提纯氯化钠的原理。
2. 掌握分离提纯物质过程中定性检验某种物质是否已除去的方法。
3. 掌握溶解、沉淀、过滤、减压过滤、蒸发浓缩、结晶、干燥等基本操作。

二、实验原理

较高纯度的 NaCl 可由粗食盐提纯,粗食盐中含有不溶、可溶杂质。前者可用溶解、过滤法除去,而后者可选择适当沉淀剂使 Ca^{2+},Mg^{2+},SO_4^{2-} 等离子沉淀而除去。可加 $BaCl_2$,除去 SO_4^{2-}。加入 NaOH 和 Na_2CO_3,除去 Ca^{2+},Mg^{2+} 和过量的 Ba^{2+}。用 HCl 中和。根据溶解度的差别,通过蒸发和浓缩操作,使 NaCl 结晶,而 KCl 仍留在溶液中。

三、实验步骤

[8 g 粗食盐] → [加 30 mL 水加热搅拌,溶解] → [加热,加入 $BaCl_2$ 溶液,再加热 5 min] → [检验 SO_4^{2-} 是否除尽] → [过滤] → [滤液加 NaOH 溶液和 Na_2CO_3 溶液除去 Ca^{2+}、Mg^{2+}、Ba^{2+}] → [检验 Ba^{2+} 等是否除尽] → [过滤] → [滤液加 2 mol/L HCl 中和至 pH≈6] → [蒸发浓缩至稀粥状稠液] → [冷却,减压过滤] → [晶体,洗涤] → [烘干] → [称重,计算产率] → [产品的纯度检验]

四、实验记录与处理

1. 实验记录

(1)粗食盐的质量________ g

(2)试剂级 NaCl 产品的实际产量________ g

(3)产品的外观描述________

(4)产品纯度检验:在台秤上称取粗食盐和 NaCl 试剂各 1 g,分别溶于 5 mL 蒸馏水中,然后各五等分,按下表进行纯度检验:

项目	检验方法	被检溶液	实验现象	结论
SO_4^{2-}	加 2 滴 1 mol/L $BaCl_2$	粗 NaCl 溶液		
		纯 NaCl 溶液		
Ca^{2+}	加 2 滴 0.5 mol/L $(NH_4)_2C_2O_4$	粗 NaCl 溶液		
		纯 NaCl 溶液		
Mg^{2+}	加 2~3 滴 2 mol/L NaOH 和 2~3 滴镁试剂	粗 NaCl 溶液		
		纯 NaCl 溶液		
Fe^{3+}	加 2 滴 25% KSCN 和 2 滴 2 mol/L HCl	粗 NaCl 溶液		
		纯 NaCl 溶液		
K^+	加 2~3 滴 0.1 mol/L $Na_3[CO(NO_2)_6]$溶液	粗 NaCl 溶液		
		纯 NaCl 溶液		

2. 产率计算

五、结果分析与讨论(针对实验过程、操作、实验现象及结果进行分析和讨论)

六、思考题

1.3.4 设计性实验报告示例

实验二十三 元素性质综合实验

学号________ 姓名________ 实验时间________

一、实验目的

1. 加深掌握重要化合物的基本性质。
2. 运用元素及化合物的基本性质鉴定常见离子及化合物。
3. 培养综合运用化学知识解决离子鉴定及化合物鉴别的能力。
4. 培养运用实验知识与技能解决实际问题的能力。

二、实验内容

混合离子溶液中可能含有 S^{2-},$S_2O_3^{2-}$,SO_3^{2-} 中的部分或全部。

(1)分离与鉴定方案

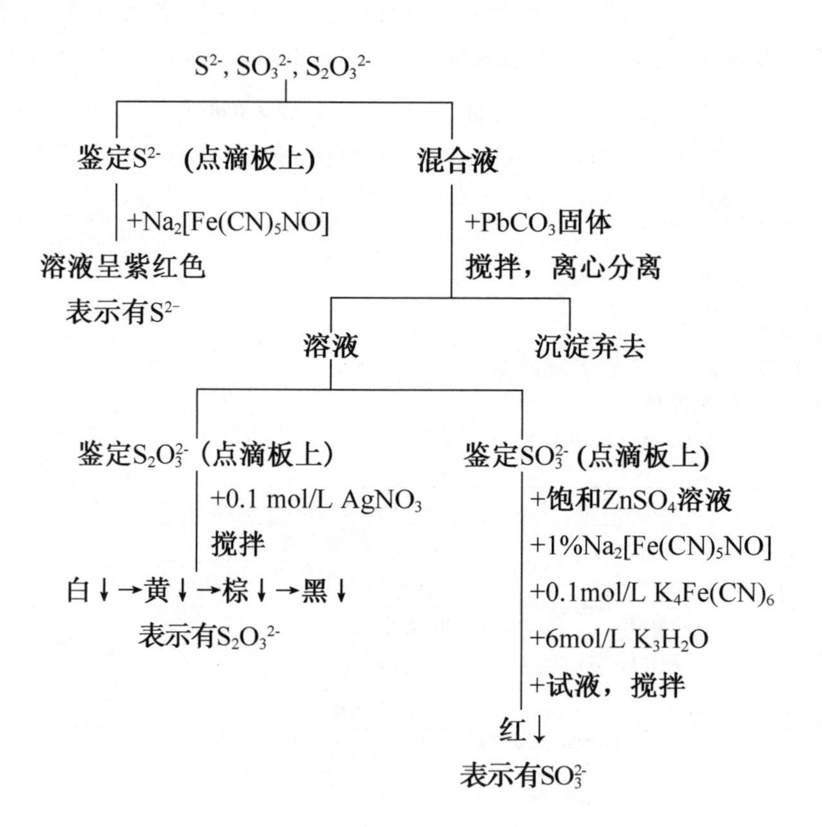

(2)所需试剂:$Na_2[Fe(CN)_5NO]$ (1%),固体 $PbCO_3$,$AgNO_3$(0.1 mol/L),$ZnSO_4$(饱和),$K_4[Fe(CN)_6]$(0.1 mol/L),$NH_3 \cdot H_2O$(6 mol/L)

(3)操作步骤

实验操作步骤	现象	相关反应式
1. 点滴板上滴加 1 滴待鉴定溶液	紫红色	$S^{2-}+[Fe(CN)_5NO]^{2-}$ ══ $[Fe(CN)_5NOS]^{4-}$
2. 混合液中加入固体 $PbCO_3$	黑↓	$S^{2-}+PbCO_3$ ══ $PbS\downarrow+CO_3^{2-}$
3. 离心沉降,弃去沉淀		
4. 点滴板上滴加 1 滴待鉴定清液 +0.1 mol/L $AgNO_3$	白↓→黑↓	$2Ag^{+}+S_2O_3^{2-}$ ══ $Ag_2S_2O_3\downarrow$ $Ag_2S_2O_3+H_2O$ ══ $Ag_2S\downarrow+SO_4^{2-}+2H^{+}$
5. 点滴板上滴 1 滴待鉴定清液 + $ZnSO_4$ + $Na_2[Fe(CN)_5NO]$ + $K_4[Fe(CN)_6]$ + $NH_3\cdot H_2O$ 至中性	红↓	

(4)鉴定结论:混合离子溶液中含有S^{2-},$S_2O_3^{2-}$,SO_3^{2-}离子。

三、问题讨论

1.4　无机化学实验课程的要求

(1)课前要认真预习实验内容并写好预习报告,进实验室之前要带好实验报告册和记录用笔等。预习报告没写、预习内容不对或预习报告不合格者不允许做实验。

(2)上课应提前 10 min 进入实验室,进入实验室时,必须用学生卡进行刷卡签到,穿好实验服后按学号顺序到相应台号的实验台入座,每次实验座位固定。不许迟到,如果不按时到课,按缺课处理。

(3)进入实验室要遵守实验室的各项规章制度。不准喧哗打闹、接打手机、随意更换座位;在老师还没讲解之前不要随便摆弄实验物品或调换他组的实验物品。不准乱丢纸屑、废物,不说与实验无关的话,不做与实验无关的事。

(4)认真听讲,仔细观察老师演示,进一步明确实验目的、操作要点及注意事项。进一步了解仪器装置的构造、原理、化学药品的性能。

(5)实验时,应根据实验所规定的方法、步骤和试剂用量规范操作、认真观察,并当场做详细的实验记录,不得抄袭或事后涂改实验记录。抄袭或篡改实验记录视为作弊,作弊为零分处理。按时完成实验。

(6)实验过程中应该保持肃静,严格遵守实验守则。自觉养成良好的实验习惯,始终保持实验桌面布局合理、环境整洁。随时注意室内整洁卫生,火柴杆、纸张等废物只能丢入废物缸内,不能随地乱丢,更不能丢入水槽,以免堵塞下水道。

(7)实验中的公用仪器必须在规定的地方使用,不要拿到自己的桌面上使用。实验结束后要把实验物品复原。将所用实验仪器整理好,摆放整齐;对于玻璃仪器要洗净放好,每组同学必须把自己的实验台面打扫干净。预习报告及实验记录须经上课老师检查签字后方可离开实验室。

(8)爱护公共财产,节约水电、器材和药品,如因不守纪律、违章操作而损坏仪器设备、浪费器材或药品,要按价赔偿。

(9)实验报告要字迹工整,图表规范,实验项目填写翔实,书面整洁,注意要把上课时间和实验台号写在实验报告的封面上。独立完成实验报告,如果发现实验报告雷同者该实验成绩为零分。实验报告应在做完实验后的一周内,按班级统一交给任课教师。

(10)无故缺席实验,此实验作为零分处理。不管任何理由,实验课程结束后有 3 个实验没做或零分,期末实验总成绩为不及格。

第2章　实验室基本常识

2.1　化学实验室规则

严格遵守实验室规章制度，可以保证正常的实验环境和实验秩序，防止意外事故的发生，是做好实验的前提和保障，也有利于学生形成整洁、节约、有条不紊的实验习惯。学生应遵守以下规则：

(1)实验前必须认真预习，明确实验的目的要求，弄清有关基本原理、操作步骤、方法以及安全注意事项，做到心中有数，有计划地进行实验。

(2)遵守纪律，不迟到，不早退。进入实验室时，先熟悉实验室及其周围环境，尤其是水、电、燃气等各种阀门所在位置。严格遵守实验室的各项规章制度。检查实验所需的物品、仪器、试剂等是否齐全，若有缺少和破损，及时向教师提出补足或更换。实验过程中损坏或丢失的仪器要及时登记补领，并按实验室的有关规定进行赔偿。

(3)实验过程中保持安静，严禁饮食、吸烟、听音乐，集中精力，正确操作。爱护公共财物，小心使用仪器和实验设备，节约药品、水、电和煤气。不得拿用别人(或别组)的仪器，并将所需的仪器洗净、在桌面上摆齐。

(4)严格按照实验指导规定的操作步骤、试剂用量进行实验，若要更改，必须征得指导教师的同意方可进行。仔细观察各种现象，并如实详细地记录在预习报告中，严禁弄虚作假、随意涂改数据或拼凑结果。实验过程中如出现问题，应立即向指导教师汇报，以便及时解决和处理。

(5)使用药品时应注意下列几点：药品应按实验内容的规定量取用，如果书中未规定用量，应注意节约，尽量少用；取用固体药品时，注意勿使其撒落在实验台上；药品自瓶中取出后，不应倒回原瓶中，以免带入杂质而引起瓶中药品污染变质；试剂瓶用过后，应立即盖上塞子，并放回原处，以免不同试剂瓶的塞子搞错，混入杂质；滴管在未洗净时，不应在另外的试剂瓶中吸取溶液；实验完成后要求回收的药品，都应倒入回收瓶中。

(6)实验过程中要随时保持操作区间清洁，用过的火柴梗、废纸片要及时丢入废物缸内，不能丢入水槽，以免堵塞下水道。

(7)共用物品只能在原位使用，不许挪到其他地方进行操作。注意安全、爱护仪器、节约药品、有条不紊，保持实验室的整洁和安静。

(8)使用精密仪器时，必须严格按照操作规程进行操作，细心谨慎，以免损坏仪器。如发现仪器有异常，应立即停止使用并报告指导教师，找出原因，及时排除故障。

(9)完成实验后，应将仪器洗刷干净，放回规定的位置，整理好仪器和药品。把实验台整理干净，并打扫地面。仪器设备如有损坏，必须及时登记补领。实验室内一切物品(仪器药品和产物等)不得带离实验室。然后举手报告老师，待老师在实验记录上签字后方可离开。

(10)每次实验课后,由同学轮流值日,负责打扫和整理实验室,并检查水龙头、电闸及门、窗是否关紧,以保证实验室的整洁和安全,检查无误后报告老师,经教师允许方可离开。

2.2 化学实验室安全守则

在化学实验室,经常要用到水、电、气以及各种仪器和药品。化学药品中,很多是易燃、易爆、有腐蚀性和有毒的危险化学品。实验室潜藏着各种事故发生的隐患。因此,重视安全操作,学会一般救护措施是非常必要的。

(1)必须熟悉实验的环境,了解水、电、煤气阀门、急救箱和消防用品等的放置地点和使用方法。煤气开关应该经常检查,保持完好,煤气灯和橡胶管使用前也要仔细检查,发现漏气应立即关闭煤气开关并熄灭室内所有火源,打开门窗,报告老师及时抢修。

(2)实验室内严禁随意混合各种化学药品,更不能尝试其味道,以免发生意外事故。注意不同试剂、溶剂的瓶盖、瓶塞不能张冠李戴。氯酸钾、高锰酸钾等强氧化剂或其混合物不能研磨,以免爆炸。

(3)能产生有毒或有刺激性气体的实验,要在通风橱内进行。如加热盐酸、硝酸,或使用强酸、强碱溶解或消化试样时,均应该在通风橱内进行。

(4)浓酸、浓碱、洗液、液溴及其他具有强腐蚀性的液体,不要洒在皮肤和衣服上。稀释硫酸时,必须将酸倒入水中,切勿将水注入硫酸中,以免迸溅。

(5)有毒试剂,如重铬酸钾、钡盐、铅盐、砷的化合物、汞及汞的化合物,特别是氰化物,不得进入口内或接触伤口。剩余的废液也不能随意倒入下水道。用剩的有毒药品应还给实验教师。

(6)金属汞易挥发,吸入体内逐渐累积将引起慢性中毒,使用时要特别小心。一旦洒落,要尽可能收集起来,并用硫粉覆盖在洒落处,使之转化为硫化汞。

(7)钠、钾、白磷等曝露在空气中易燃烧,故钠、钾保存在煤油中,白磷保存在水中,取用时用镊子夹取。

(8)氢气、过氧化物、干燥的重氮盐、硝酸酯、多硝基化合物、高氯酸盐等具有爆炸性,必须严格按照操作规程进行实验,以防爆炸。

(9)使用易燃有机溶剂(如酒精、苯、丙酮、乙醚等)时要远离火源。切勿将易燃有机溶剂倒入废液缸,更不能用开口容器(如烧杯)盛放有机溶剂,以防易燃有机物的蒸汽外逸,不可用火直接加热装有易燃有机溶剂的烧瓶。回流或蒸馏液体时应放沸石,以防止液体过热暴沸而冲出,引起火灾。

(10)加热、浓缩液体的操作要十分小心,不能俯视正在加热的液体,以免溅出的液体把眼、脸灼伤。加热试管中的液体时,不能将试管口对着自己或别人。当需要借助于嗅觉鉴别少量无毒气体时,绝不能用鼻子直接对准瓶口或试管口嗅闻气体,而应用手把少量气体轻轻地扇向鼻孔进行嗅闻。

(11)注意保护眼睛,必要时带防护镜。防止眼睛受刺激性气体的熏染,更要防止化学药品等异物进入眼内。

(12)严禁在实验室内饮食、吸烟。使用有毒试剂时,严防其进入口内或接触伤口,剩余药品或废液不得倒入下水管或废液桶内,应倒入相应回收瓶中待处理。实验完毕,应洗净双手，再离开实验室。

(13)使用电器设备时，不能用湿手操作，以防触电。工作完毕后，应立即拔去电源插头。

常见易燃易爆化合物及其反应特性如表 2－1 所示，化学实验常见有毒化学物质如表 2－2 所示。

表 2－1　常用易燃、易爆化合物及其反应特性

名称	反应特性
过氧化氢	强氧化剂，与还原物质反应激烈，易燃，易爆
过氧化苯甲酰	强氧化剂，与衣服、纸张、木材接触易燃
氯酸钾	强氧化剂，与还原物质反应激烈，易燃，易爆
浓硝酸	强氧化剂，与还原物质反应激烈，易燃，易爆
氢化铝锂	强还原剂，遇水发生猛烈燃烧、爆炸
金属钠(钾)	强还原剂，曝露空气中，遇水发生猛烈燃烧、爆炸
重氮盐	可爆炸物，曝露空气中爆炸、燃烧
乙炔铜(银)	可爆炸物，曝露空气中爆炸、燃烧
叠氮化合物	可爆炸物，过热、撞击、强压爆炸
硝酸酯	可爆炸物，过热、撞击、强压爆炸
多硝基化合物	可爆炸物，过热、撞击、强压爆炸
乙醚	易产生过氧化物

表 2－2　化学实验常见有毒化学物质

致癌物质	剧毒试剂	有毒溶剂	腐蚀性化合物	毒性气体
对甲苯磺酸甲酯	硫酸二甲酯	苯	有机强酸	氟
亚硝基二甲胺	氰化钾	甲苯	有机强碱	氯
偶氮乙烷	氰化钠	乙醚	硫酸	二氧化硫
二甲胺偶氮苯	氢氰酸	氯仿	盐酸	一氧化碳
(α)β－萘胺	氯化汞	苯胺	硝酸	光气
2－乙酰氨联苯	砷化物		氢氧化钠	汞蒸气
2－乙酰氨苯酚	氟化氢		氢氧化钾	溴蒸气
3,4－苯并蒽	溴化氢		生物碱	
N－亚硝基化合物	氯化氢		苯酚	
石棉粉尘	硫化氢		硝基苯、黄磷	

2.3 化学实验室意外事故的应急处理

1. 烫伤

烫伤后切勿用冷水冲洗。如伤处皮肤未破,在伤口处涂抹烫伤油膏或万花油。如伤处皮肤已破,可涂 10% $KMnO_4$溶液润湿伤口再抹烫伤膏。

2. 割伤

应先挑出伤口中的异物。轻伤可在伤口上涂紫药水,再用消毒纱布包扎。伤口较重,应立即到医院医治。

3. 受酸腐蚀

先用大量水冲洗,再用饱和碳酸氢钠或稀氨水冲洗,最后再用水冲洗。如溅入眼中,立即先用大量水冲洗,再用 1% 碳酸氢钠冲洗。

4. 受碱腐蚀

先用大量水冲洗,再用醋酸溶液(20 g/L)或硼酸溶液冲洗,最后再用水冲洗。如溅入眼中,可先用硼酸溶液洗,再用大量水冲洗。

5. 受溴灼伤

伤口一般不宜愈合。一旦有溴沾到皮肤上,先用 20% 的 $Na_2S_2O_3$溶液冲洗,再用大量水冲洗,用消毒纱布包扎后就医。

6. 吸入刺激性或有毒气体

如吸入氯气、氯化氢气体,可吸入少量酒精和乙醚的混合蒸气解毒。吸入硫化氢或一氧化碳气体而感到不适,应立即到室外呼吸新鲜空气。

7. 毒物进入口内

把 5 ~ 10 mL 稀硫酸铜溶液加入一杯温水中,内服后用手指伸入咽喉部,促使呕吐,吐出毒物,然后送医院诊治。

8. 触电

立即切断电源,必要时进行人工呼吸并送医院治疗。

9. 着火

立即停止加热,停止通风,关闭电闸,移走一切可燃物,防止火势蔓延。之后要针对起因,选用合适的方法灭火。

(1)一般小火可用湿布、石棉或砂土覆盖燃烧物,即可灭火。火势大时可使用泡沫灭火器。

(2)电器设备所引起的火灾,只能使用二氧化碳或四氯化碳灭火器灭火,不能使用泡沫灭火器以免触电。

(3)有机溶剂(如苯、汽油)或与水能发生剧烈作用的化学药品着火,不能用水灭火,否则会引起更大的火灾,应使用干粉灭火器灭火。常用灭火器种类、灭火原理及其适用范围见表 2-3。

表2-3　常用灭火器种类、灭火原理及其适用范围

灭火器类型	药液成分	使用范围
泡沫灭火器	$Al_2(SO_4)_3$ 和 $NaHCO_3$	油类起火
二氧化碳灭火器	液态 CO_2	电气设备、小范围油类及忌水化学物品的失火
四氯化碳灭火器	液态 CCl_4	电气设备、小范围汽油、丙酮等失火，不能用于活泼金属钾、钠的失火（否则会因强烈分解发生爆炸）
干粉灭火器	$NaHCO_3$、硬脂酸铝、云母粉、滑石粉等	油类、可燃性气体、电气设备、精密仪器、图书等遇火易燃物品初起火灾
1211灭火器	CF_2ClBr 液化气体	特别适用于油类、有机溶剂、精密仪器、高压设备的失火

2.4　化学实验三废处理

在化学实验室中会产生各种有毒的废气、废渣和废液，简称三废。化学实验室的三废是污染人类生活环境水源和大气的公害，必须对其进行有效的处理后才能排放，以减少其造成的污染。实验过程中产生的废液或废渣中的贵重和有用的成分如果不进行有效回收，在经济上也是损失。所以必须重视和关注实验废弃物的处理，树立环境保护意识和绿色化学实验观念。

2.4.1　废气的排放

对于产生少量有毒气体的化学实验，可在通风橱内进行，通过排风设备将少量有毒气体排到室外，以免污染室内空气。对于产生大量有毒气体的实验，还须备有吸收和处理装置。有害气体可采用液体或固体吸收法进行处理，其中以溶液吸收法成本最低，操作也简便，如 CO_2，SO_2，Cl_2，H_2S，HF 等可用碱液吸收；CO 可直接点燃使其转化为 CO_2。固体吸收法则是用固体吸附剂将污染物分离，常用的吸附剂有活性炭、硅胶和分子筛等。

2.4.2　废渣的处理

化学实验室产生的固体废弃物称之为废渣，包括实验过程中打碎的玻璃仪器以及一些化学沉淀物等。打碎的玻璃残渣要单独放置，以免砸伤和划伤皮肤，碎裂的无法再修复的玻璃仪器残渣要进行深埋。实验产生的化学废渣若是惰性的或经微生物分解后能成为无害的物质也可以进行填埋处理，填埋要在距离水源较远的地方进行。场地底土不透水，不能穿入地下水层。对于有放射性的固体废弃物要放到指定位置，上报到指定部门处理。有回收价值的废渣应收集起来统一处理，回收再利用。

含汞废弃物的处理：若不小心将金属汞撒落在实验室里（如打碎压力计、温度计或极谱分析操作不慎将汞撒落在实验台、地面上等）必须及时清除。用滴管、毛笔或用在硝酸汞的酸性溶液中浸过的薄铜片、粗铜丝将撒落的汞收集于烧杯中，并用水覆盖。撒落在地面难以收集的微小汞珠应立即撒上硫黄粉，使其化合成毒性较小的硫化汞，或喷上用盐酸酸化过的高锰酸钾溶液（每升高锰酸钾溶液中加5 mL浓盐酸），过1～2 h后再清除，或喷上20%三氯化铁的水溶液，干后再清除干净。应当指出的是，三氯化铁水溶液为对汞具有乳

化性能并同时可将汞转化为不溶性化合物的一种非常好的去汞剂,但金属器件(铅质除外)不能用三氯化铁水溶液除汞,因金属本身会受这种溶液的作用而损坏。

如果室内的汞蒸汽浓度超过 0.01 mg/m^3,可用碘净化,即将碘加热或自然升华,碘蒸汽与空气中的汞及吸附在墙上、地面上、天花板上和器物上的汞作用生成不易挥发的碘化汞,然后彻底清扫干净。实验中产生的含汞废气可导入高锰酸钾吸收液内,经吸收后排出。

2.4.3 废液的排放

化学实验室产生的废液分无害废液和有害废液,无害废液包括氢氧化钠溶液、葡萄糖溶液等,有害废液包括含重金属离子镉、汞、铬、铅等的溶液,及含苯、甲苯及苯的衍生物废液等。如果将化学实验室产生的废液任意排放到下水道中,会对人类赖以生存的饮用水及生存环境造成严重的威胁。这些有毒有害物质进入人体,会在人体内累计,经过一段时间后人体会出现病变。

处理化学实验室产生的废液应该遵循分类收集、集中处理、经济环保、绿色的原则。有回收价值的废液应分类回收,统一处理再利用。无回收价值的有毒废液也应集中收集,送废液处理站统一处理或在实验室中分别进行无害化处理后再排弃。

1. 废酸和废碱溶液

经过中和处理,使 pH 值在 6 ~ 8 范围,并用大量水稀释后方可排放。

2. 含镉废液

可加入消石灰等碱性试剂,使所含的金属离子形成氢氧化物沉淀而除去。

3. 含氰化物的废液

氰化物是剧毒物质,对于含氰化物的废液,其一为氯碱法,即将废液调节成碱性后,通入 Cl_2 或 NaClO,使氰化物分解成 CO_2 或 N_2 而除去;其二为铁蓝法,在含有氰化物的废液中加入 $FeSO_4$,使其变成氰化亚铁沉淀除去。

4. 含铬废液

(1)铬酸废液:铬酸洗液经多次使用后,Cr^{6+} 逐渐被还原为 Cr^{3+} 同时洗液被稀释,酸度降低,氧化能力逐渐降低至不能使用。此废液可在 110 ~ 130 ℃下不断搅拌,加热浓缩,除去水分,冷却至室温,边搅拌边缓缓加入高锰酸钾粉末,直至溶液呈深褐色或微紫色(1 L 加入约 10 g 左右高锰酸钾),加热至有二氧化锰沉淀出现,稍冷,用玻璃砂芯漏斗过滤,除去二氧化锰沉淀后即可使用。

(2)含铬废液:采用还原剂(如铁粉、锌粉、亚硫酸钠、硫酸亚铁、二氧化硫或水合肼等),在酸性条件下将 Cr^{6+} 还原为 Cr^{3+},然后加入碱(如氢氧化钠、氢氧化钙、碳酸钠、石灰等),调节废液 pH 值,生成低毒的 $Cr(OH)_3$ 沉淀,分离沉淀,清液可排放。沉淀经脱水干燥后或综合利用,或用焙烧法处理,使其与煤渣和煤粉一起焙烧,处理后的铬渣可填埋。一般认为,将废水中的铬离子形成铁氧体(使铬镶嵌在铁氧体中),则不会有二次污染。

5. 含汞废液

常采用化学沉淀法,先调 pH 值至 8 ~ 10,加入过量的 Na_2S,使其生成难溶的 HgS 沉淀而除去。少量残渣可埋于地下,大量残渣可用焙烧法回收汞,但注意一定要在通风橱中进行。

6. 含铅废液

加入 Na_2S 或 NaOH,使铅盐及重金属离子生成难溶性的硫化物或氢氧化物而除去。

7. 含铜废液

酸性含铜废液，以 $CuSO_4$ 废液和 $CuCl_2$ 废液为常见，一般可采用硫化物沉淀法进行处理（pH 值调节约为 6），也可用铁屑还原法回收铜。碱性含铜废液，如含铜铵腐蚀废液等，其浓度较低和含有杂质，可采用硫酸亚铁还原法处理，其操作简单、效果较佳。

8. 含砷及其化合物的废液

在鼓入空气的同时加入 $FeSO_4$，然后用 NaOH 调 pH 值至 9，这时砷化物就和 $Fe(OH)_3$ 及难溶性的亚砷酸钠或亚砷酸钠共沉淀，经过滤除去。另外，还可用硫化物沉淀法，即在废液中加入硫化氢或硫化钠，使砷化物生成硫化砷沉淀而除去。

9. 含有机溶剂废液的回收与提纯

从实验室的废弃物中直接进行回收是解决实验室污染问题的有效方法之一。实验过程中使用的有机溶剂，一般毒性较大、难处理，从保护环境和节约资源的角度来看，应采取积极措施回收利用。回收有机溶剂通常先在分液漏斗中洗涤，将洗涤后的有机溶剂进行蒸馏或分馏处理加以精制、纯化，所得有机溶剂纯度较高，可供实验重复使用。

第3章　无机化学实验中数据的表达与处理

3.1　实验数据记录

实验数据的记录一般有手动记录和自动记录。在以化学反应为主的验证性实验中，以手动记录为主，通过测定记录相应的实验数据；而自动记录主要采用与计算机联用技术实时记录数据。无论手动记录还是自动记录的实验数据都要真实、客观和完整。

(1)原始实验数据应及时记录在实验报告上，不要仅仅记录计算后的数据结果，例如滴定管的始读数、末读数。

(2)原始实验数据可用钢笔或签字笔填写，不要用铅笔填写。

(3)应准确、清晰地记录实验数据，不得随意涂改，有效数字的修约和计算单位要按国家标准规定书写。若万一看错刻度或读错数据，需要修正时，应先用删除线将被修改的内容划去，删除线是从左下方向右上方划一斜杠，然后在其右上角写上完整的正确内容，要保留原始数据备查。绝对不许编造、拼凑实验数据。

(4)不做填写要求的栏目，应画上一根长横杠线，或用文字说明。

(5)有些实验与实验条件有关，如温度、大气压、湿度、仪器等，要在实验记录本上记录清楚。记录实验数据时还应注明其实验内容(标题)及所用单位，对一些重要实验现象也要及时记录。

(6)原始实验数据的修改应不超过整个记录的五分之一，超出规定限度的应重新整理，并将原始记录附后。

3.2　有效数字及运算规则

3.2.1　有效数字

有效数字是指某数据中包括的全部确定的数字和最后一位可疑数字。实验数据的有效数字与测量仪器的精密程度有关，化学实验中常用的仪器精度见表3-1。在测量和数字运算中，正确地记录数据的有效数字的位数是十分重要的，直接关系到实验最终结果的合理性。有时可能会错误地认为小数点后面位数越多，数值就越准确，或在计算结果中保留数据的位数越多，准确度就越高。实际上，记录和计算测量结果都应与测量的误差相适应，测量和计算所表示的数字位数除最后一位数字为可疑数字外，其余各位数都应是准确可靠的。

任何超过或低于仪器精密的数字都是不恰当的，如托盘天平称出某物质的质量为12.8 g，不能写为12.80 g；如分析天平称得的物质的质量恰好为5.600 0 g，也不能写为

5.6 g,前者夸大了仪器的精确度,而后者降低了仪器的精确度。

表 3-1　常用仪器的精度

仪器名称	仪器的精度	示例	有效数字位数
托盘天平	0.1 g	12.8 g	3 位
分析天平	0.000 1 g	5.678 9 g	5 位
10 mL 量筒	0.1 mL	8.5 mL	2 位
25 mL 移液管	0.01 mL	25.00 mL	4 位
25 mL 滴定管	0.01 mL	15.67mL	4 位
50 mL 容量瓶	0.01 mL	50.00 mL	4 位

对于有效数字的确定,需要注意以下几点:

(1)对于"0"数字,在数字中的位置不同,"0"的作用不同。当 0 在数字前面时,只表示小数点的位置,不包括在有效数字的位数中,如 0.05 的有效数字为 1 位而不是 3 位;0 在数字的中间或末端时,包括在有效数字的位数中,如 1.008 为 4 位有效数字。

(2)对于采用指数表示的数值,"10^n"部分不包括在有效数字中,如 2×10^5 为 1 位有效数字。

(3)对于采用对数表示的数值,如 pH、lg$k$ 等,有效数字仅由小数部分数字的位数决定,整数部分只起定位作用,如 pH = 6.86 的有效数字为 2 位而不是 3 位。在对数运算时,对数小数部分的有效数字位数应与相应的真数的有效数字位数相同。

(4)对于有些不能确定有效数字位数的数字,应该根据实际情况来确定,如 58 000 的有效数字位数不好确定,应根据实际的有效数字要求写成 5.8×10^4(2 位有效数字),5.80×10^4(3 位有效数字),5.800×10^4(4 位有效数字)。

(5)对于不需经过测量的数值,如倍数或分数,可认为是无限多位有效数字。

3.2.2　有效数字的运算规则

在处理实验数据时,有效数字的取舍十分重要,它不但有助于避免因过多的计算而引起的错误,又可节约时间,保证运算结果的正确合理性。一般采用"四舍六入五取双"的原则,当尾数≤4 时舍去,尾数≥6 时进位,当尾数 = 5 时,若 5 后面跟非零数字时,进位;若正好是 5 或 5 后面跟零时,按取双的原则,5 前面数字是奇数,进位;5 前面是偶数,舍弃。例如 0.335 和 0.865 取两位有效数字时,则分别为 0.34 和 0.86。

1. 加减法运算

几个数据的加减法运算中,计算结果的有效数字的位数应与各个加减数值中的小数点后位数最少的相同。以绝对误差最大的数值为准确定有效数字的位数。如:

$$\begin{array}{r} 0.678 \\ 21.34 \\ +\ \ 8.345\,6 \\ \hline 30.363\,6 \end{array}$$

计算结果应为 30.36。

2. 乘除法运算

几个数据的乘除法运算中,计算结果的有效数字位数应与各个数值中有效数字的位数最少的相同,而与小数点的位置无关。以相对误差最大的数值为准确定有效数字的位数。如:

$$\begin{array}{r} 0.112 \\ \times 21.76 \\ \hline 2.347 \\ \times 1.08 \\ \hline 2.632 \end{array}$$

计算结果应为 2.63。

3. 对数、反对数运算

对数的首数是确定真数中小数点的位置的,所以对数的首数不是有效数字,对数的尾数的有效数字的位数应与相应真数的有效数字位数相同。例如:

2.00×10^{-2}为 3 位有效数字,其对数 $\lg2.00\times10^{-2}=-1.699$,尾数部分仍保留 3 位有效数字,首数 -1 不是有效数字。而不能计为 $\lg2.00\times10^{-2}=-1.70$(2 位有效数字)。

反对数运算与对数运算一样。例如:

pH = 10.31 为 2 位有效数字,所以 $[H^+]=4.9\times10^{-11}$ mol/L,有效数字仍为 2 位,而不能计为$[H^+]=4.898\times10^{-11}$ mol/L。

在进行较多数值运算时,可按“四舍六入五取双”原则多保留一位有效数字,最后记录数据时再根据“四舍六入五取双”原则舍去多余的数字,确保运算的准确性。有效数字是测量和运算中的重要概念,掌握有效数字有助于正确记录和表示测量的实验数据,避免运算错误,又能帮助正确地选用物料量和测量仪器。

3.3 误差与偏差

在实际测量各种物理量和参数时,不仅要经过很多的操作步骤,使用多种测量仪器,还要受到操作人员熟练程度的影响,因此很难得到十分准确的实验结果,测量值和真实值之间或多或少有一些差距,这就是误差。同一个人在相同的条件下,对同一试样进行多次测定,所得结果也不完全相同。因此,我们应该了解误差的大小及产生误差的主要原因,寻找减少误差的有效措施,才能使测量结果尽量接近客观真实值。

3.3.1 准确度和误差

准确度是指测定值与真实值之间的偏离程度,可以用误差来表示,两者误差越小,测量结果的准确度越高。误差分为绝对误差和相对误差,绝对误差与真实值的大小无关,而相对误差表示绝对误差在真实值中所占的百分率,与真实值的大小有关。其表示方法为

$$\text{绝对误差}=\text{测量值}-\text{真实值}$$

$$\text{相对误差}=\frac{\text{绝对误差}}{\text{真实值}}\times100\%$$

如在标定 NaOH 溶液时,称取邻苯二甲酸氢钾 0.784 3 g,其真实值为 0.784 2 g,则称量的绝对误差为

$$0.784\,3-0.784\,2=0.000\,1\text{ g}$$

另称一份邻苯二甲酸氢钾为0.078 4 g,其真实值为0.078 3 g,绝对误差为

$$0.078\ 4-0.078\ 3=0.000\ 1\ \text{g}$$

两次称量的绝对误差相同,均为0.000 1 g,但相对误差却不同:

$$\frac{0.000\ 1}{0.784\ 2}\times 100\%=0.01\%$$

$$\frac{0.000\ 1}{0.078\ 3}\times 100\%=0.1\%$$

显然,被称量物体的质量越大,相对误差越小,准确度也就越高。因而用相对误差反映测量结果的准确度比用绝对误差更为合理。在实际工作中,真实值往往不能得知,无法说明准确度的高低。因此有时用精密度来说明测量结果的好坏。

3.3.2　精密度和偏差

精密度是指在相同的条件下多次测量结果的一致程度。精密度可用偏差来表示,偏差分为绝对偏差和相对偏差:

相对偏差的大小可以反映测量结果重现性的好坏,即测量精密度的高低。

$$\text{绝对偏差}=\text{每次测量值}-\text{平均值}$$

$$\text{相对偏差}=\frac{\text{绝对偏差}}{\text{平均值}}\times 100\%$$

综上所述,误差是以真实值为标准,偏差则是以多次测量结果的平均值为标准。由于在实际测量时真实值是不知道的,处理实际问题时,常常在尽量减少系统误差的前提下,将多次平行测量结果的算术平均值当成真实值,把偏差作为误差。评价测量结果的好坏,必须从准确度和精密度两方面考虑,确保测量结果的可靠性。

3.3.3　误差的分类及产生的原因

根据误差性质的不同,误差一般可分为系统误差、随机误差和过失误差。

1. 系统误差

是指测量过程中某些固定的原因所造成的误差,它对测量结果的影响比较固定,使测量结果系统地偏高或偏低。系统误差是测量中误差的主要来源,影响测量结果的准确度。产生系统误差的主要原因有以下几种:

(1)方法误差:由实验方法不够完善而造成的误差。如指示剂选择不当等导致实验结果偏高或偏低;质量分析法中沉淀物的溶解总是导致负误差。

(2)仪器误差:由仪器不准而引起的误差。如使用的滴定管、移液管、容量瓶的刻度未经校正而引起的误差。

(3)试剂误差:由所用的试剂含有微量杂质不纯或存在含有干扰测定的物质而造成的误差。

(4)个人误差:由操作者本身操作不当或未掌握好实验条件等主观因素造成的误差。如有的人对某种颜色的辨别特别敏锐或迟钝,读数时眼睛的位置习惯性偏高或偏低等。

2. 随机误差

又叫偶然误差,由于测量过程中一些难以控制和难于预见的因素的随机变动而引起的误差,它对实验结果的影响不固定,误差的数值有时大些,有时小些。随机误差影响测量结果的精密度。在各种测量中,该误差具有随机性,是不可避免的,通常可采用多次测定取算

数平均值的方法来减小随机误差。

3. 过失误差

由于操作者工作粗枝大叶,不遵守操作规程等原因而造成的误差。如看错读数,加错试剂,计算错误等。如果确知有过失,在计算时应剔除该次测量的数据。只要操作者加强责任感,工作认真细致可以避免过失误差。

3.4 数据的图表处理

在处理实验数据时,需要用科学的方法进行归纳和处理,提取有用的信息,合理表达结果。常用的化学实验数据的处理方法有列表法和作图法。

3.4.1 列表法

列表法是把实验数据按照自变量与因变量一一对应排列成表格,把相对应的计算结果填入表格中。此方法应用最为普遍,尤其是原始数据的记录,便于进一步的处理、运算和检查。列表法的优点是同一表内可以表示多个变量间的变化关系,易于参考比较,数据表达一目了然。列表格时应注意以下几点:

(1)表格上方应注明表格的序号及能表达表中数据含义的表名;

(2)表格中的行首(或列首)中,应该详细写上名称及单位,若表格中列出的仅为数值,行首(或列首)的名称及单位应写成名称符号/单位符号;

(3)表格中的数值应用最简单的形式表示,公共的乘方因子应放在栏头注明;

(4)表格的间距均匀为最佳,应按递增或递减的顺序排列;

(5)表格中同一行中的数字要排列整齐,同一列的小数点应对齐,应注意有效数字的位数;

(6)表格中若存在为零的数据,应当记为“0”, 若存在空缺的数据,应在格中记“—”;

(7)表格还可记录实验方法、现象与反应方程式,如元素性质实验;

(8)处理方法和运算公式要在表格下方注明。

3.4.2 作图法

有些实验数据具有一定的变化规律,可用作图法表示出来,更形象直观地揭示各变量之间的关系,从图中可以找出数据的最大或最小值、转折点、斜率、截距、内插值、外推值等。作图法可以发现和消除一些偶然误差。化学实验数据处理过程分为对实验数据作图或对数据经过计算后作图或作数据点的拟合线。

(1)外推法求值:有些不能由实验直接测定的数据,常常可以用作图外推的方法求得。主要是利用测量数据间的线性关系,外推至测量范围之外,求得某一函数的极限值,这种方法称为外推法。在化学反应摩尔焓变的测定实验中,根据实验测定值,绘制出温度 T - 时间 t 变化曲线,然后用外推法求出反应温度的真实变化量 ΔT 的值,才能算出化学反应的摩尔焓变 ΔH 值。

(2)求极值或转折点:函数的极大值、极小值或转折点,在图形上表现得很直观。在 $[Ti(H_2O)_6]^{3+}$ 分裂能的测定实验中,根据实验测定值,绘制出 $[Ti(H_2O)_6]^{3+}$ 的 $A-\lambda$ 曲线,在曲线上找出最大值对应的吸收光波长 λ_{max}，最后计算出 $[Ti(H_2O)_6]^{3+}$ 配离子的分裂能 Δ_0 值。

1. 坐标纸绘图

(1)坐标纸的选择：根据变量间的关系合理选择坐标纸，如直角毫米坐标纸、对数坐标纸、三角坐标纸和极坐标纸等。

(2)坐标标度的选择：习惯上以自变量作为横坐标，因变量作为纵坐标。坐标标度选取要适当，可以从图上读出任一点的坐标值，通常应使最小分度所代表的变量值为简单整数，可选用1，2，5，不宜选用3，7，9。从图上读出的各种量的准确度和测量得到的准确度要一致。坐标起点不一定从零开始，也不必非以坐标原点作为标度的起点，如由直线外推法求截距，应以略低于最小测量值的整数作为标度起点。这样可使图形紧凑，布局匀称合理，读数精度也得以提高。

(3)坐标点的绘制：根据实验测得的数据在坐标纸上绘制点，数据点以■，□，○等符号标注清楚，符号的大小应与测量误差相适应。当在同一张图上作多条曲线时，每条曲线的坐标点应采用不同符号区分，并在图上注明。

(4)曲线的绘制：用均匀光滑的曲线(或直线)连接坐标点，描绘的曲线应尽可能接近大多数的代表点，各代表点应均匀分布在曲线(或直线)两侧，所有代表点离曲线距离的平方和为最小。如果发现有个别点远离曲线，若分析是过失误差造成的，则绘制曲线时可不考虑这个点。绘制曲线时，可先用铅笔按照各数据点的变化趋势手绘一条曲线，再用曲线尺逐段吻合手描线做出光滑的曲线。曲线作好应在图上注图名、标明坐标轴代表的物理量。

(5)标注数据及条件：图作好后，要写上图的名称，且在相应坐标轴旁标明所代表的变量的名称及其量纲，以及主要测量条件。

2. 计算机软件绘图及数据处理

在化学实验数据处理中，计算机的使用越来越频繁，常用数据处理软件有 Microsoft Excel 和 Origin 软件，Microsoft Excel 是常用的办公软件，Origin 是化学专业的高级数据分析和制图工具软件。Origin 中的数据分析功能包括统计、信号处理、曲线拟合以及峰值分析，Origin 中的曲线拟合是采用基于 Levernberg-Marquardt 算法(LMA)的非线性最小二乘法拟合。Microsoft Excel 和 Origin 软件均可以简单、方便地完成对曲线的非线性拟合，并且操作灵活，简单易学。

(1)Microsoft Excel 电子表格：Microsoft Excel 电子表格可以跟踪数据，生成数据分析模型，编写公式以对数据进行计算，以多种方式透视数据，并以各种具有专业外观的图表来显示数据。在邻二氮菲分光光度法测定微量铁含量的实验中，处理数据时要求以测量波长为横坐标，以吸光度 A 为纵坐标，绘制吸收曲线，可以通过 Microsoft Excel 电子表格绘图，数据见表3-2。以 Excel 2010 为例使用方法如下：

表3-2　铁标准溶液不同波长下的吸光度测定

波长 λ/nm	440	460	480	500	510	520	540	560
吸光度 A	0.305	0.365	0.420	0.449	0.461	0.447	0.261	0.083

①将表3-2中波长和吸光度的数据分两列输入到 Excel 工作表中。首先选中需要输入数据的单元格使其成为活动单元格，输入数据并按 Enter 键下移一个单元格，逐一输入。

②在工作表中选取数据区域,如图3-1中A,B两列数据。单击“插入”菜单,选择工具栏中“图表”选项中的“散点图”按钮,启动散点图向导。

③在“散点图”按钮的下拉菜单中选择“带平滑线和数据标记的散点图”,得到图3-1中的曲线。

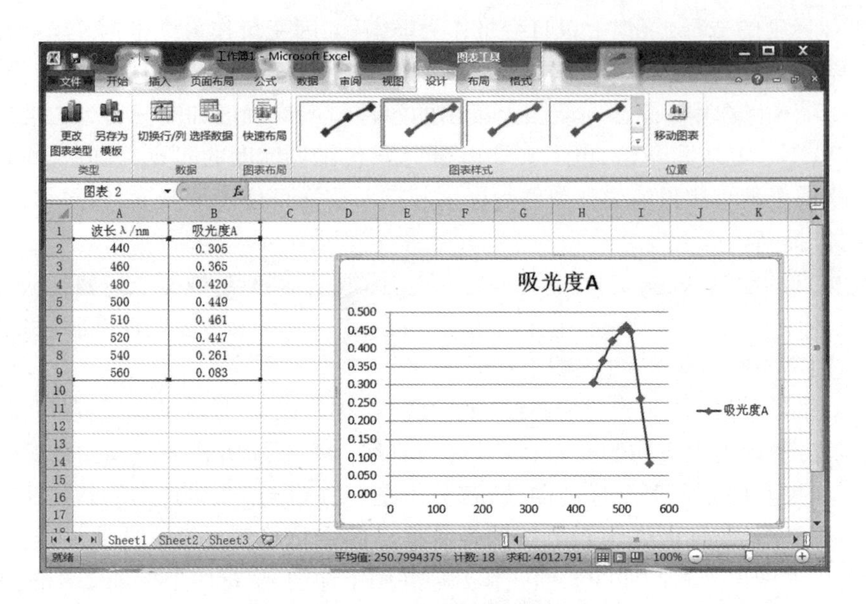

图3-1 Excel绘图结果

④插入的图表还需要根据图表内容、图表格式、图表布局和外观进行编辑和设置。选择“布局”菜单,如图3-2所示,通过“布局”菜单中的各选项,可以设置背景阴影和背景网格线、标注的字体、标注图表题、坐标轴名称,设置颜色等;图中标注的文字等可以选中进行复制、修改、移动等;将鼠标放在坐标轴上双击,在显示的对话框中修改坐标尺、坐标刻度及字体大小等。图3-3为经过编辑修改后的图形。

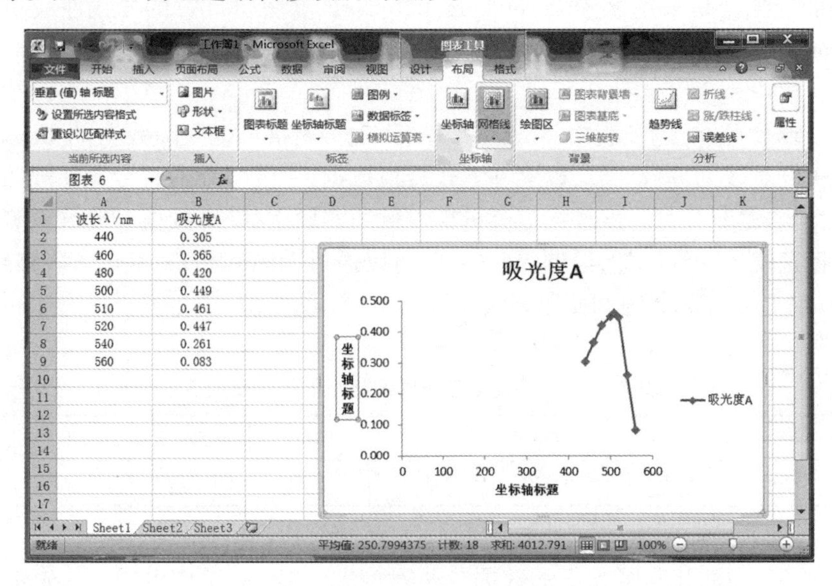

图3-2 图表工具布局选项

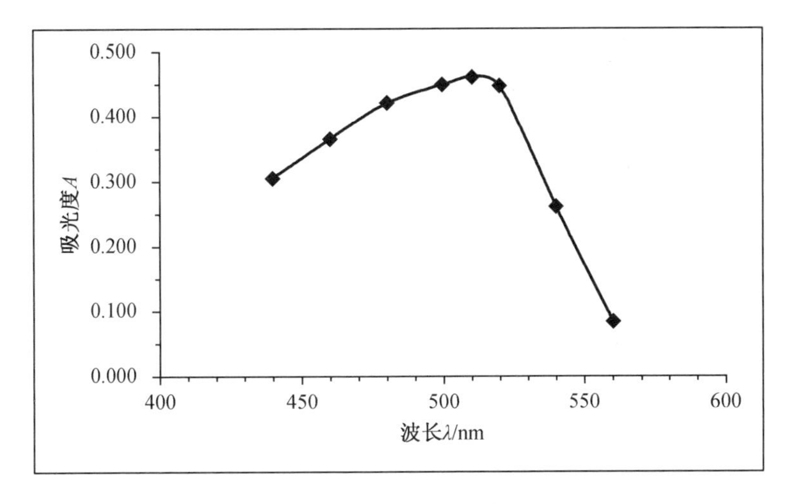

图3-3 Excel绘图结果

(2)Origin作图:Origin是美国OriginLab公司推出的数据分析和科技作图软件,也是广泛流行和国际科技出版界公认的标准作图工具,功能强大但操作简便,既适合于一般的作图需求,也能够满足复杂的数据分析和图形处理。Origin可以实现数据的统计分析、实验曲线的回归与拟合、函数作图、实验数据作图、插值与外推、数据检验等,适合科研人员,工程技术人员、高等院校的理工科教师、研究生和高年级本科学生使用。Origin的主窗口下分为工作表格窗口、图形窗口、矩阵窗口,主窗口,如图3-4所示。工作表格窗口与图形窗口下主菜单的内容是不一样的,都可以单独存在,也可以同时存在,可以通过鼠标来选择激活相应的窗口。

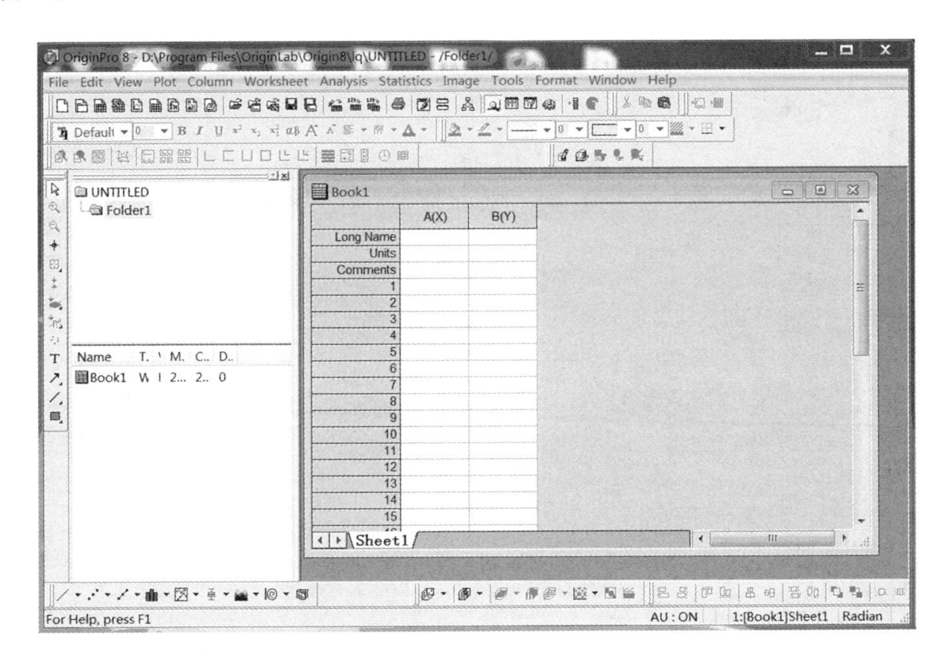

图3-4 Origin主窗口的组成

在实验数据处理和科技论文中对实验结果的讨论中,经常要对实验数据进行线性回归和曲线拟合，用以描述不同变量之间的关系，找出相应的函数的系数，建立经验公式或数学模型。Origin 提供了强大的线性回归和曲线拟合功能，如在 Analysis 菜单中的多项式拟合、指数衰减拟合、指数增长拟合、s 形拟合、Gaussian 拟合、Lorentzian 拟合、多峰拟合，Non-linear Curve Fit 选项提供了许多拟合函数的公式和图形。此外还可以自定义拟合函数，以满足特殊需求。

以 Origin 8.0 为例，在邻二氮菲分光光度法测铁的吸光度实验中，绘制 λ_{max} 波长下测得的铁标准系列溶液的吸光度值(表 3－3)对浓度的标准曲线。

表 3－3　标准系列溶液和样品溶液的吸光度测定

溶液编号	1	2	3	4	5
浓度/$mg \cdot L^{-1}$	0.40	0.80	1.20	1.60	2.00
吸光度(A)	0.159	0.326	0.470	0.621	0.762

①数据输入：新建一个工作表，将浓度数据输入到 $A(X)$ 列中，将吸光度值数据输入到 $B(Y)$ 列中。

②图形绘制：选中两列数据，点击菜单中的“plot”按钮，选择相应的点线图格式“Line + Symbol”完成绘图。

③线性拟合：绘制完点线图后，选择 Analysis 菜单中的 Fit Linear 对图形进行线性拟合，在弹出的窗口中会显示拟合直线的关系式、斜率和截距的值及其误差，相关系数和标准偏差等数据，如图 3－5 所示，X 和 Y 之间的关系式为 $Y = 0.0173 + 0.37525X$，线性相关系数为 0.998 86。对于用线性拟合误差比较大的数据曲线，可尝试使用多项式回归拟合，选择菜单命令 Analysis 中的 Fit Polynomial。

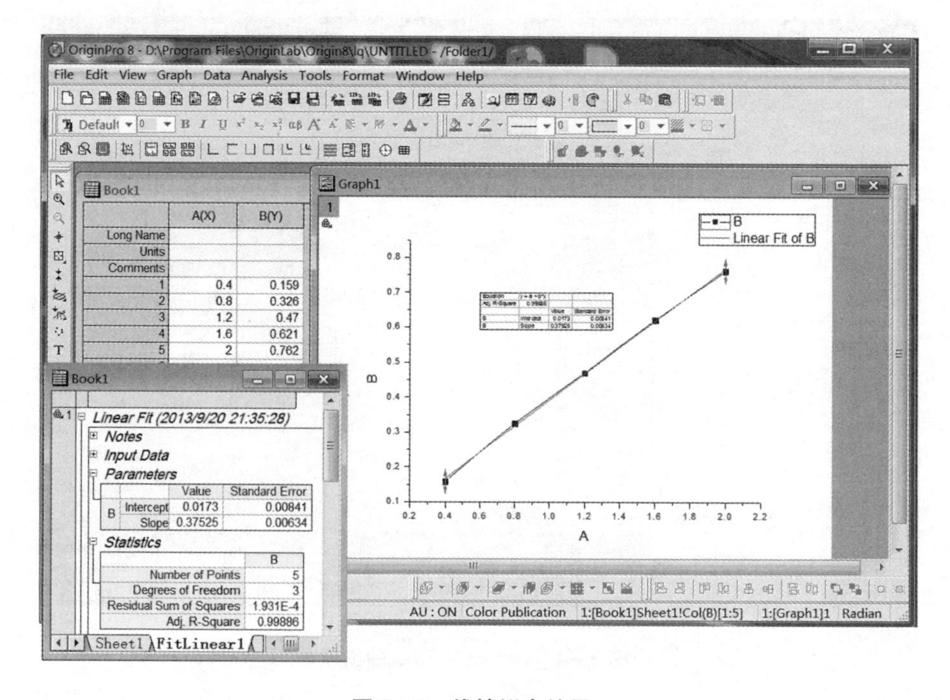

图 3－5　线性拟合结果

④图形的编辑：Origin 作好图后，需要进行必要的编辑得到完整的数据图。鼠标双击未拟合前的曲线，选择对话框中的“connect”中的“no line”，可以只保留最终的拟合曲线；双击曲线点，可以改变曲线点的颜色、形状和大小；双击坐标轴，可以改变坐标步长和显示刻度的位置，以及坐标轴的粗细；双击标记坐标的数据，可以改变字体类型和大小；双击“X Axis Title”或“Y Axis Title”，可以在对话框中输入坐标轴名称，在 Tools 工具条中选择“T”可以添加文本输入说明性文字，再利用 Format 工具条的按钮编辑文字格式、颜色、大小等功能，用法和 word 等软件相同。

通过计算机软件可以快捷准确地完成各种数据处理和绘图，能够使问题更形象生动，又能减少手工作图所引起的误差，绘图细致完美，简单易行，能很好地满足化学实验对数据处理的要求。因此，学生应该熟练地掌握 Microsoft Excel 和 Origin 软件的使用，学会选择合适的计算方法，获得较为准确的实验结果。

第二部分
无机化学实验基本操作

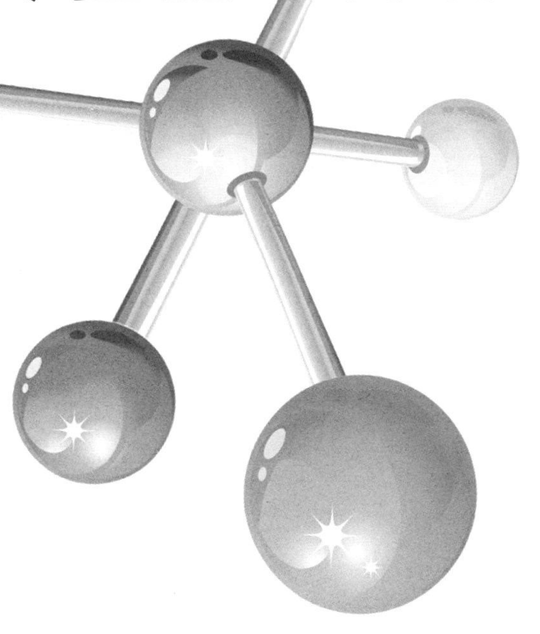

第 4 章　无机化学实验常用基本仪器

4.1　常用玻璃仪器介绍

仪器	简介
试管、离心试管	用作少量试剂的溶解或反应,也可收集少量气体或装配小型气体发生器。分为有刻度和无刻度两种。有刻度的按容积(mL)分;无刻度试管用外径(mm)×管长(mm)表示:常用 12×150,15×100,30×200 等。离心试管规格以容积(mL)表示:常用 5,10,15 等
	1. 反应液体不超过试管容积的一半,加热时不超过三分之一,防止振荡液体溅出或受热溢出。 2. 加热前试管外面要擦干,防止有水滴附着受热不匀,使试管破裂;加热时应用试管夹夹持,以免烫手。 3. 加热液体时,管口不要对人,并将试管倾斜与桌面成 45°,同时不断振荡,火焰上端不能超过管里液面。 4. 加热固体时管口略向下倾斜以增大受热面积,避免管口冷凝水流回灼热管底而引起试管破裂。 5. 硬质试管可以加热至高温,但不宜骤冷,软质试管在温度急剧变化时极易破裂。 6. 一般大试管直接加热,小试管用水浴加热
烧杯	主要用于配制溶液,煮沸、蒸发、浓缩溶液;实际用量较多的、加热或不加热反应的容器,尤其在反应物较多时用,易混合均匀;向其他容器中转移液体的容器;简易水浴的盛水器。有一般型、高型,有刻度和无刻度几种。规格以容积(mL)表示:一般为 25,50,100,250,500,1 000,2 000,3 000,5 000 等,此外还有 1,5,10 等微型烧杯
	1. 加热时垫石棉网,也可选用水浴、油浴或沙浴等加热方式,一般不直接加热,直接加热时外部要干,不能有水珠,以防炸裂。 2. 加热液体时液体量不超过容积的一半;反应时液体不超过三分之二。 3. 加热腐蚀性液体时应加盖表面皿;溶解时要用玻璃棒轻轻搅拌。 4. 搅拌时玻璃棒不可触及杯壁和杯底

仪器	用途及注意事项
量筒、量杯	主要用于量取浓度和体积要求不很准确的溶液(精确度≥0.1 mL),读数时视线要与量筒或量杯内溶液凹面最低处保持水平。规格以容积(mL)表示分为5,10,20,50,100,250,500,1 000,2 000等
	1. 不能用量筒或量杯配制溶液或进行化学反应。 2. 不能加热,也不能盛装热溶液。 3. 室温下量液,否则液体热膨胀会造成实验误差。 4. 读数视线应与液体凹液面的最低点水平相切
容量瓶 1000 mL	主要用于配制浓度、体积要求准确的溶液或作溶液的定量稀释。常用规格(mL)有5,10,50,100,250,500等
	1. 容量瓶与瓶塞应配套,用前检查是否漏水,配制或稀释溶液应在溶液接近标线时,用滴管滴加液体,不能久贮溶液。 2. 溶质先在烧杯内全部溶解,然后移入容量瓶。 3. 不能加热,不能在烘箱内烘干。 4. 读取刻度的方法同量筒。 5. 用后瓶塞与瓶口处垫纸条,以免瓶口与瓶塞粘连
比色管 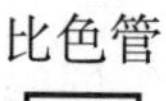 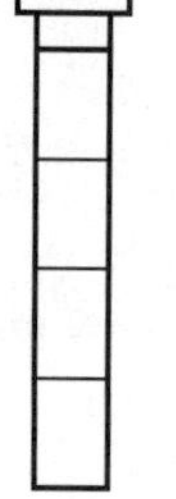	主要用于比色、比浊分析。在目视比色法中,用于比较溶液颜色的深浅。以最大容积(mL)表示,最常用规格为25 mL
	1. 一套比色管由同一材质制成,高度、形状应相同。 2. 保持管壁透明,不可用去污粉刷洗,以免划伤内壁。 3. 应放在特制的、下面有白瓷板或镜子的木架上。 4. 不可直火加热;非标准磨口塞必须原配使用
滴瓶 	滴瓶为盛放少量液体试剂的容器,由滴管和滴瓶组成,有无色和棕色两种。滴管与滴瓶配套使用,不可调换。以最大容积表示,最常用规格为60 mL,125 mL等
	1. 滴瓶口为磨口,不能存放碱液。 2. 需避光保存的溶液应盛放在棕色瓶内。 3. 酸或其他能腐蚀胶头的液体不宜长期盛放在瓶内。 4. 取液时提起滴管,捏紧胶头排气或排液,再插入液面下吸取液体。滴加试剂时,切勿接触容器,防止污染药品。 5. 用毕立即插回原滴瓶

<table>
<tr><td rowspan="2">试剂瓶
</td><td>磨口并配有玻璃塞。有无色和棕色两种,用作试剂的存放。分广口瓶和细口瓶,广口瓶用于盛放固体试剂(粉末或碎块状);细口瓶用于盛放液体试剂。规格以容积(mL)表示,最常用规格有 60,500,1 000,2 000 等</td></tr>
<tr><td>1. 不能直接加热。
2. 不能用于配制溶液,也不能用作反应器。
3. 取用试剂时,瓶盖应倒放在桌上,不能弄脏、弄乱。
4. 有磨口塞的试剂瓶不用时应洗净,并在磨口处垫上纸条。
5. 盛放碱液用橡皮塞,防止瓶塞被腐蚀粘牢。
6. 棕色瓶盛放见光易分解或不太稳定的物质的溶液或液体</td></tr>
<tr><td rowspan="2">表面皿
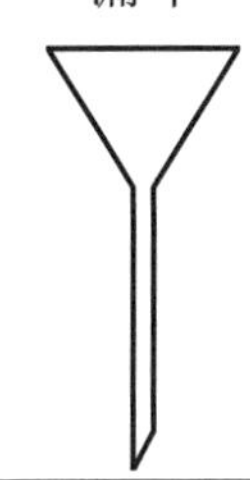</td><td>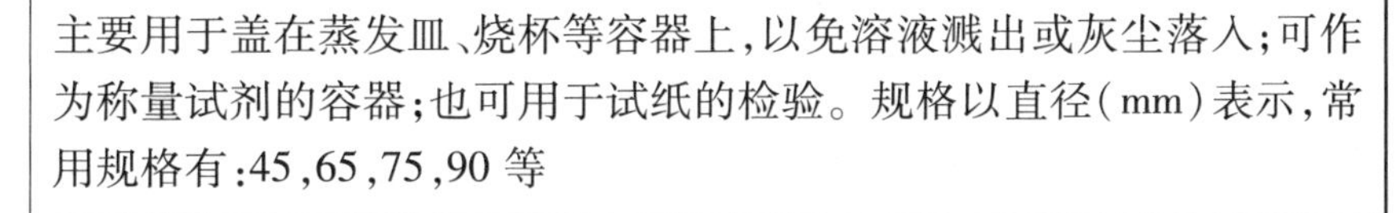主要用于盖在蒸发皿、烧杯等容器上,以免溶液溅出或灰尘落入;可作为称量试剂的容器;也可用于试纸的检验。规格以直径(mm)表示,常用规格有:45,65,75,90 等</td></tr>
<tr><td>1. 不能用火直接加热。
2. 作盖用时,其直径应比被盖容器略大。
3. 用于称量时应洗净烘干。
4. 用于试纸检验时要下衬白纸</td></tr>
<tr><td rowspan="2">漏斗</td><td>主要用于过滤操作和向小口径容器里倾注液体。还用于装配易溶于水的气体吸收装置。粗颈漏斗用于转移固体。有短颈、长颈、粗颈、无颈等几种。规格按斗径(mm)表示,常用规格有 30,40,60,100,120 等</td></tr>
<tr><td>1. 不能用火直接加热,以防破裂。
2. 过滤时应“一贴二低三靠”。
3. 长颈漏斗作加液时斗颈应插入液面内</td></tr>
<tr><td rowspan="2">移液管、吸量管
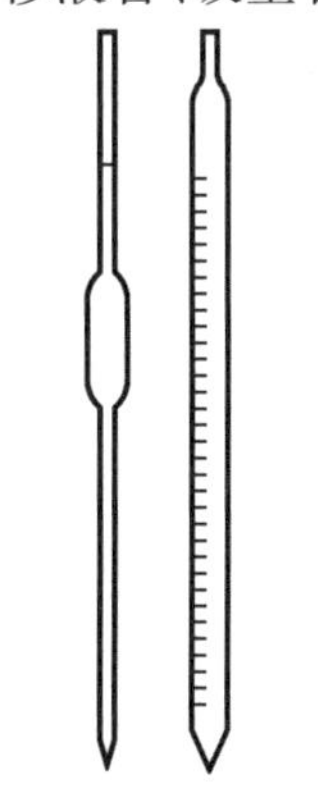</td><td>常量移液管有胖肚移液管和刻度吸量管。胖肚移液管用于准确地移取一定量的液体;刻度吸量管用于准确地移取各种不同量的液体。使用时,洗净的移液管要用吸取液洗涤三次,放液时应使液体自然流出,流完后保持移液管垂直,容器倾斜 45°,停靠 15 s,移液管上无“吹”字样时残留于管尖的液体不必吹出,但移液管上有“吹”字样时,需将残留于管尖的液体吹出。规格按刻度最大标度(mL)表示,常用规格有 1,2,5,10,25,50 等,微量的有 0.1,0.2 ,0.25,0.5 等</td></tr>
<tr><td>1. 用少量待移液润洗三次。
2. 垂直吸液超过刻度,用食指按住管口,轻转放气,液面降至刻度,食指按住管口,移至容器内。
3. 残留液最后一滴不吹出(完全流出式应吹出)。
4. 清洗后,置于移液管架上。
5. 不能放在烘箱中烘干,不能加热。
6. 读取刻度方法同量筒</td></tr>
</table>

<table>
<tr><td rowspan="2">吸滤瓶和布氏漏斗
</td><td>两者配套使用,用于无机或有机物质制备过程中晶体或粗颗粒沉淀的减压过滤。吸滤瓶属于厚壁容器,能耐负压,抽滤时接受滤液;规格按容量(mL)表示,常用规格有 50,100,250,500 等。布氏漏斗为磁制或玻璃制,以容量(mL)或斗径(cm)表示</td></tr>
<tr><td>1. 滤纸略小于漏斗内径,且盖住孔洞。
2. 先抽气再过滤。滤毕,先拆抽气管,以防倒吸。
3. 不能用火直接加热。
4. 漏斗大小与过滤的沉淀或晶体量适配</td></tr>
<tr><td rowspan="2">研钵
</td><td>主要用于粉碎硬度不太大的固体物质,使之成为粉末状。也可用来拌匀粉末状固态反应物质。有玻璃、白瓷、玛瑙或铁制研钵,规格以研钵口径大小表示</td></tr>
<tr><td>1. 与杵配合使用,按要求而选取不同材质研钵。
2. 不能加热,研磨时不能用力过猛或锤击。
3. 若制混合物粉末,各组分分别研磨后混合。
4. 不能作反应容器</td></tr>
<tr><td rowspan="2">锥形瓶
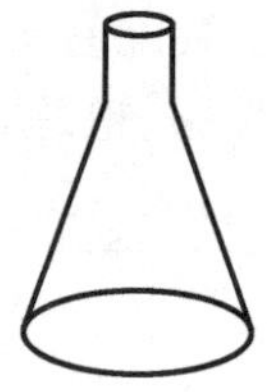</td><td>主要用于滴定过程中的溶液反应容器,也可用作其他化学反应、液体收集的容器,还可用于组装洗气瓶。锥形的瓶肚方便液体的均匀振荡。规格以容积(mL)表示,常用规格包括 50,100,150,250,500,1 000 等</td></tr>
<tr><td>1. 用作反应器时同圆底烧瓶。
2. 滴定时振荡,液体不能太多,不搅拌。
3. 加热时放在石棉网上,一般不直接加热。直接加热时外部要干,不能有水珠,以防炸裂,或用水浴加热。
4. 加热时液体量不可超过瓶容积一半,不可蒸干或骤冷</td></tr>
<tr><td rowspan="2">分液漏斗
</td><td>主要用于分离密度不同且互不相溶的液体分离;可组装反应器,随时滴加液体;也可洗涤或萃取液体。有球形、梨形等,规格以容积(mL)表示,常用规格包括 50,100,250,500 等</td></tr>
<tr><td>1. 不能加热。
2. 磨口活塞必须原配。
3. 使用前先检查是否漏液,漏液不能用。
4. 使用前活塞涂凡士林,插入转动至透明、不漏水。
5. 下层液体从漏斗管流出,上层液体从上口倒出。
6. 装气体发生器时漏斗下管口应插入液面下。
7. 漏斗盖和活塞必须用橡皮圈套住,以防滑出打碎。
8. 萃取时,振荡初期应放气数次,以免漏斗内气压过大</td></tr>
</table>

滴液漏斗	主要用于反应中滴加液体。规格以容积(mL)、漏斗颈长短表示
	1. 不能加热。 2. 磨口活塞必须原配。 3. 使用前先检查是否漏液,漏液不能用。 4. 使用前活塞涂薄层凡士林,插入转动直至透明。 5. 装气体发生器时漏斗管应插入液面内。 6. 漏斗盖和活塞必须用橡皮圈套住,以防滑出打碎
提勒管	主要用于毛细管法测定固体化合物的熔点
	1. 用烧瓶夹固定在铁架台上。 2. 温度计的感温泡位于两支管的中间位置。 3. 加热浴液面高于上支管。 4. 热源位于三角支管末端
干燥器	用于存放需保持干燥的物品的容器,或使热的物质在干燥环境下冷却。干燥器隔板下面放置干燥剂,需要干燥的物品放在适合的容器内,再将容器放于干燥器的隔板上。分普通干燥器和真空干燥器两种,规格按直径(mm)表示,常用规格有 150,200 等
	1. 太热的物品要稍冷后再放入。 2. 干燥器盖子与磨口边缘处涂一层凡士林,防止漏气。 3. 干燥剂要适时更换。 4. 开盖时,要一手扶住干燥器,一手握住盖柄,稳稳平推。 5. 搬动干燥器时,要用拇指压住盖子,防止盖子滑下跌破
称量瓶	用于准确称量一定量的固体。矮形用作测定干燥失重或在烘箱中烘干基准物;高形用于称量基准物、样品。规格按容量(mL)分:矮型规格有 5,10,15,30 等;高型规格有 10,20,25,40 等
	1. 不可盖紧磨口塞烘烤,磨口塞要原配。 2. 盖子是磨口配套的,不得丢失、弄乱,以免使药品沾污。 3. 用前洗净烘干,不用时洗净在磨口处垫纸条。 4. 不能直接用火加热,以免玻璃破裂

<table>
<tr><td rowspan="2">滴定管
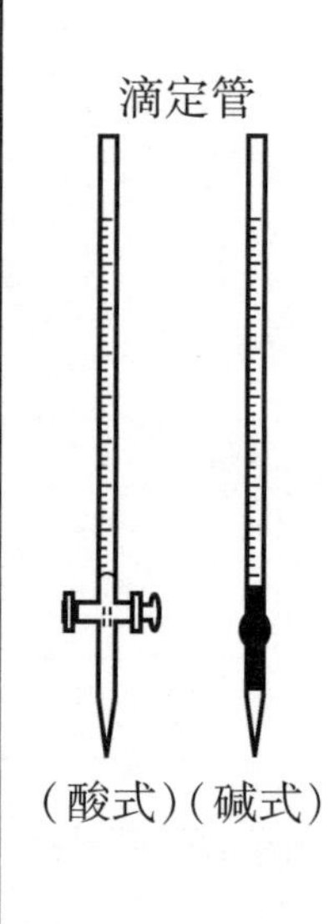
(酸式)(碱式)</td><td>滴定管是滴定分析时使用的较精密仪器,用于测量在滴定中所用溶液的体积,常量滴定管分酸式和碱式两种。管身颜色为棕色或无色。主要用于准确量取一定体积的溶液。酸式滴定管用来盛装酸性和氧化性的溶液,碱式滴定管则相反。棕色滴定管用来盛装怕光溶液。规格按刻度最大标度(mL)表示,常用规格有25,50等。微量的有1,2,3,4,5,10等</td></tr>
<tr><td>1. 酸、碱式滴定管不能对调使用。酸液放具玻塞的酸式滴定管,碱液放带皮管的碱式滴定管。
2. “0”刻度在上。精确至0.1 mL,可估读到0.01 mL。
3. 用前检查是否漏液,对酸式滴定管检查活塞转动灵活性;碱式滴定管查胶管是否老化,合格的滴定管才能使用。
4. 使用酸式管滴定时,应用左手开启旋塞,防止将旋塞拉出。碱管用左手轻捏橡皮管内玻璃珠放液。
5. 酸管旋塞应擦凡士林使旋转灵活;碱管下端橡皮管不能用洗液,洗液腐蚀橡皮。
6. 洗净使用,管内壁不挂水珠。活塞以下充满液体,勿留气泡。装液前用溶液淋洗三次,保证溶液浓度不变。
7. 装液后,排尽下部气泡,读数时视线与凹面最低处水平。
8. 不能加热及量取热的液体,不能用毛刷洗涤内管壁。
9. 用毕立即用蒸馏水洗净,长期不用活塞垫小纸条,防粘黏</td></tr>
<tr><td rowspan="2">比色皿
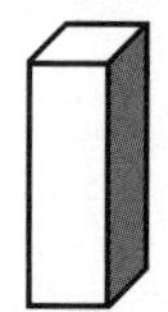</td><td>用于在紫外光区域有吸收的物质的测定。比色皿一般为长方体,底及两侧为磨毛玻璃,另两面为光学玻璃制成的透光面,采用熔融一体、玻璃粉高温烧结和胶黏合而成。规格按透光面厚度(cm)表示,常用规格有0.5,1,2等</td></tr>
<tr><td>1. 取比色皿时用手接触毛玻璃面,透光面勿与硬物或脏物接触。
2. 含腐蚀玻璃的物质溶液,不得长期盛放在比色皿中。
3. 不能加热或在干燥箱内烘烤。
4. 被污染后,用无水乙醇清洗,擦拭干净。
5. 装液高度1/2 ~2/3。光学面如有残液先用滤纸轻吸,后用镜头纸或丝绸擦拭</td></tr>
<tr><td rowspan="2">酒精灯
</td><td>用作热源。由灯体、灯芯管和灯帽组成。加热温度为400 ~500 ℃,适用于中、低温度的加热</td></tr>
<tr><td>1. 用火柴点燃,严禁以灯点灯。
2. 向灯内加酒精应灭火,通过漏斗添加。
3. 用灯帽盖灭火焰,且提起1 ~2次,不可吹灭。
4. 灯内酒精量应在容积的1/4 ~2/3</td></tr>
</table>

仪器	用途及注意事项
启普发生器 	用于不溶性块状固体与液体常温下制取不易溶于水的气体
	1. 控制导管活塞可使反应随时发生或停止。 2. 不能加热。 3. 不能用于强烈放热或反应剧烈的气体制备。 4. 若产生易燃易爆的气体,收集前须检验气体的纯度
洗气瓶 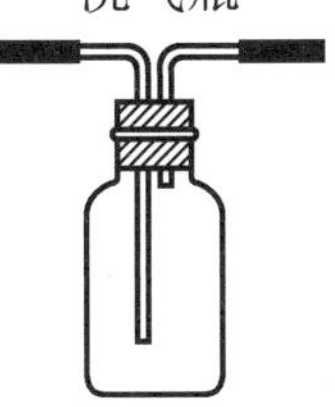	净化气体用,反接可作安全瓶(缓冲瓶)用。规格按容积(mL)表示,常用规格有 125,250,500,1 000 等
	1. 正确连接(进气管通入液体中),否则达不到洗气的目的。 2. 洗涤液注入容器高度的 1/3 ~ 1/2
集气瓶 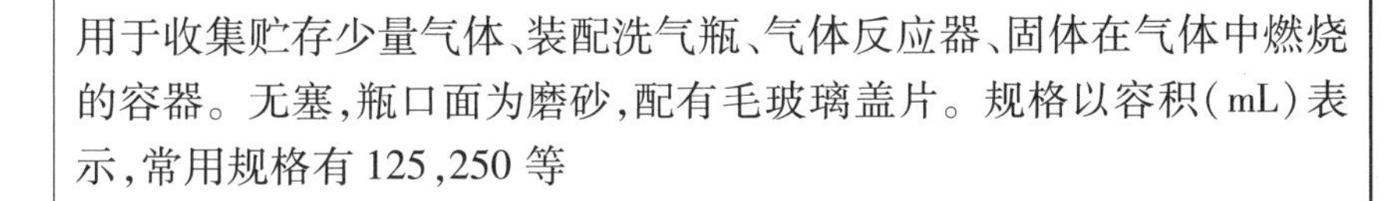	用于收集贮存少量气体、装配洗气瓶、气体反应器、固体在气体中燃烧的容器。无塞,瓶口面为磨砂,配有毛玻璃盖片。规格以容积(mL)表示,常用规格有 125,250 等
	1. 不能加热。 2. 作固体在气体中燃烧容器时,瓶底放少量水或一层细沙。 3. 收集气体前瓶口涂凡士林,并用毛玻璃片盖上转动几下,使玻璃片与瓶口密封;收满气体后立即用玻璃片盖住瓶口
滴管	主要用于吸取、滴加溶液
	1. 注意不被污染。 2. 胶头易受浓酸或其他试剂腐蚀,应经常替换
温度计 	用于测量物体的温度。有水银温度计和酒精温度计两种,常用的是水银温度计,规格有 100 ℃,200 ℃,360 ℃等
	1. 选合适量程温度计。不许测量超过最高刻度的温度。 2. 高温下的温度计不可骤冷。切忌温度计代替玻璃棒去搅拌液体或固体。 3. 读数时应平视,注意感温泡放置位置要合适。 4. 水银温度计若打破,立即用硫黄粉覆盖
玻璃棒	主要用于搅拌溶液。规格以长度(mm)×直径(mm)表示
	使用时保持清洁,不能带来杂质和污染

4.2　常用非玻璃仪器介绍

仪器	简介
点滴板	主要用于点滴试验时的反应器皿。板上有多个凹穴,反应在凹穴中进行。分黑釉和白釉两种,带色反应适于在白板上进行;白色或浅色沉淀反应适于在黑板上进行。规格有 6 孔、9 孔、12 孔等。在同一块板上便于做对照实验,便于洗涤
	不能用于加热反应
蒸发皿	用于蒸发液体、浓缩溶液或干燥固体。口大底浅,有圆底和平底带柄两种。分瓷质、玻璃、石英、铂蒸发皿等。质料不同,耐腐蚀性能不同,应根据溶液和固体的性质适当选用。可耐高温,但不宜骤冷。规格按直径(mm)表示,包括 60 ~ 150;按容积(mL)表示,包括 75,200,400 等
	1. 耐高温,液体量多时可在火焰上直接加热,也可用石棉网、水浴、沙浴等加热,但不能骤冷,液体量少或黏稠时,要隔着石棉网加热,使受热均匀。 2. 加热蒸发液体体积不超过蒸发皿容积的 2/3,玻璃棒搅拌,不可完全蒸干。 3. 热蒸发皿应放在石棉网上冷却。 4. 使用预热过的坩埚钳拿取热蒸发皿
坩埚	用于高温灼烧固体试剂并适于称量,有瓷质、石墨、石英、氧化锆、铁、镍或铂材质。规格按容积(mL)表示,包括 10,15,25,50 等
	1. 坩埚有盖,可防止药品迸溅。 2. 可耐 1 200 ~ 1 400 ℃高温,热坩埚勿骤冷或溅水。 3. 热坩埚用坩埚钳夹取,冷却时应稍冷后放在干燥器中。 4. 瓷坩埚易被热碱腐蚀,熔融强碱应放在铁坩埚中进行
天平	常用于精确度不高的固体试剂的称量,精度≥0.1 g
	1. 称前调零点。 2. 称量时左物右码。 3. 试剂勿直接放在托盘上,潮解、腐蚀性试剂用玻璃器皿称量。 4. 砝码用镊子由大到小试取,用镊子移动游码。 5. 称量完毕,砝码放回砝码盒内,游码拨回到 0 处

电子天平 	高精度测量仪器,用于较准确称量物体质量
	1. 避免震动、光射和受热,避免在湿度大环境工作。 2. 不可轻易移动天平,否则需重新进行校准。 3. 严禁直接称量,每次称量后清洁天平
离心机 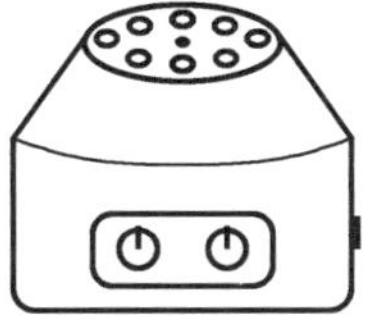	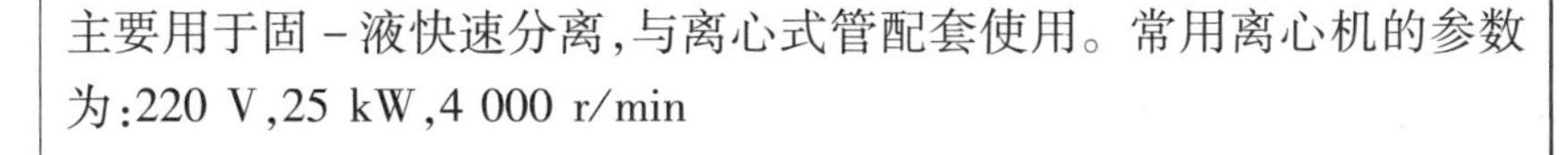 主要用于固 - 液快速分离,与离心式管配套使用。常用离心机的参数为:220 V,25 kW,4 000 r/min
	1. 装液等量半满,对称放置,保持平衡。 2. 先慢后快,缓慢均匀加速。 3. 离心毕,停稳取出
酒精喷灯 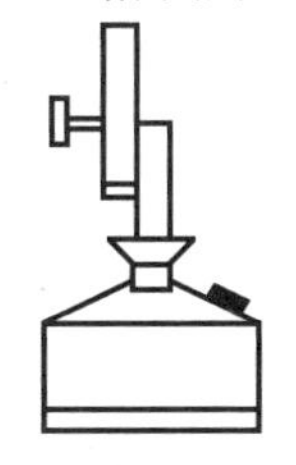	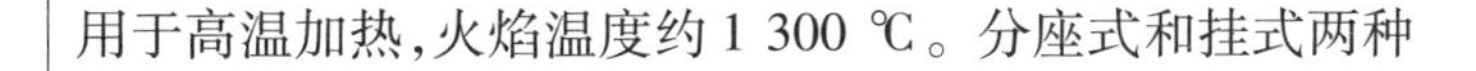 用于高温加热,火焰温度约 1 300 ℃。分座式和挂式两种
	1. 灯体置于石棉板或石棉网上。 2. 灯壶内酒精量应为容积的 1/3 ~ 2/3。 3. 连续使用时间不能太长,否则喷灯会有崩裂的危险。 4. 长时间不使用,应把剩余的酒精倒出
试管架 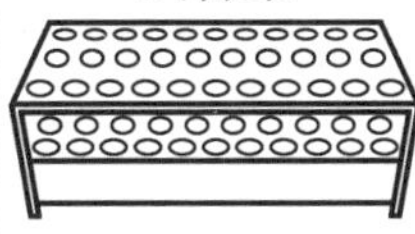	用于放置各类试管等。试管架有木质、铝制和塑料制等。有大小不同、形状不一的各种规格
	加热后的试管应用试管夹夹好悬放在试管架上
试管夹 	用于夹持试管进行简单加热的实验。一般为竹制品
	1. 夹持试管时从试管底部套入,夹于距试管口 2 ~ 3 cm 处。 2. 夹持握住试管夹的长臂,拇指勿按试管夹短臂,以防拇指稍用力造成试管脱落,拇指顶在短柄末端底面
石棉网 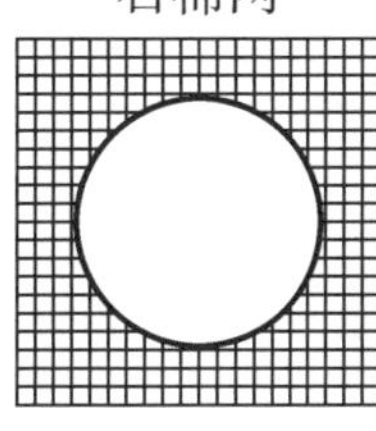	跟铁架台、铁圈或三脚架配合使用。放置烧杯、烧瓶等仪器,使受热体间接受热,受热均匀
	1. 石棉要略大于受热器皿的底部。 2. 使用时不要触水,否则石棉容易脱落,铁丝容易锈蚀。 3. 不可卷折

<table>
<tr><td rowspan="2">药匙
</td><td>用于取用粉末状或小颗粒状的固体试剂。有牛角、瓷和塑料材质,两端各有一勺,一大一小</td></tr>
<tr><td>1. 选用大小合适的药匙。
2. 不要用塑料药匙取用灼热的药品。
3. 药匙用毕,需洗净,用滤纸吸干后,再取另一种药品</td></tr>
<tr><td rowspan="2">坩埚钳
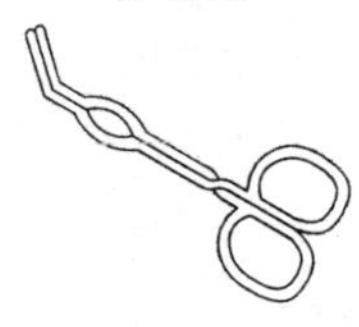</td><td>用于夹持坩埚加热或往高温炉中放、取坩埚以及夹取热的蒸发皿。规格有大小、长短之分</td></tr>
<tr><td>1. 夹持热坩埚时先将钳头预热,避免瓷坩埚骤冷而炸裂。
2. 夹持质脆易破裂的坩埚时,既要轻夹又要夹牢。
3. 使用时坩埚钳必须干净。
4. 坩埚钳用后,尖端向上平放于实验台</td></tr>
<tr><td rowspan="2">洗瓶
</td><td>用于装蒸馏水洗涤仪器或装洗涤液洗涤沉淀。规格以容积(mL)表示,有玻璃、塑料材质</td></tr>
<tr><td>1. 不能装自来水。
2. 塑料洗瓶不能加热</td></tr>
<tr><td rowspan="2">吸耳球
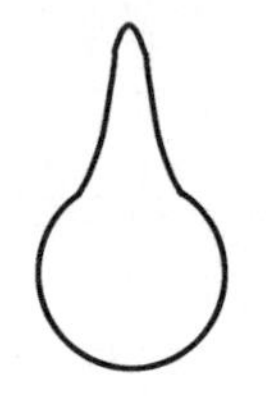</td><td>用于快速将大量气体吸入排出,还可把密闭容器里的粉末状物质吹散等。实验室中主要用于吸量管定量吸取液体及吸水引流等。规格有30,60,90,120 mL</td></tr>
<tr><td>1. 吸取时先将肚内空气排出,对准吸量管上口慢慢放松。
2. 勿将溶液吸入吸耳球内</td></tr>
<tr><td rowspan="2">橡胶塞
</td><td>用于无磨口化学仪器的密封,有不同大小的规格:0 号最小,号码越大直径越大</td></tr>
<tr><td>1. 橡胶塞进入容器深度为1/2 ~2/3。
2. 橡胶塞经打孔,插入玻璃管形成连接设备可导出气体。
3. 装碱液的试剂瓶须用橡胶塞封口</td></tr>
<tr><td rowspan="2">铁架台
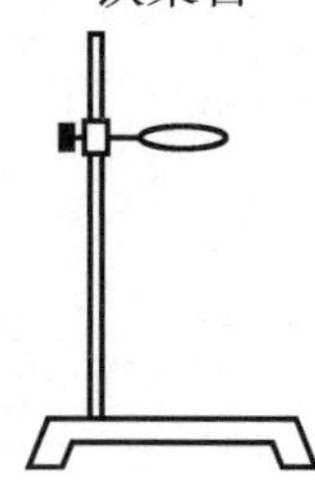</td><td>主要用于固定放置各种实验仪器,有圆形和方形两种。常与铁夹和铁圈配合使用</td></tr>
<tr><td>1. 固定仪器时要采用由下而上的顺序。固定烧瓶时,应夹在瓶颈处,松紧适宜。
2. 铁夹、铁圈方向应保持与铁架台底座一致,增大稳度。
3. 使用中避免与酸、碱接触。如有不慎应及时冲洗擦净</td></tr>
</table>

毛刷	主要用于实验器皿的清洗。规格以大小或用途表示
	1. 洗涤时手持刷子的部位要合适。 2. 用力适中,小心刷子顶端铁丝撞破玻璃仪器。 3. 关注刷子顶部竖毛的完整程度
止水夹 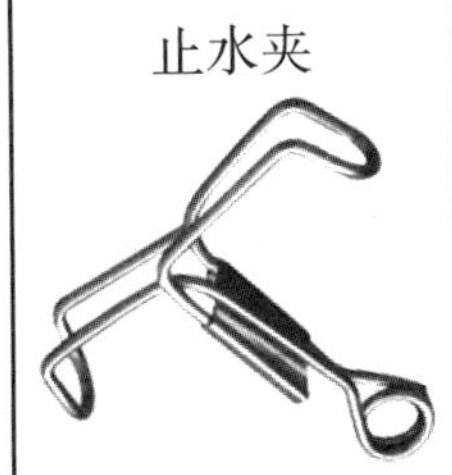	主要用于开通或关闭液体的通路,控制液体的流量
	1. 夹子夹在连接胶管中部表示关闭,夹在玻璃导管上表示开通。 2. 夹子夹持胶管的部位应经常变动。 3. 实验完毕,及时拆卸装置,取下夹子,擦净收藏

第5章　无机化学实验基本操作

5.1　玻璃仪器的洗涤和干燥

化学实验中,玻璃仪器的洗涤是否符合要求,对实验的结果和实验的成败有很大影响。实验前,为了得到精确的实验结果,必须保障实验仪器是清洁干净的,有些实验要求仪器必须是干燥的。实验后,应及时洗净仪器,尤其对于久置变硬不宜洗掉的实验残渣,或对实验仪器有腐蚀作用的废液,一定要立即清洗干净。

5.1.1　玻璃仪器的洗涤

玻璃仪器的洗涤方法很多,应当根据实验的要求、污物的性质、沾污的程度和仪器的类型来选择合适的洗涤方法。无机化学实验中,附着在玻璃仪器上的污物有灰尘、可溶性污物、不溶性污物、有机污物及油污等。针对具体情况,可分别采取下列方法进行洗涤。

1. 常规洗涤

烧杯、试管、量筒、漏斗等玻璃仪器,通常是选用合适的毛刷先在自来水中转动毛刷刷洗玻璃仪器的内外壁,刷掉仪器上的灰尘和可溶污物。用清水刷洗不净的污物,再用毛刷蘸取去污粉、洗衣粉或合成洗涤剂,对玻璃仪器的内外壁进行刷洗。用自来水将洗涤剂全部淋洗掉,由于自来水洗涤过的玻璃仪器内壁仍残留着一些 Ca^{2+},Mg^{2+},Cl^{-} 等离子,所以最后需用蒸馏水或去离子水少量多次地淋洗玻璃仪器数次。用蒸馏水冲洗时,要用顺壁冲洗的方法并充分震荡,经蒸馏水冲洗后的仪器,用指示剂检查应为中性。凡洗净的仪器,不要用布或软纸擦干,以免使布上或纸上的少量纤维留在容器上反而沾污了仪器。

刷洗试管内壁时,应该轻轻地来回拖动试管刷进行刷洗,避免试管刷顶部的铁丝将试管捅破,应该注意不要使用刷子顶部无毛的试管刷。

不同规格的仪器,应选用不同规格的毛刷。玻璃和瓷质仪器应该逐个刷洗,避免同时刷洗多个玻璃或瓷质仪器,否则容易碰坏或摔碎仪器。

2. 铬酸洗液洗涤

对于一些玻璃仪器形状特殊,无法用毛刷刷洗其内壁,容积要求精确的容量仪器,如滴定管、移液管、容量瓶等,需要使用洗液进行洗涤。

化学实验室中,最常用到的洗液是铬酸洗液。铬酸洗液为暗红色溶液,具有强酸性、强腐蚀性和强氧化性,对具有还原性的有机污物、油污等去污能力特别强,只需将铬酸洗液在玻璃仪器内壁润过数遍即可将污物去除。铬酸洗液可以重复使用,当铬酸洗液的颜色由暗红色变为绿色(即 Cr^{6+} 变为 Cr^{3+})时,表示铬酸洗液失去了氧化去污的功效。

(1)铬酸洗液的配制方法:将 25 g 重铬酸钾固体溶于 50 mL 蒸馏水中,冷却后,边搅拌边向重铬酸钾溶液中慢慢加入 450 mL 浓硫酸(注意安全,切勿将重铬酸钾溶液加到浓硫酸中),冷却后储存于试剂瓶中备用。

(2)铬酸洗液洗涤玻璃仪器的具体操作步骤:

①将玻璃仪器先用自来水冲洗后,尽量把仪器内残留的水倒净,以免稀释洗液。

②向玻璃仪器中加入少许铬酸洗液,慢慢转动仪器,使玻璃仪器的内壁全部被洗液浸润,再重复转动浸润数次。

③将洗液倒回洗液瓶中。

④洗液浸洗过的玻璃仪器用少量自来水冲洗干净。

⑤最后用蒸馏水或去离子水淋洗玻璃仪器数次即可。

(3)铬酸洗液使用注意事项:

①在使用铬酸洗液过程中,注意不要溅到身上,以防烧破衣服或损伤皮肤。

②自来水冲洗后的含铬废水不要倒入下水道里,应倒入分类回收废液缸中集中处理,以防污染环境。

3. 特殊污垢的洗涤

有些玻璃仪器内壁的不溶性污物用水和铬酸洗液都无法清洗掉,特别是久置未清洗的玻璃仪器上的污物,需要根据污物的性质选用合适的洗剂,如表 5-1 所列污物及处理的方法。通过洗涤剂间的相互作用,将附着在仪器壁上的污物转化为水溶性物质而除去。

表 5-1　化学实验室常见的污物洗涤方法

污物	洗涤方法
氧化性污物(MnO_2,铁锈等)	盐酸、草酸洗液
高锰酸钾污垢	酸性草酸溶液
残留 Na_2SO_4,$NaHSO_4$ 固体	沸水溶解,趁热倒掉
粘附硫黄	煮沸的石灰水
粘附碘	用 KI 溶液浸泡,温热稀 NaOH 或 $Na_2S_2O_3$
沉积的金属银和铜	HNO_3
沉积的难溶性银盐	$Na_2S_2O_3$ 溶液(Ag_2S 热浓 HNO_3)
油污、有机物	Na_2CO_3,NaOH,有机溶剂、铬酸洗液,碱性高锰酸钾洗涤液
瓷研钵内的污迹	少量食盐在研钵内研磨后倒掉,再水洗
有机物染色的比色皿	溶液体积比为盐酸: 酒精 = 1: 2

4. 超声波洗涤

使用超声波清洗机清洗玻璃仪器时,将配有合适洗涤剂的溶液倒入超声波清洗机槽中,再将用过的玻璃仪器浸在清洗剂中。接通电源,利用声波产生的振动,将仪器清洗干净。使用超声波清洗机洗涤玻璃仪器省时、方便、绿色环保。

5. 玻璃仪器洗净标准

玻璃仪器是否洗涤干净,可以通过器壁是否挂水珠来检查。将洗涤过的仪器倒置,如果器壁透明、器壁上的水均匀分布不挂水珠,则说明已洗干净;如果器壁上仍挂有水珠,说明未洗净需要重新洗涤,直至符合要求。

5.1.2 玻璃仪器的干燥

玻璃仪器的干燥就是将沾附在仪器上的水分除去。在无机化学实验中,有时需要用到干燥的玻璃仪器,因此仪器洗净后需要进行干燥后才能使用。常用的玻璃仪器干燥方法有以下几种。

1. 晾干法

让残留在玻璃仪器内壁上的水分自然挥发而使仪器干燥。不急于使用的仪器一般采用晾干法进行干燥。可将洗涤干净的仪器先尽量倒净其中的水分,然后倒置在仪器架上让其在空气中自然干燥。

2. 吹干法

用热或冷的空气流将玻璃仪器干燥,化学实验室最常用的吹干仪器是气流烘干机。

用气流烘干机吹干玻璃仪器时,应先将洗净仪器的残留水分尽量甩去,将仪器倒置套在气流烘干机的金属管上即可。使用时应根据需要随时调节热风的温度,且气流烘干机不宜长时间连续使用,否则易烧坏电机和电阻丝。

3. 烘干法

对于可经受较高温度烘烤,且需要迅速干燥的玻璃仪器,可将洗涤干净的仪器放在电热或红外干燥箱内加热烘干。

电热或红外干燥箱是化学实验室常用的仪器,主要用于干燥玻璃仪器或烘干无腐蚀性、热稳定性比较好的药品,挥发性易燃品或刚用酒精、丙酮淋洗过的仪器切勿放入烘箱内,以免发生爆炸。

干燥前需将仪器洗净,尽量倒尽其中的水分,口朝上平放在箱内。电热或红外干燥箱带有自动控温装置,通常烘干仪器时温度控制在 100 ~ 120 ℃,加热 30 min 左右即可。烘干后的玻璃仪器温度降至室温时再取出,注意不能让烘热的仪器骤然碰到冷水或冷的金属表面,以免炸裂。厚壁玻璃仪器或量筒、吸滤瓶等不宜在烘箱中烘干。如分液漏斗、滴液漏斗等带旋塞玻璃仪器,须拿去盖子和旋塞并擦掉凡士林后,才能放入干燥箱烘干。

4. 烤干法

适用于可加热或耐高温的玻璃仪器,如试管、烧杯等,实验室常用的烤干热源有酒精灯、电炉等。若烧杯、蒸发皿等仪器可放在石棉网上小火烤干,烤前应先擦干仪器外壁的水珠。试管烤干时应使试管口向下倾斜,以免水珠倒流炸裂试管。初烤时应先从试管底部开始,并不时地来回移动试管,水珠不见后再将管口朝上,把水气赶尽。烤干的试管放在石棉网上冷却后方可使用。

5. 有机溶剂干燥法

对于急于干燥的仪器或不适于放入烘箱的较大仪器可采用有机溶剂干燥法。通常用少量乙醇、丙酮等易挥发且与水可以混溶的有机溶剂润洗,然后用凉风吹 1 ~ 2 min,当大部分溶剂挥发后,再改用热风吹至仪器完全干燥,最后用凉风吹至室温以赶除残余的蒸汽。一些不能用加热方法干燥的带刻度玻璃量器,也可采用此方法,用少量易挥发有机溶剂如酒精或酒精与丙酮的混合液浸润,倒出后少量残留液很快挥发带走水分,使仪器迅速干燥。用过的溶剂应倒入回收瓶中。

5.1.3　玻璃干燥器的使用

玻璃干燥器是保持物品干燥的仪器。对已经干燥但又易吸潮的实验用品，或需较长时间保持干燥的实验用品，应放在干燥器内保存。

普通玻璃干燥器是一种带有磨口的厚质玻璃器皿，上面配套边缘磨口的玻璃盖，如图 5－1 所示。真空干燥器在磨口盖子顶部装有抽气活塞，如图 5－1(b)所示。玻璃干燥器使用前，应在磨口处涂一层薄薄的凡士林，使其很好地密合，以防空气中的水汽进入。干燥器的底部装有干燥的氯化钙或变色硅胶等干燥剂，中间有一个可任意取放的带孔圆形瓷板，用来承放被干燥物品。

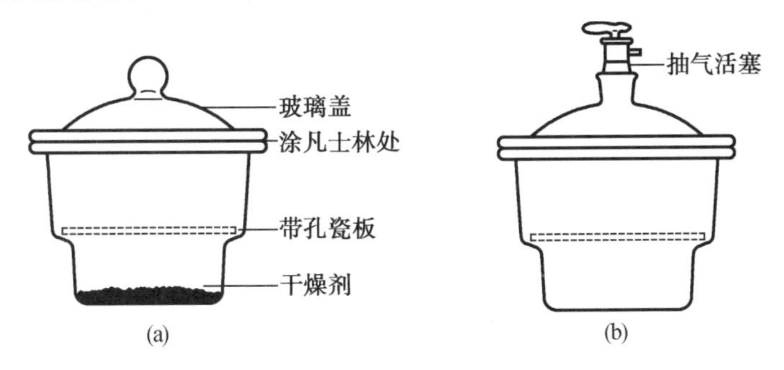

图 5－1　玻璃干燥器示意图

(a)普通玻璃干燥器；(b)真空玻璃干燥器

打开干燥器时，不能将干燥器盖子直接提起，而应一只手扶住干燥器，另一只手用力握住盖子的圆顶，沿水平方向缓缓推开盖子，如图 5－2(a)所示。打开盖子后，应将盖子翻过来放在桌面上，取放物品后必须立即盖好盖子。盖盖子时也应沿水平方向推移盖子，直至推到上下两磨口吻合为止。当搬动干燥器时，应用双手拇指同时按住盖子，以防盖子滑落而打碎，如图 5－2(b)所示。

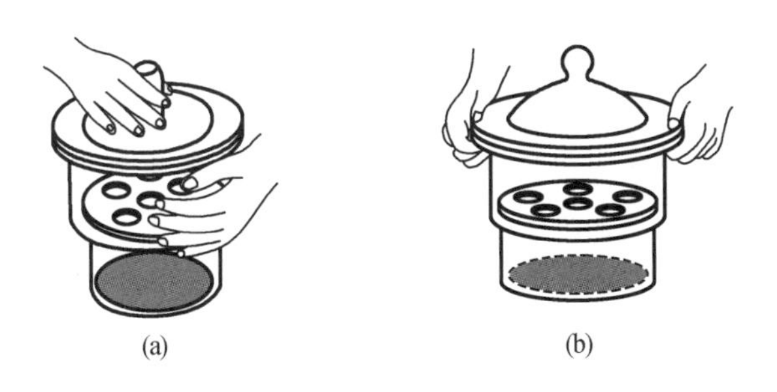

图 5－2　玻璃干燥器的使用示意图

(a)干燥器开盖方法；(b)干燥器搬动方法

温度较高的物品例如刚灼烧过的坩埚放入干燥器中，不可以马上将干燥器的盖子完全盖严，应保留一条细缝散热，待冷却后再盖严。否则会因干燥器内部空气受热膨胀而将盖子冲开，或因干燥器内部空气冷却后产生负压而使盖子难以打开。

5.2 玻璃量器的使用

玻璃量器是用来度量液体体积的器皿。化学实验室中常用的玻璃量器有量杯、量筒、容量瓶、移液管、滴定管及微量进样器等。量杯和量筒可量取要求不必太精确的液体体积,精确度仅能达到0.1 mL,而其他量器的精度可以达到0.01 mL。

5.2.1 量筒和量杯

量筒和量杯是用于量取液体体积的玻璃仪器,如图5-3所示。

外壁上有刻度,上下直径均匀一致的圆柱状是量筒。面对刻度时量筒倾液嘴向右,便于左手操作,称为左执式量筒;面对刻度时量筒倾液嘴向左,便于右手操作,称为右执式量筒。常用的量筒均为右执式量筒。上口大下部小的是量杯。

实验室中经常使用的量筒和量杯规格有10 mL,20 mL,25 mL,50 mL,100 mL,500 mL和1 000 mL。

使用量筒或量杯量取指定体积的液体时,应先倒入接近所需体积的液体,然后改用胶头滴管滴加。读数时应把量筒或量杯放在水平桌面上,使眼睛的视线与凹液面的最低点在同一水平面上,读取与凹液面相切的刻度值,如图5-4所示。不可用手举起量筒读取刻度值。

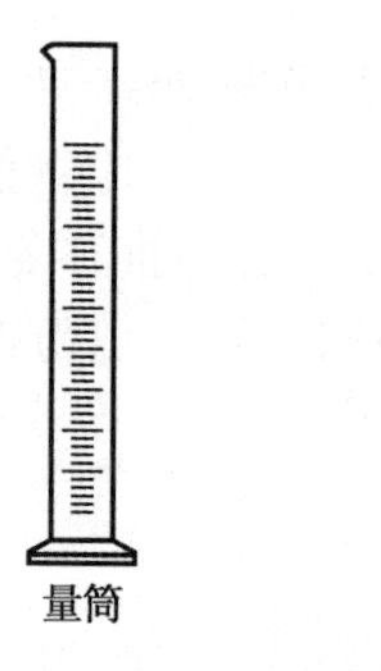

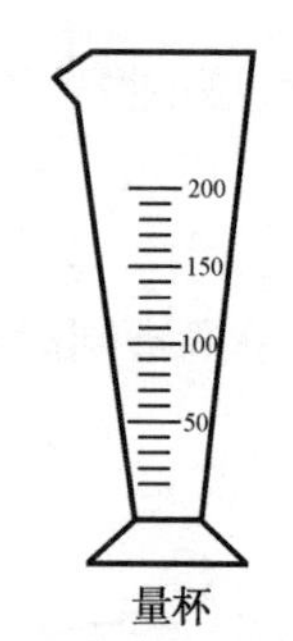

图5-3 量筒和量杯示意图

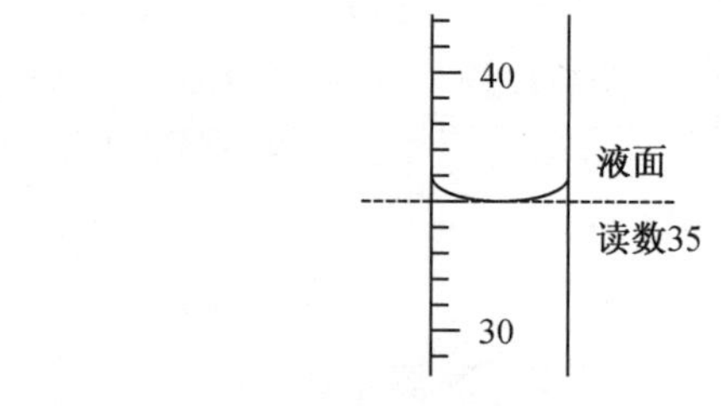

图5-4 量筒的读数方法示意图

量筒和量杯不可加热,不可量热的液体,不能用于溶解、稀释等操作。

5.2.2 移液管和吸量管

移液管和吸量管用于准确量取一定体积的溶液,如图5-5所示。

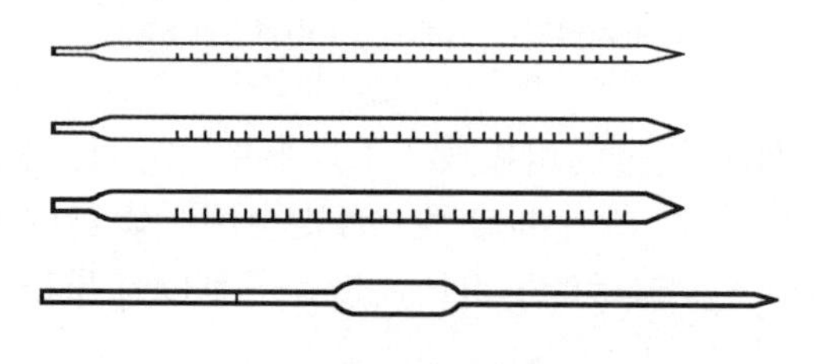

图5-5 吸量管和移液管示意图

移液管的上部只有一条环形标线，中腰有膨大的肚子，标有容积和标定时的温度，下端为尖嘴状，也被称为胖肚移液管。实验室中常用的移液管规格有 1 mL，2 mL，5 mL，10 mL，25 mL 和 50 mL。

吸量管是直形的，带有精细的分度，可以准确量取所需刻度范围内某一体积的溶液，“0”刻度在管的上方，最大吸量刻度值在下面。一般只用于量取小体积的溶液。实验室常用的吸量管规格有 1 mL，2 mL，5 mL 和 10 mL。

移液管和吸量管的使用具体操作如下。

(1)观察：移液管或吸量管使用前，应首先观察移液管和吸量管的标记和刻度标线位置。

(2)洗涤：移液管或吸量管在使用前应分别用洗涤液、自来水和蒸馏水洗涤。先慢慢地吸入少量洗液至移液管中，用食指按住管口，然后将移液管或吸量管平持，松开食指，转动移液管，使洗液与管口以下的内壁充分接触，再将移液管或吸量管垂直，将洗液放回洗液瓶中。然后以同样操作分别用自来水和蒸馏水洗涤数次，洗净后的移液管或吸量管内壁应不挂水珠。用滤纸吸去管外的水，最后再用待移取液润洗 2～3 遍，以确保所移取溶液的浓度不变。

(3)吸液：用右手的拇指和中指捏住移液管或吸量管的上端，将管尖插入溶液中，插入的深度既不能太浅也不能太深，若插入太浅容易吸空，导致将溶液吸入吸耳球内部污染溶液。左手拿吸耳球，挤出吸耳球肚中的空气，再将球的尖嘴紧紧压在移液管上口，慢慢松开吸耳球使溶液徐徐吸入管内，如图 5－6 所示。当液面上升至刻度线之上 1～2 cm 时，立即用右手的食指按住管口。

(4)调节：将移液管向上提升离开液面，尖端靠在容器的内壁上，管身垂直，拇指和中指轻轻转动移液管或吸量管，使管内液面下降至弯月面底部与标线相切为止，立即用食指压紧管口。将尖端的液滴靠壁去掉，移出移液管或吸量管，插入承接器皿中。

(5)放液：将承接器皿倾斜 45°左右，移液管或吸量管垂直，管尖紧靠在承接器皿的内壁上，松开食指，使溶液沿器壁徐徐流下，待溶液全部流出后仍需停靠 15 s，如图 5－7 所示。如果所使用的移液管或吸量管为非吹式，则残留在管尖末端内的溶液不可吹出，因为移液管或吸量管所标定的量出容积不包括这部分的残留溶液量。

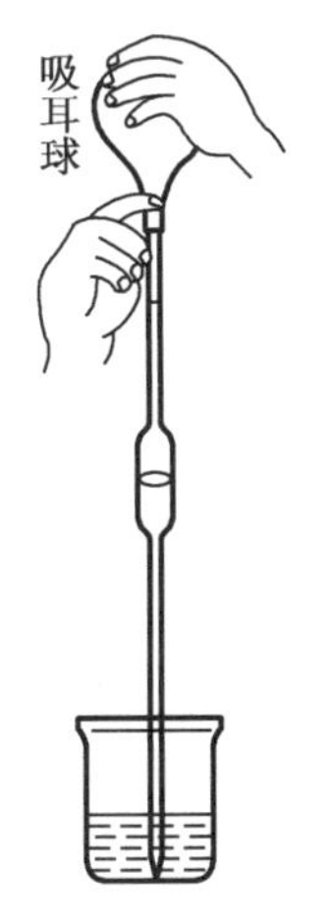

图 5－6　移液管取液操作示意图

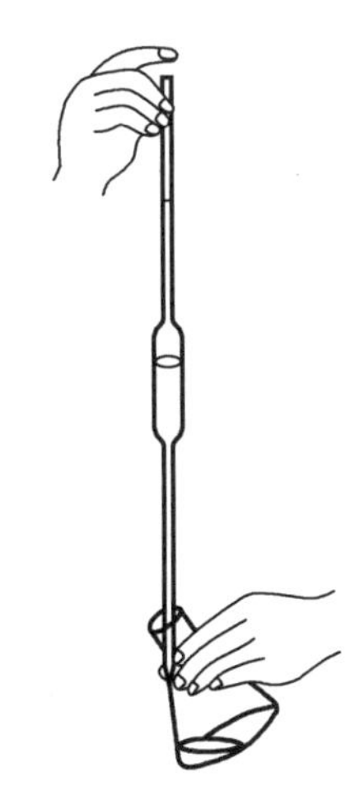

图 5－7　移液管放液操作示意图

移液管和吸量管使用后,应洗涤干净放置于移液管架上。

5.2.3 容量瓶

容量瓶是一种细颈梨形、具磨口玻璃塞的平底瓶,瓶颈上刻有环形标线,瓶身标有容积和标定时的温度,其容积是在所指温度下液体充满至标线时的容积,如图 5-8 所示。容量瓶是用于配制一定体积标准浓度溶液的玻璃容器,也可用来准确地稀释溶液。常用的规格有 50 mL,100 mL,250 mL,500 mL,1 000 mL 和 2 000 mL。容量瓶有无色和棕色两种,其中无色容量瓶最常用。配制见光易分解的溶液如 $KMnO_4$,KI,$AgNO_3$ 等需用棕色容量瓶。

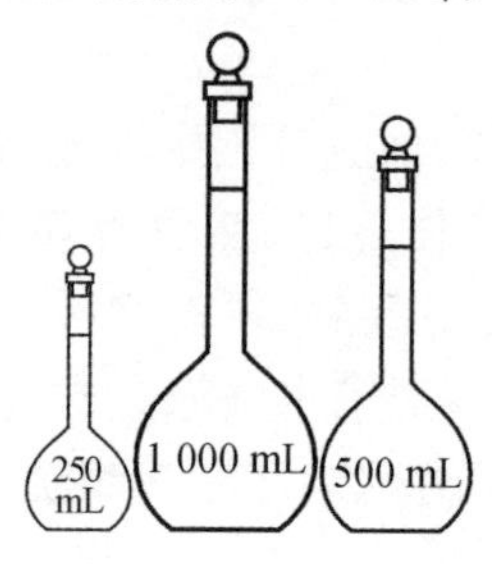

图 5-8 容量瓶示意图

1. 容量瓶的使用

(1)验漏:容量瓶在使用前应检查是否漏水,如果漏水则不能使用。检漏方法为加水至标线附近,盖好容量瓶塞,用右手食指按住塞子,其余手指拿住瓶颈标线以上部分,左手用指尖托住瓶底,将瓶倒立 2 min,观察瓶塞周围有无漏水迹象。如果不漏水,将瓶直立,转动瓶塞 180°后再试一次。仍不漏水方可使用。容量瓶的塞子是配套使用的,为避免塞子打破或遗失,应用橡皮筋把塞子系在瓶颈上。

(2)配液:用容量瓶配制标准溶液时,将准确称取的固体物质置于小烧杯中,加水或其他溶剂将固体溶解,然后将溶液定量转入容量瓶中。若固体试剂需加热才能溶解,那么溶液冷却后才能转入容量瓶内。

(3)转移:定量转移溶液时用玻璃棒引流。用左手拿玻璃棒,右手拿烧杯,使烧杯嘴紧靠玻璃棒,棒的下端靠在瓶颈内壁上,使溶液沿玻璃棒和内壁流入容量瓶中。烧杯中溶液转移完后,将烧杯嘴沿玻璃棒轻轻上提,同时将烧杯直立,再将玻璃棒放回烧杯中。用少量蒸馏水冲洗烧杯和玻璃棒数次,冲洗液一并转入容量瓶中,如图 5-9 所示。

图 5-9 转移溶液操作示意图

(4)定容:向容量瓶中加蒸馏水至 3/4 容积,将容量瓶沿水平方向摇转几圈,使溶液初步混匀。继续加水至标线下约 1 cm 处,稍停,待附在瓶颈上的水充分流下后,用滴管加水至弯月面的最下沿与标线相切。

(5)摇匀:盖上瓶塞,左手托起容量瓶底部,右手食指顶住瓶塞,其他手指握住瓶颈部分,如图 5－10(a)所示。将容量瓶倒转并摇动,如图 5－10(b)所示。再倒转过来,使气泡上升至瓶顶,如图 5－10(c)所示。反复数次,使溶液充分混合均匀。

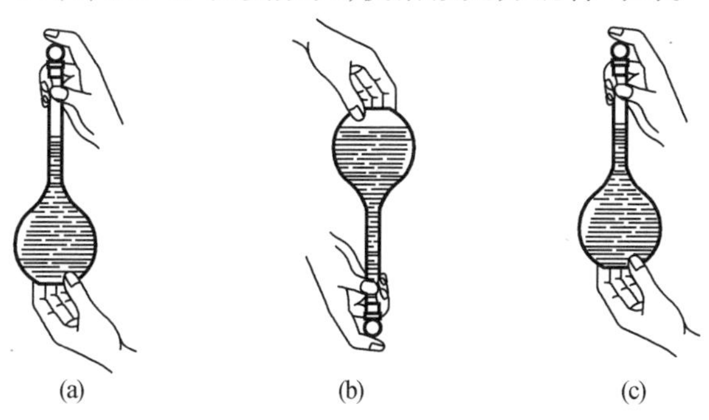

图 5－10　倒转并摇动的操作示意图

(6)如果用已知标准浓度的浓溶液稀释成标准浓度的稀溶液,可用移液管吸取一定体积的浓溶液于容量瓶中,然后按上述操作方法加水稀释至标线。

2. 容量瓶使用注意事项

(1)容量瓶内不宜长期存放溶液,尤其是碱性溶液。

(2)配好的溶液如需保存,应转移到试剂瓶中。

(3)容量瓶用后应立即用水冲洗干净。如长期不用,磨口处应洗净擦干,并用纸片将磨口隔开。

(4)温度对量器的容积有影响,使用时要注意溶液的温度、室温,以及量器本身的温度。

(5)容量瓶不能进行加热,不能在烘箱中烘干。

5.2.4　滴定管

滴定管是滴定时准确测量标准溶液体积的量器。滴定管分为两种:一种是下端带有玻璃旋塞的酸式滴定管,用于装酸性或氧化性溶液;另一种是碱式滴定管,在管的下端连接一根橡皮管,内放一颗玻璃珠,以控制溶液的流出,橡皮管下端再连接一个尖嘴玻璃管,用于装碱性或非氧化性溶液,凡能与橡皮管起反应的溶液,如 $KMnO_4$,$AgNO_3$ 等溶液均不能装入碱式滴定管中,如图 5－11 所示。滴定管按颜色区分有无色和棕色两种,其中无色滴定管最常用。见光易分解的溶液如 $KMnO_4$,KI,$AgNO_3$ 等需用棕色滴定管盛装。

滴定管的“0”刻度在管的上端,由上向下读数。常量分析中常用滴定管的容积最大为 50 mL,最小刻度为 0.1 mL,因此读数可以估读至 0.01 mL。其他的规格还有 10 mL,5 mL,2 mL 和 1 mL 的微量滴定管。

滴定管使用的具体操作步骤如下。

1. 准备

酸式滴定管使用前应该洗涤、涂凡士林、检漏。为了使玻璃旋塞转动灵活,必须在旋塞与塞槽内壁涂少许凡士林。

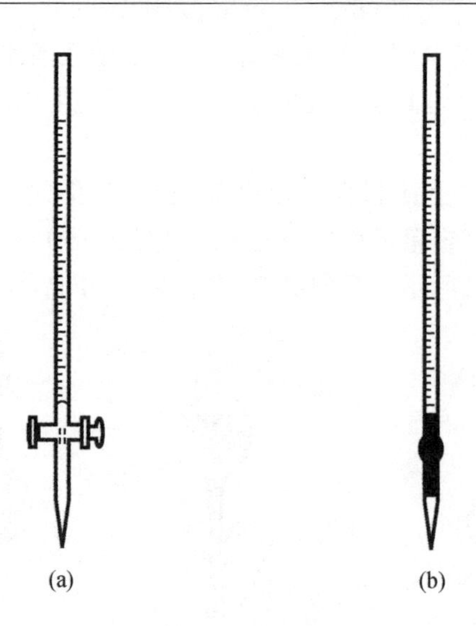

图 5-11　滴定管结构图

(a)酸式滴定管;(b)碱式滴定管

酸式滴定管涂凡士林操作:

(1)涂抹凡士林前,先将旋塞取下,用滤纸条将旋塞和旋塞套擦干。

(2)用手指在旋塞粗径一端磨砂部位涂抹一薄层凡士林,如图 5-12(a)所示。

(3)再用细竹签在旋塞套细径一端磨砂部位涂抹一薄层凡士林,如图 5-12(b)所示。

(4)将旋塞小心插入旋塞套中。用手握住旋塞柄,按同一方向旋转旋塞,直至观察到凡士林层透明为止,如图 5-12(c)所示。

(5)最后套上皮筋套,以防旋塞从套中脱落。

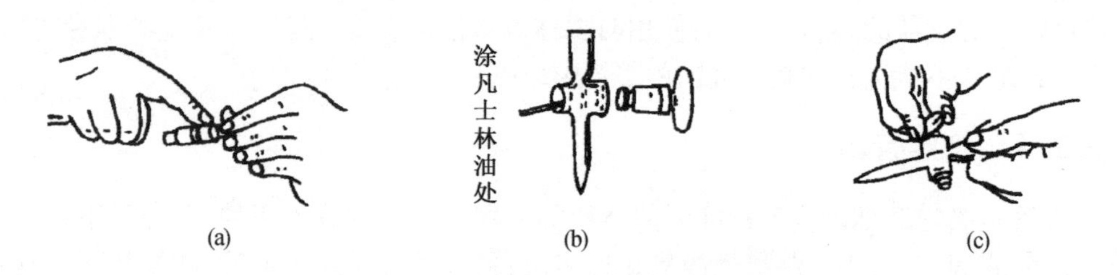

图 5-12　酸式滴定管涂凡士林操作示意图

(a)旋塞涂抹凡士林;(b)旋塞套涂抹凡士林;(c)转动旋塞

酸式滴定管检漏的方法:

(1)先将旋塞关闭,在滴定管内充满水,将滴定管夹在滴定管架上。

(2)放置 2 min,观察管尖及旋塞两端是否有水渗出,如渗水,则重新涂抹凡士林后再检查无渗水现象为止,漏水的滴定管不能使用。

碱式滴定管使用前应检查橡皮管是否老化、变质;玻璃珠是否大小适中,玻璃珠过大不方便操作,过小则会漏水。

2. 洗涤

滴定管使用前必须进行清洗,应根据污染的情况使用不同的洗液。

洗涤酸式滴定管之前应先关闭旋塞,再向无水的滴定管中加入少量洗液。斜持滴定管并转动,使洗液浸润管的内壁。然后竖起滴定管,打开旋塞,将洗液从下口放回洗液瓶中。用自来水洗涤干净,再用蒸馏水洗涤3遍。洗净的滴定管内壁上不应附着液滴,如果有液滴需要重新洗涤。最后用少量待滴定溶液洗涤2~3次(每次10~15 mL,双手拿住滴定管两端无刻度部位,在转动滴定管的同时,使溶液流遍内壁,再将溶液由流液口放出,弃去),以免加入滴定管内的待装溶液被附于壁上的蒸馏水稀释而改变浓度。

3. 装液

将溶液加入滴定管中至“0”刻度以上3 cm左右,开启旋塞或挤压玻璃圆球,将滴定管下端的气泡驱逐赶出。

酸式滴定管排除气泡的方法:右手拿滴定管上部无刻度处,并使滴定管倾斜30°,左手迅速打开旋塞,使溶液冲出管口,反复数次,即可排除气泡。

碱式滴定管排除气泡的方法:将碱式滴定管垂直夹在滴定管架上,左手拇指和食指捏住玻璃珠部位,使胶管向上弯曲并捏挤胶管(图5-13),使溶液从管口喷出,即可排除气泡。最后将滴定管内的液面调节至“0”刻度。

图5-13　碱式滴定管驱赶气泡操作示意图

4. 滴定

滴定开始前,先将悬挂在滴定管尖端的液滴除去。

碱式滴定管滴定时,左手握滴定管,拇指和食指捏挤玻璃珠周围一侧的胶管,使胶管与玻璃珠之间形成一个小缝隙,溶液即可流出,如图5-14(a)所示。注意不要捏挤玻璃珠下部胶管,以免空气进入而形成气泡,影响读数。如果滴定在烧杯中进行,则右手持搅拌棒并不断搅拌,使滴入烧杯中的溶液尽快充分混匀,如图5-14(b)所示。

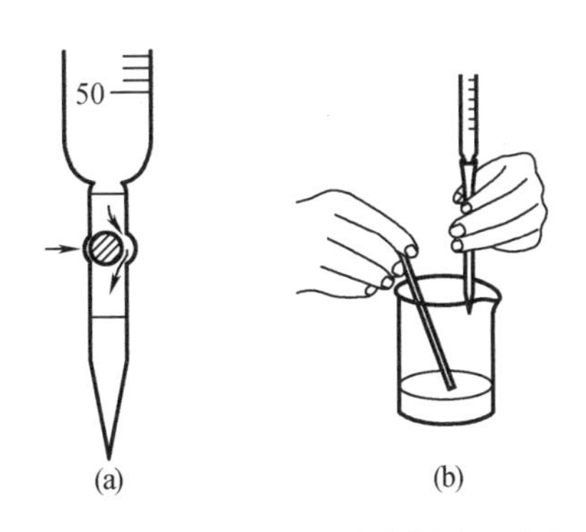

图5-14　碱式滴定管滴定操作示意图

(a)碱式滴定管在锥形瓶中滴定操作;(b)碱式滴定管在烧杯中滴定操作

酸式滴定管滴定时,左手握滴定管,无名指和小指向手心弯曲,轻轻贴着出口部分,其他三个手指控制旋塞,手心内凹,以免触动旋塞而造成漏液,如图 5-15(a)所示。

滴定操作通常在锥形瓶内进行。用右手拇指、食指和中指拿住锥形瓶,其余两指辅助在下侧,使瓶底离铁架台面高 2~3 cm,滴定管下端伸入瓶口内约 1 cm。一边滴加溶液一边用右手摇动锥形瓶,使滴下去的溶液尽快充分混匀,如图 5-15(b)所示。摇瓶时,应微动腕关节,使溶液向同一方向旋转。

将至滴定终点时,滴定速度要慢,最后要一滴一滴地滴入,防止过量,并用洗瓶挤少量水淋洗锥形瓶内壁,以免有残留的液滴未起反应。为了便于判断终点时指示剂颜色的变化,可把锥形瓶放在白色瓷板或白纸上观察。待滴定管内液面完全稳定后读数。

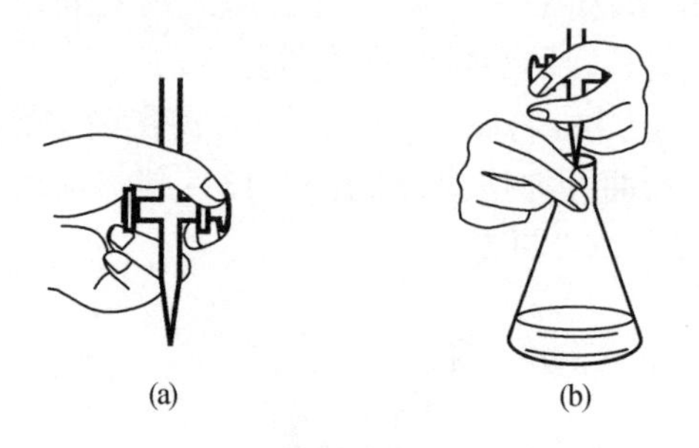

图 5-15 酸式滴定管滴定操作示意图

(a)酸式滴定管握塞方法;(b)酸式滴定管滴定操作

5. 读数

滴定管读数时,用手拿滴定管上端无刻度处,使滴定管保持自由下垂。视线应与管内凹液面的最低处保持水平,偏高、偏低都会带来误差,如图 5-16 所示。对于无色滴定管,读数时可以在凹液面的后面衬一张白纸,以便于观察刻度值。注意:滴定前后均需记录读数。

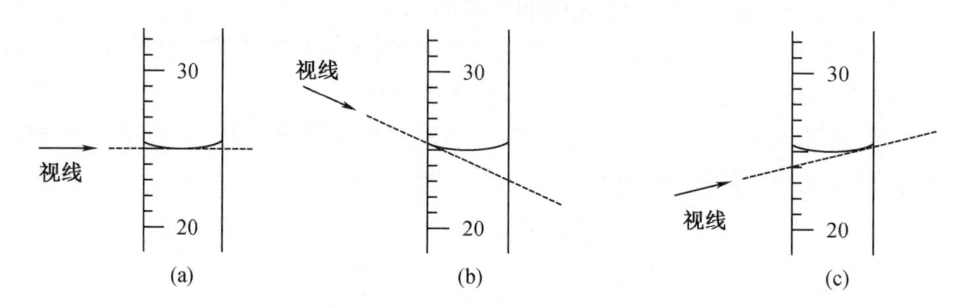

图 5-16 滴定管的读数方法示意图

(a)正确视线;(b)视线偏高;(c)视线偏低

滴定管使用毕,应将滴定管清洗干净。长期不用的酸式滴定管应将旋塞和旋塞套擦拭干净,夹入滤纸条后进行保存,以防旋塞黏在套中不易打开;碱式滴定管应拔下橡皮管,取出玻璃珠妥善保存。

5.3　称量仪器的使用

天平是化学实验室中最常用的称量仪器。由于对质量准确度的要求不同,实验中需要使用不同类型的天平进行称量。常用的天平种类很多,如托盘天平(又称台秤)、电光天平和电子天平等。无机化学实验中最常使用的是托盘天平和电子天平。

5.3.1　托盘天平

托盘天平主要用于对精度要求不高的称量或精密称量前的粗称,称量准确度可以达到0.1 g。

1. 托盘天平的构造

托盘天平的横梁架在天平的底座上,横梁的两端各有一个平衡调节螺丝,用于调节天平的平衡。横梁上左右各架有一个托盘,用于盛装砝码和待称量的物品。横梁的正中间有指针和刻度盘相对,根据指针在刻度盘左右摇摆和指示情况,可观察到托盘天平是否处于平衡状态。横梁上附有游码标尺和游码,如图 5－17 所示。

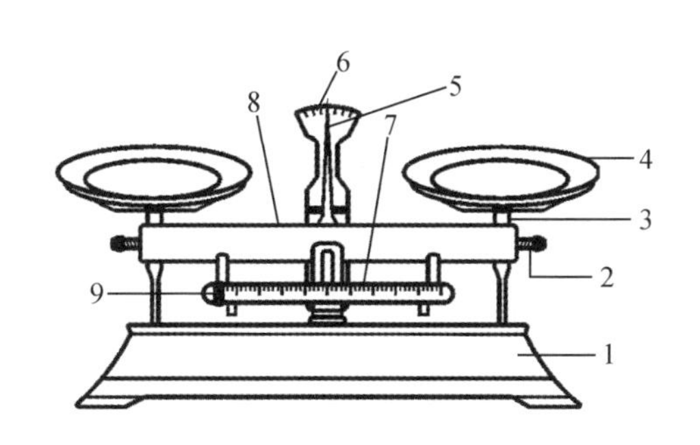

图 5－17　托盘天平结构示意图

1—托盘天平底座;2—平衡调节螺丝;3—托盘架;4— 托盘;
5—指针;6—刻度盘;7—游码标尺;8—横梁;9—游码

2. 托盘天平的使用具体操作

(1)调零:托盘天平在使用之前,需首先调整零点。将游码拨至游码标尺左端的“0”刻度处,观察指针是否停在刻度盘的中间位置。如果不在中间位置,可调节天平托盘下的平衡调节螺丝,观察到指针在刻度盘的左右摆动距离几乎相等时,表示天平处于平衡状态,可以使用。如果指针在刻度盘的左右摆动的距离相差很大,则应再次调节平衡螺丝。当指针最终停在刻度盘中间位置时即为托盘天平的零点。

(2)称量:称量物品应放在左边托盘上。称量固体试剂时,应在两托盘内各放一张质量相仿的硫酸纸,然后用药匙将试剂放在左盘的纸上。若称量试剂是 NaOH 或 KOH 等易潮解或有腐蚀性的固体试剂时,应用表面皿代替硫酸纸进行称量。称量液体试剂时,要用已称过质量的容器如小烧杯等盛放试剂进行称量。用镊子夹取砝码放在右托盘上,先加大砝码,后加小砝码,最后移动游码标尺上的游码(10 g 或 5 g 以下),直至指针指在刻度盘正中间刻度时为止。

(3)读数:右托盘上的砝码的质量与游码标尺上的读数之和即为被称物品的质量,游码标尺上的读数可估读到小数点后一位。

(4)称量完毕:将砝码归回砝码盒中,将游码退到游码标尺"0"刻度处,取下托盘上的物品。托盘天平应保持清洁,如果不小心把试剂撒在天平上,必须立刻清除。

3. 托盘天平使用注意事项

(1)托盘天平使用时应轻拿轻放并放置在水平的位置。

(2)过冷或过热的物品不可放在天平上称量,应先在干燥器内放置至室温后再称量。

(3)砝码不能弄湿、弄脏,不能用手拿取,否则砝码易生锈,砝码质量变大,导致测量结果不准确。必须用镊子夹取砝码,游码也必须用镊子轻轻拨动。

(4)在称量过程中,不可再碰平衡螺母,否则应重新调零后再称量。

(5)收藏托盘天平前,应将两个托盘叠放在一侧或用橡皮圈将横梁固定,以免天平摆动。

5.3.2 电子天平

电子分析天平简称电子天平,在化学实验室和科研领域等被广泛使用。电子天平的主要特点是在测量被测物体的质量时不用称量砝码的质量,而是采用电磁力与被测物体所受的重力相平衡的原理来测量的。电子天平可直接称量,全量程不需砝码,放上被称物品后,在几秒钟内即可达到平衡,具有称量速度快、精度高、使用寿命长、性能稳定、操作简便和灵敏度高的特点。电子分析天平的品牌及型号很多,不同品牌的电子分析天平在外形及功能方面有所不同,其操作存在差异,但基本使用规程大同小异。下面主要介绍 FA2004 型电子分析天平。

1. FA2004 型电子分析天平的结构

FA2004 型电子分析天平的结构如图 5-18 所示。其外框为金属框架,顶部有一个可以移动开关的玻璃天窗,左、右各有一个可以移动开关的玻璃侧门,天窗和侧门供称量或清理天平内部时使用。电子天平底座的下部有底脚,是电子天平的支撑部件,同时也是电子天平的水平调节器。调节天平的水平时,旋动后面的底脚至电子天平处于水平状态。秤盘由金属材料制成,是承受物品的装置,使用时应注意保持清洁,随时用毛刷除去洒落的试剂或灰尘。水平仪位于天平侧门里左侧一角,用来指示天平是否处于水平状态。前部面板有功能键:开机键 ON、关机键 OFF、去皮或清零键 TAR、自动校准键 CAL 等。

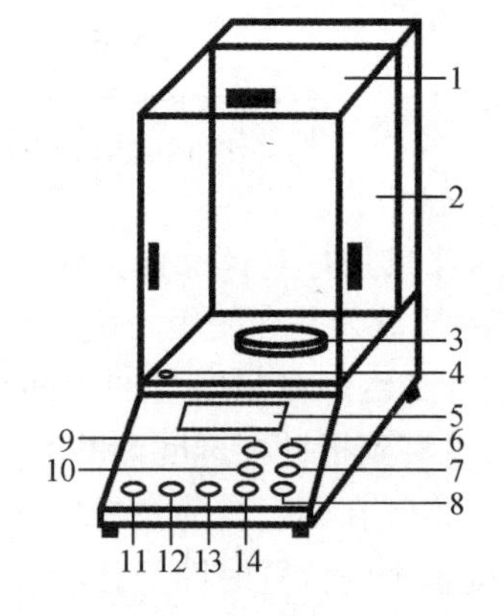

图 5-18 FA2004 型电子分析天平的结构简图

1—玻璃天窗;2—玻璃侧门;3—秤盘;4—水平仪;5—显示屏;6—"INT"按键;7—"ASD"按键;8—"PRT"按键;9—"CAL"按键;10—"COU"按键;11—"ON"按键;12—"OFF"按键;13—"TAR"按键;14—"UNT"按键

2. FA2004 型电子分析天平的使用

(1)调水平:电子天平开机前,应检查水平仪中的水泡是否位于圆环中央。若水泡不在圆环中央,说明天平处于非水平状态,应调节天平的两个螺旋底脚至水泡处于水平仪中心,即表示天平处于平衡状态,可以使用。

(2)预热:接通电源,预热约20 min。

(3)调零:按ON键,显示屏上应显示出0.000 0 g。若显示屏上显示的不是0.000 0 g,应进行校准。校准方法是按TAR键,待显示屏上稳定地显示0.000 0 g后,按一下CAL键,天平将自动进行校准,此时显示屏显示出CAL,表示正在进行校准。CAL消失后,表示校准完毕,即可进行称量。

(4)称量:打开电子天平侧门,将物体放入称量盘中央,关闭天平门,显示屏上即显示出所称物体的质量。若所称物体需放在烧杯中称量,则先将空烧杯放在称盘中央,按TAR键,显示屏上显示“0.000 0 g”,表示容器的质量已被清零。然后将所需称量的物体放入烧杯中,此时显示屏上显示的读数即为所称物体的质量。待显示屏上的数字稳定并出现质量单位“g”后,即可读取数值。

(5)称毕:移去所称量的物品,关好天平侧门。按OFF键,关闭电源。

3. 使用注意事项

(1)电子天平应放置在牢固平稳的水平台面上,室内要求清洁、干燥及较恒定的温度,同时应避免光线直接照射到天平上。

(2)电子天平的顶窗仅在检修或清除残留物质时使用。

(3)称量时应从侧门取放物质,读数时应关闭天平门,以免空气流动引起天平摆动。

(4)称量物不可直接放在称量盘上称量。

(5)挥发性、腐蚀性、强酸及强碱类物质应盛放于带盖称量瓶内称量,防止腐蚀天平。

(6)每次称量后应及时清理,始终保持天平清洁无污,否则易对天平造成污染而影响称量精度。

(7)若天平长时间不使用,则应定时通电预热,最好每周一次,每次预热2 h,以确保仪器始终处于良好状态。

(8)天平内应放置吸潮剂如硅胶,当硅胶吸潮剂吸水变色时,应立即高温烘烤更换,以确保干燥剂的吸湿性能。

5.3.3 称量的方法

常用的样品称量方法有直接称量法、固定质量称量法和递减称量法三种,对样品进行称量时,应根据样品的性质不同,采取不同的称量方法。

1. 直接称量法

主要用于直接称量某一固体物质的质量。适用于某些在空气中没有吸湿性的试样或试剂。

称量操作:用药匙取试样放在已知质量的、清洁干燥的表面皿或硫酸纸上,称取一定量的试样,然后将试样全部转移到接收容器中。

2. 固定质量称量法

主要用于称量指定质量的试样。如称量基准物质,来配制一定浓度和体积的标准溶液。这种称量操作的速度很慢,适于称量不易吸潮、在空气中能稳定存在的粉末状或小颗粒(最小颗粒应小于0.1 mg,以便容易调节其质量)样品。

称量操作:将称量容器放在天平上,按TAR键将容器质量清零。用药匙将试样慢慢加入盛放试样的容器中,半开一侧天平门进行称重。当所加试样与指定质量相差不到10 mg

时,极其小心地将盛有试样的药匙伸向称盘的容器上方 2 ~ 3 cm 处,匙的另一端顶在掌心上,用拇指、中指及掌心拿稳药匙,并用食指轻弹匙柄,将试样慢慢抖入容器中,直至天平稳定地显示出指定质量数值为止。若不慎加入试剂超过指定质量,应用药匙取出多余试剂。重复上述操作,直至试剂质量符合指定要求为止。

3. 递减称量法

主要用于称量一定质量范围的样品或试剂。在称量过程中样品易与空气中的 H_2O,O_2,CO_2 等反应时,可选择此方法进行称量。由于称取试样的质量是由两次称量之差求得,故也称差减法。

称量操作:将适量试样装入称量瓶中,盖上瓶盖。用清洁的纸条叠成纸带套在称量瓶上(图 5 - 19),左手拿住纸带尾部,将称量瓶放到天平盘的正中位置,称出加入试样后的称量瓶的准确质量 W_1。左手仍用原纸带将称量瓶从天平上取出,拿到接收器的上方,右手用纸片包住瓶盖柄打开瓶盖,但瓶盖不能离开接受器上方,将瓶身慢慢倾斜。用瓶盖轻轻敲击瓶口上部,使试样慢慢落入容器中(图 5 - 20)。当倾出的试样接近指定需要量(可从体积上估计或试重得知)时,一边继续用瓶盖轻敲瓶口,一边逐渐将瓶身竖直,使粘在瓶口上的试样落回称量瓶中。然后盖好瓶盖,用纸带将称量瓶放回天平盘上,取出纸带,关好天平侧门,准确称其质量 W_2。所称量的两次质量之差,即为试样的质量 W,即 $W = W_1 - W_2$。

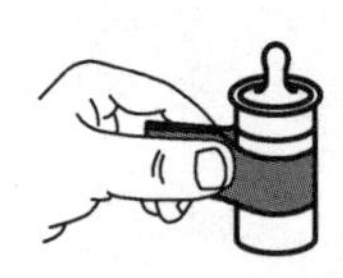

图 5 - 19　称量瓶的拿法示意图

图 5 - 20　样品的敲击方法示意图

4. 操作时注意事项

(1)盛有试样的称量瓶应放在称盘上或用纸带拿在手中,不得放在其他地方,以免被沾污。

(2)套上或取出纸带时,手指不要触碰到称量瓶,纸带应放在清洁的地方。

(3)粘在瓶口上的试样应处理干净,以免黏附在瓶盖上或散落。

(4)应在接受容器的上方打开瓶盖或盖上瓶盖,以免可能粘在瓶盖上的试样散落他处。

5.4　化学试剂与试剂的配制

5.4.1　化学试剂的一般知识

1. 化学试剂的规格

化学试剂是用以研究其他物质的组成、性状及其质量优劣的纯度较高的化学物质。化学试剂的纯度对实验结果的准确度影响很大,不同的实验对化学试剂的纯度要求不同。

化学试剂按其组成和结构分为无机试剂和有机试剂两类,按用途分为标准试剂、一般试剂、指示剂、溶剂、高纯试剂、生化试剂、医学临床试剂及实验试剂等。化学试剂的纯度级别通常在试剂瓶标签左上方位置用符号标注，试剂的规格在标签的右下方，并用不同颜色的标签加以区别。

根据国家标准，化学试剂按其纯度和杂质含量的高低主要分为五个等级，其级别代号、试剂的规格及适用范围如表5-1所列。

表5-1　试剂的规格及适用范围

等级	级别名称	符号	标签颜色	适用范围
一级	优级纯	G. R.	绿色	精密分析及研究
二级	分析纯	A. R.	红色	一般分析及研究
三级	化学纯	C. P.	蓝色	一般定性分析
四级	实验试剂	L. R.	黄色	实验辅助试剂
生化试剂	生化试剂 生物染色剂	B. R.	玫红	生物化学实验

另外还有适合某一方面需要的特殊规格的化学试剂，如基准试剂，其纯度相当于优级纯，甚至高于优级纯试剂，是定量分析中用于标定标准溶液的基准物质，一般可直接得到滴定液，不需标定。高纯试剂又细分为高纯、超纯、光谱纯试剂等。此外，还有工业生产中大量使用的化学工业品（也分为一级品、二级品），以及可供食用的食品级试剂等。同一种化学试剂因纯度规格的不同，其价格相差很大。因此在使用化学试剂时，应根据实验要求，本着节约的原则来选用不同规格的化学试剂，既不能盲目追求高纯度而造成浪费，也不能随意降低化学试剂的规格而影响实验结果的准确度。

2. 化学试剂的存放

一般化学试剂应储存在通风良好、干净和干燥的房间，要远离火源，并要注意防止水分、灰尘和其他物质的污染，同时还要根据试剂的性质及方便取用的原则来存放试剂。

固体试剂一般存放在易于取用的广口瓶内，液体试剂则存放在细口瓶中。一些用量小而使用频繁的试剂，如指示剂、定性分析试剂等可盛装在滴瓶中。见光易分解的试剂（如$AgNO_3$，$KMnO_4$，饱和氯水等）应装在棕色瓶中。对于过氧化氢，虽然也是见光易分解的物质，但不能盛放在棕色的玻璃瓶中，因为棕色玻璃中含有催化分解过氧化氢的重金属氧化物，通常将过氧化氢存放于不透明的塑料瓶中，置于阴凉的暗处。试剂瓶的瓶盖一般都是磨口的，密封性好，可长时间保存试剂。但盛强碱性试剂（如氢氧化钠、氢氧化钾）及硅酸钠溶液的瓶塞应换成橡皮塞，以免长期放置互相粘黏。易腐蚀玻璃的试剂（氟化物等）应保存于塑料瓶中。

特种试剂应采取特殊储存方法。如易受热分解的试剂，必须存放在冰箱中；易吸湿或易氧化的试剂则应储存于干燥器中；金属钠浸在煤油中；白磷要浸在水中等。吸水性强的试剂如无水碳酸盐、苛性钠、过氧化钠等应严格用蜡密封。

对于易燃、易爆、强腐蚀性、强氧化性及剧毒品的存放应特别加以注意，一般需要分类单独存放。强氧化剂要与易燃、可燃物分开隔离存放；低沸点的易燃液体要放在阴凉通风处，并与其他可燃物和易产生火花的物品隔离放置，更要远离火源。闪点在-4 ℃以下的液体（如石油醚、苯、丙酮、乙醚等）理想的存放温度为 -4 ~ 4 ℃，闪点在 25 ℃以下的液体（如甲苯、乙醇、吡啶等）存放温度不得超过 30 ℃。

盛装试剂的试剂瓶都应贴上标签，并写明试剂的名称、纯度、浓度和配制日期，标签外应涂蜡或用透明胶带等保护。

5.4.2 化学试剂的配制

化学实验中，常需配制各种溶液来满足不同实验的要求。根据实验要求，选择合适纯度的化学试剂并计算溶质的用量。若实验对溶液浓度的准确性要求不高，可用托盘天平、量筒及带刻度的烧杯等准确度较低的仪器来粗略配制溶液即可。若实验对溶液浓度的准确性要求较高，则须使用移液管、电子分析天平等高准确度的仪器精确配制溶液。

1. 一般溶液的配制

若用固体试剂配制溶液，需先计算出配制溶液所需固体试剂的用量，用托盘天平称取计算出的试剂量，加入带刻度烧杯中，加入少量的蒸馏水搅拌使固体完全溶解后，冷却至室温，再加蒸馏水稀释定容，即配制成所需浓度的溶液。也可将冷却至室温的溶液用玻棒移入量筒或量杯中，用少量蒸馏水洗涤烧杯和玻璃棒 2 ~ 3 次，洗涤液也移入量筒，再用蒸馏水定容。

若用液体试剂配制溶液，需先计算出所需液体试剂的体积，用量筒或量杯量取所需液体，倒入装有少量水的带刻度烧杯中搅拌混合，待溶液冷至室温，用蒸馏水稀释至刻度即可。也可将冷却至室温的溶液用玻棒移入量筒或量杯中，再用蒸馏水定容。

将配好的溶液从烧杯或量筒中移入试剂瓶中，贴上标签备用。

2. 准确溶液的配制

若用固体试剂配制精确浓度的溶液时，需先计算出所需固体试剂用量，用电子分析天平准确称取计算量的固体试剂，置于烧杯中，加少量蒸馏水搅拌使其完全溶解，待溶液冷却至室温，将溶液移入容积与所需配制的溶液体积相匹配的容量瓶中，用少量蒸馏水洗涤烧杯和玻棒 2 ~ 3 次，洗涤液也移入容量瓶中，再加蒸馏水定容。倒转摇匀后移入试剂瓶中，贴上标签备用。

若用液体试剂稀释配制精确浓度的溶液时，需先计算出所需浓液体试剂的体积，用移液管或吸量管直接将所需液体移入容量瓶中，用少量蒸馏水洗涤烧杯和玻棒 2 ~ 3 次，洗涤液也移入容量瓶中，再加蒸馏水定容，倒转摇匀。配好的溶液最后也要移入试剂瓶中贴上标签保存。

3. 其他溶液的配制

配制饱和溶液时，所加入溶质的量应稍多于计算所得的量，若需要加热促使其溶解，必须冷却至溶液有结晶析出后再使用，以确保溶液的饱和度。若预计溶解热较大，则配制溶液的操作一定要在烧杯中进行。

配制易水解的盐溶液时，不能直接将盐溶解在水中，必须将试剂先溶解在少量相应的酸溶液（如 $SnCl_2$，$SbCl_3$，$Bi(NO_3)_3$ 等）或碱溶液（如 Na_2S 等）中，然后再用蒸馏水稀释到所需的浓度，以抑制盐的水解。对于易氧化的低价金属盐类（如 $FeSO_4$，$SnCl_2$，$Hg_2(NO_3)_2$ 等），不仅需要先进行酸化溶液，而且应在该溶液中加入少量相应的纯金属，以防低价金属离子被氧化。

配好的溶液不可在烧杯或量筒中久存，要保存在试剂瓶中，并贴好标签，注明溶液的浓度、名称以及配制日期，收藏备用。

4. 溶液配制注意事项

(1)使用 NaOH 和浓酸配制溶液时，注意不要溅到手上或身上，以免腐蚀。实验时最好戴上防护眼镜，一旦不慎将 NaOH 溅到手上或身上，要用较多的水冲洗，再涂上硼酸溶液。

(2)稀释浓 H_2SO_4 时，应将浓 H_2SO_4 沿容器内壁慢慢注入蒸馏水中，并用玻璃棒不断搅拌，切勿将蒸馏水倒入浓 H_2SO_4 中。

(3)配好的溶液要及时装入试剂瓶中，盖好瓶塞并贴上标签，标签内容应包括试剂名称和溶液中溶质的质量分数或摩尔分数，储藏于相应的试剂柜中备用。

5.4.3　化学试剂的取用

1. 固体试剂的取用

(1)固体试剂需用清洁干燥的药匙取用。药匙的两端分别为大小两个匙，按取用药量多少而选择应用哪一端。若取用的固体试剂是放入试管中，则必须用小匙送入试管底部。

(2)试剂取用后，立即将瓶塞盖好，防止药剂与空气中的氧气等起反应。

(3)严格按量取用试剂，多取的试剂不能倒回原瓶，可放在指定的容器中供他用。

(4)称量固体试剂时，一般固体试剂可以放在称量纸上称量，具有腐蚀性、强氧化性、易潮解的固体试剂，应放在玻璃容器内称量。如 NaOH 具有腐蚀性且易潮解，应放在烧杯中称取，否则易腐蚀天平。颗粒较大的固体试剂应在研钵中研碎后再称量，称量时可根据称量精确度的要求，选择托盘天平或电子天平进行称量。

(5)若需将固体试剂装入口径小的试管中，应将试管平卧，用药匙送入试管底部，以免药品沾附在试管内壁上。也可用一条细长纸条将固体试剂送入平卧的试管底部，再将试管竖立起来，并用手指轻弹药匙或纸条，使试剂慢慢滑入试管底部。

(6)取用大块的固体试剂或金属颗粒需用镊子夹取。首先将容器平卧，再用镊子将块状试剂放在容器口，然后慢慢将容器竖起，使块状试剂沿着容器内壁慢慢滑至容器底部，以免击破容器。若是试管，可将试管斜持，使颗粒沿着试管内壁慢慢滑至试管底部。

(7)有毒试剂取用时需做好防护措施，如戴好口罩、手套等。

2. 液体试剂的取用

(1)从滴瓶中取用少量液体试剂。瓶上配套装有滴管的试剂瓶称作滴瓶。滴管上部装有橡皮头，下部为细长的管子。

①吸取：提起滴管，使管口离开液面，用手指紧捏滴管上部的橡皮头，以赶出滴管中的空气，然后把滴管伸入试剂瓶中，放开手指，吸入试剂。再提起滴管将试剂滴入试管或烧杯中。

②滴加：滴加溶液时，须用拇指、食指和中指夹住滴管，将它悬空地放在靠近试管口的上方滴加，滴管要垂直，这样滴入液滴的体积才能准确，如图 5-21(a)所示。绝对禁止将滴管伸进试管中或触及管壁，以免沾污滴管口，使滴瓶内试剂受到污染。滴管不能倒持，以防试剂腐蚀胶帽使试剂变质。

③滴毕：滴完溶液后，滴管应立即插回，一个滴瓶上的滴管不能用来移取其他试剂瓶中的试剂，也不能随便拿别的滴管伸入试剂瓶中吸取试剂。

长时间不用的滴瓶，滴管可能会与试剂瓶口粘连，不能直接提起滴管，若遇到此种情况，可在瓶口处滴 2 滴蒸馏水，使其浸润后再轻轻摇动几下滴管即可打开。

(2)从试剂瓶中取用液体试剂:一般采用倾注法。

①将试剂移入量筒:先取下瓶塞反放在桌面上或放在洁净的表面皿上,右手握持试剂瓶,使试剂瓶上的标签向着手心(如果是双标签则要放在两侧),以免瓶口残留的少量液体腐蚀标签。左手持试管,使试管口紧贴试剂瓶口,慢慢将液体试剂沿管壁倒入,如图5-21(b)所示。倒出所需要量后,将瓶口在量筒上靠一下,再使瓶子竖直,以免遗留在瓶口的试剂沿瓶子外壁流下来。一旦有试剂流到瓶外,要立即擦净。切记不允许试剂沾染标签。

②将试剂倒入烧杯:可用玻璃棒引流。用右手握试剂瓶,左手拿玻璃棒,使玻璃棒的下端斜靠在烧杯内壁,将瓶口靠在玻璃棒上,使液体沿着玻璃棒流入烧杯中,如图5-21(c)所示。

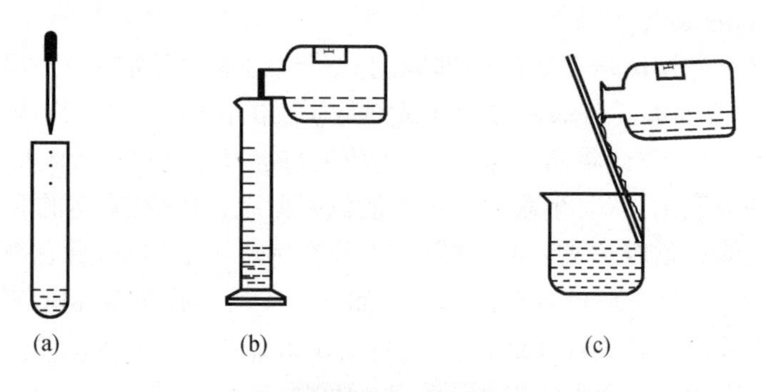

图5-21　液体试剂的取用示意图

(a)滴入法;(b)倾注法一;(c)倾注法二

(3)在某些不需要准确体积的实验时,可以估计取出液体的量。例如在试管实验中经常要取“少量”溶液,这是一种估计体积,对常量实验是指0.5~1.0 mL,对微型实验一般指3~5滴,根据实验的要求灵活掌握。应学会估计1 mL溶液在试管中占的体积或由滴管滴加的滴数相当的毫升数。

3. 试剂取用注意事项

(1)取用试剂之前看清标签,以免取错。从试剂瓶中取试剂时,将瓶塞反放在实验台上,若瓶塞顶端不是平的,可放在洁净的表面皿上。

(2)瓶塞、药匙、滴管都不得相互串用。不能用不洁净的工具接触试剂。

(3)根据试剂需用量取试剂。取出的试剂不得放回原瓶以防沾污瓶中试剂。

(4)每次取用试剂后立即盖好瓶盖,将试剂放回原处并使标签朝外。

(5)取用易挥发的试剂,应在通风橱中操作,防止污染室内空气,需做好安全防护措施。

5.5　加热设备和加热方法

5.5.1　加热设备

1. 酒精灯

酒精灯是实验室最常用的加热工具,酒精灯的火焰温度可达500 ℃左右,适用于加热温度不需要太高的实验。

(1)酒精灯的构造

酒精灯一般是用玻璃制成的,由灯壶、灯帽和灯芯三部分构成,如图 5－22 所示。

酒精灯的正常火焰分为三层,如图 5－23 所示。内层称为焰心,温度最低。中层称为内焰,由于酒精蒸气燃烧不完全,并分解为含碳的产物,所以这部分火焰具有还原性,又称为还原焰,温度较高。外层称为外焰又叫氧化焰,由于酒精蒸气能充分接触氧气,完全燃烧,所以外焰温度最高。加热操作时一般都使用外焰进行加热。

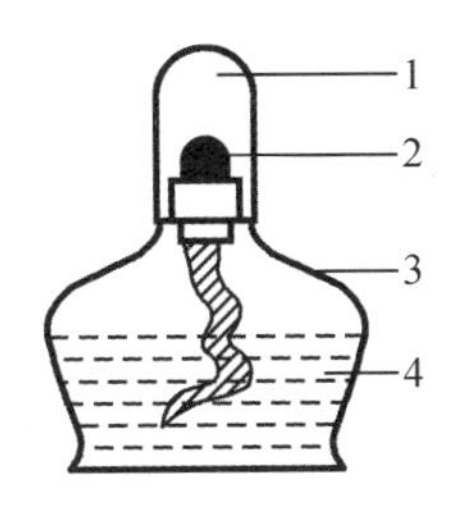

图 5－22　酒精灯的构造示意图

1—灯帽;2—灯芯;3—灯壶;4—酒精

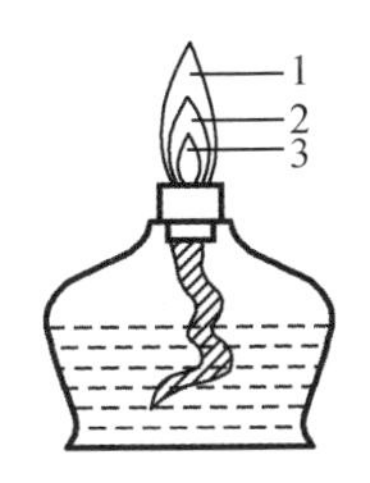

图 5－23　酒精灯焰构造示意图

1—外焰;2—内焰;3—焰心

(2)酒精灯的使用及注意事项

①新购置的酒精灯应首先配置灯芯。灯芯通常是用多股棉纱拧在一起或编织而成的,它插在灯芯瓷套管中。灯芯不宜过短,一般浸入酒精后还要长 4～5 cm。对于长时间未使用的酒精灯,取下灯帽后,应提起灯芯瓷套管,用吸耳球或嘴轻轻地向灯壶内吹几下以赶走其中聚集的酒精蒸气,再放下套管检查灯芯,若灯芯不齐或烧焦都应用剪刀修整为平头等长,目的是使酒精充分燃烧,放热均匀。检查灯芯的高度是否适当,如果不当,应用镊子调节灯芯的高度为 0.3～0.5 cm。

②点燃酒精灯之前,应检查灯壶里的酒精贮量是否在 1/4～2/3 之间,若酒精量超过酒精灯容积 2/3,点燃时可能因酒精挥发、膨胀外溢而失火。若酒精量少于酒精灯容积 1/4,灯壶里充满着酒精蒸气,点燃时易引起爆炸。

③新装的灯芯须用酒精浸泡后才能点燃使用。点燃酒精灯一定要用火柴点燃,绝不允许用燃着的另一酒精灯对点,否则会将酒精洒出,引起火灾。

④加热时,若无特殊要求,一般用温度最高的火焰(外焰与内焰交界部分)来加热器具。加热的器具与灯焰的距离要合适,过高或过低都不正确。被加热的器具必须放在支撑物(如铁圈)上,或用坩埚钳、试管夹夹持,绝不允许用手拿着仪器加热。

⑤酒精灯加热过程中小心勿碰倒,万一有洒出的酒精在桌上燃烧起来,应立刻用湿抹布盖住或撒沙土扑灭。

⑥向灯内添加酒精时要使用漏斗,绝对禁止向燃着的酒精灯里添加酒精,以免引起火灾。

⑦加热完毕熄灭酒精灯时,必须用灯帽盖灭,盖灭后再重复盖一次,让空气进入且让热量散发,以免冷却后盖内造成负压使灯帽打不开。绝不允许用嘴吹灭酒精灯。

2. 酒精喷灯

酒精喷灯是实验室中常用的加热热源,主要用于需要加强热的实验或玻璃加工等。酒精喷灯分座式和挂式两种,座式酒精喷灯的酒精存在灯座内,挂式酒精喷灯的酒精储存罐悬挂于高处。实验室中常用座式酒精喷灯,火焰温度可达 800 ℃左右,最高可达 1 000 ℃,每耗用酒精 200 mL,可连续工作半小时左右。

(1)座式酒精喷灯的结构

座式酒精喷灯由喷火管、空气调节棒、预热盘、灯壶盖、灯壶等部件构成,如图 5 – 24 所示。预热盘与燃烧管焊在一起,中间有一细管相通,使蒸发的酒精蒸气从喷嘴喷出,在燃烧管燃烧。通过调节空气调节棒,控制火焰的大小。

酒精喷灯的火力,主要靠酒精与空气、酒精蒸气混合后燃烧而获得高温火焰。酒精喷灯的正常火焰与酒精灯一样分为三层,最高温度点在氧化焰与还原焰中间,如图 5 – 25 所示。

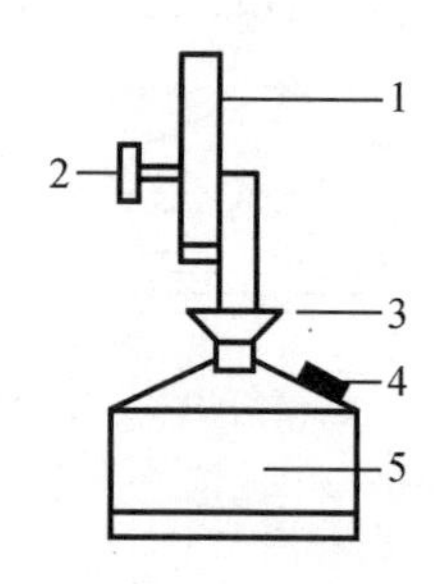

图 5 – 24　座式酒精喷灯构造示意图

1—喷火管;2—空气调节棒;

3—预热盘;4—灯壶盖;5—灯壶

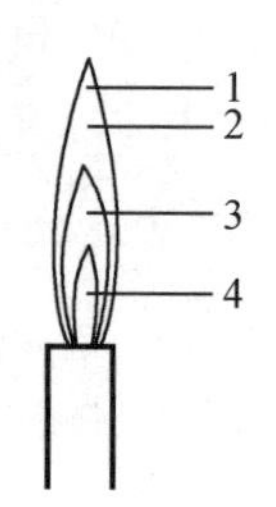

图 5 – 25　酒精喷灯焰构造图

1—氧化焰;2—最高温度处;

3—还原焰;4—焰心

(2)酒精喷灯的使用方法

①使用酒精喷灯前,需先用捅针钩通酒精蒸气出口,以保证出气口畅通。

②用小漏斗向酒精壶内添加酒精,壶内的酒精量以不超过酒精壶容积 2/3 为宜。

③将酒精喷灯放在石棉板或大的石棉网上,往预热盘里注入一些酒精,点燃酒精使灯管受热,待酒精接近燃完且在喷火管口有火焰时,上下移动空气调节棒调节火焰,使火焰达到所需的温度。一般情况下进入的空气越多,也就是氧气越多,火焰温度越高。

④座式酒精喷灯连续使用超过半小时,须暂时熄灭喷灯,待酒精喷灯冷却后,添加酒精再继续使用。

⑤用毕,用石棉网或硬质板盖灭火焰,也可以将调节器上移来熄灭火焰。若酒精喷灯长期不用时,须将酒精壶内剩余的酒精倒出。

(3)酒精喷灯使用注意事项

①严禁使用开焊的喷灯。

②严禁用其他热源加热灯壶。

③若经过两次预热后喷灯仍然不能点燃时,应暂时停止使用。检查接口处是否漏气(可用火柴点燃检验),酒精蒸气喷出口是否堵塞(可用捅针进行疏通)。

④酒精喷灯连续使用时间为 30 ~ 40 min 为宜。使用时间过长,灯壶的温度逐渐升高,导致灯壶内部压强过大,喷灯会有崩裂的危险,可用冷湿布包住喷灯下端以降低温度。

⑤在使用中如发现灯壶底部凸起时应立刻停止使用,查找原因(可能使用时间过长、灯体温度过高或喷口堵塞等)并作相应处理后方可使用。

3. 恒温水浴箱

实验室经常使用恒温水浴箱进行水浴加热，如图 5－26 所示。恒温水浴箱主要由装置于箱内室的热恒温控制器和电热管组成，可自动控制温度，同时可加热多个样品。恒温水浴箱被广泛应用于干燥、浓缩、蒸馏、浸渍化学试剂等。

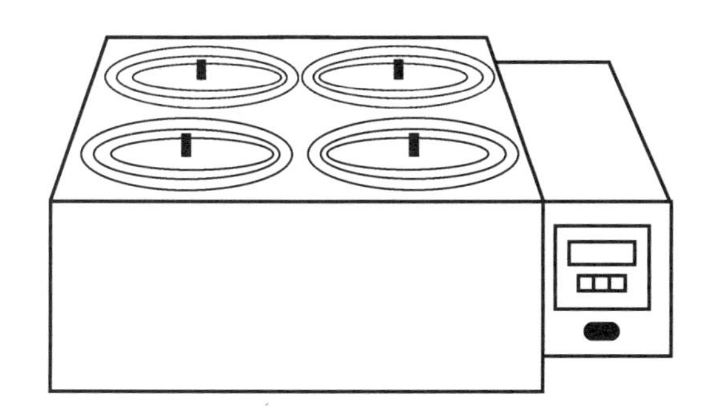

图 5－26　恒温水浴箱示意图

（1）恒温水浴箱的使用

①向恒温水浴箱内加适量水，接通电源。

②将温度“设置－测量”选择开关拨向“设置”端。

③调节温控键至数字显示所需的设定温度（精确到 0.1 ℃）。当设置温度值超过水温时，加热指示灯亮，表明加热器已开始工作。当水温达到所需水温时，加热指示灯熄灭，恒温指示灯亮，此时加热器停止工作。

④恒温水浴箱使用完毕，调节温控键将温度置于最小值，切断电源。

（2）恒温水浴箱使用注意事项

①先加水，后接通电源。

②应向水箱内注入洁净的自来水。

③若恒温水浴箱较长时间不使用，应将水箱中的水排除，用软布擦干净并晾干。

④切忌在恒温水浴箱无水的状态下加热使用。

⑤水浴箱内盛水不要超过 2/3。

⑥被加热的容器不要触碰到水浴箱底部。

4. 电炉

电炉（图 5－27）的工作原理是在电阻的作用下，直接把电能转化为热能，主要用来加热、烘烤等操作，可代替酒精灯加热容器中的液体。电炉按功率大小分为 500 W，800 W，1 000 W 等规格。

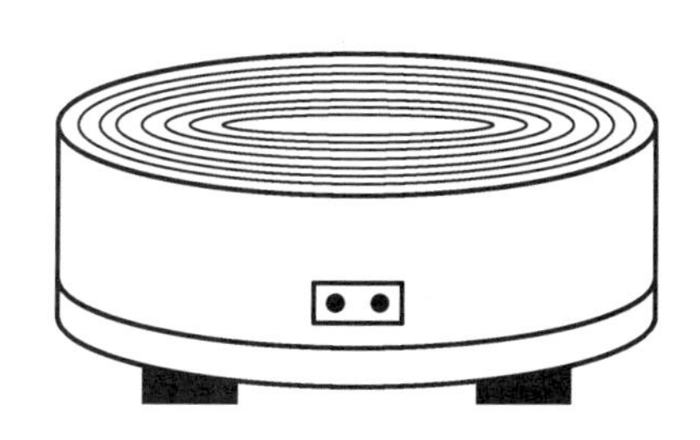

图 5－27　电炉示意图

(1)电炉的使用

电炉使用时,一般应在电炉上放一张石棉网,在石棉网上再放需要加热的仪器,可增大加热面积且使加热均匀。

(2)电炉使用注意事项

①电炉应在干燥、绝缘的地方使用,严禁用手或导电体触碰电炉。

②在使用过程中必须有人看管,使用完毕及时断开电源。

③严禁将金属器皿直接放在电炉上加热,以防止击穿金属器皿或触电。

④勿将加热的试剂溅在电炉丝上,以免损坏电炉。

⑤电炉附近不能摆放有毒或易燃易爆物品,避免潮湿或淋水。

⑥经常检查电炉丝和接线是否正常,发现问题应及时处理。

5. 电热套

电热套(图 5-28)专用于加热圆形容器,由玻璃纤维包裹着金属加热丝编制的半球形加热内套和控制电路组成。具有无明火、升温快、加热温度高、操作简便的特点。普通电热套最高加热温度可达 450 ℃左右,高温电热套的最高加热温度可到 800~1 000 ℃。电热套的容积大小与容器的体积相匹配,从 50 mL 起,各种规格的都有。使用时应根据容器的大小选用合适的规格,应使受热容器悬于电热套中央,不能接触到电热套的内壁。

图 5-28 电热套示意图

(1)普通电热套的使用

①接通电源,电源指示灯亮。

②调节调压旋钮,电热套功率随着调节方位的变动,产生不同的功率,顺时针调节会逐步增大功率,增加使用温度。

(2)电热套使用注意事项

①电热套应有良好的接地。

②第一次使用时,套内有白烟和异味冒出,颜色由白色变为褐色再变成白色属于正常现象,因玻璃纤维在生产过程中含有油质及其他化合物,应放在通风处,数分钟消失后即可正常使用。

③当有液体溢入套内时,必须迅速断开电源,将电热套放在通风处,待干燥后方可使用,以免漏电或电器短路发生危险。

④切勿长时间空烧电热套。

⑤电热套长期不使用时,请将电热套放在干燥无腐蚀气体处保存。

6. 管式炉和马弗炉

管式炉(图 5-29(a))和马弗炉(图 5-29(b))都是实验室中常用的加热设备,都属于高温电炉。主要用于高温灼烧或进行高温反应。管式炉和马弗炉都是利用电热丝或硅碳棒加热,温度可达 900 ~ 1 300 ℃。

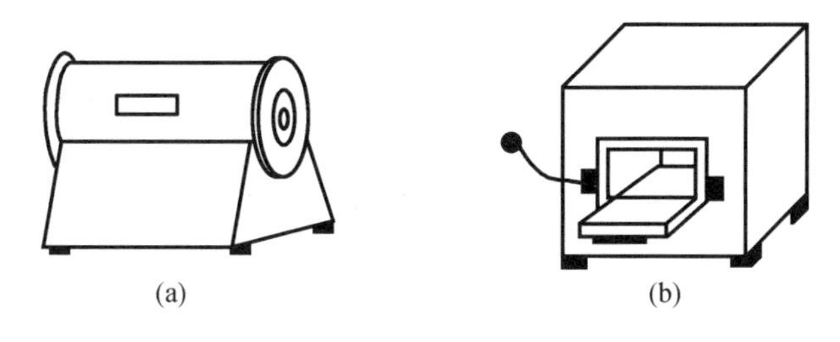

图 5 – 29　管式炉和马弗炉示意图

(1)管式炉和马弗炉结构

管式炉炉膛中放一根耐高温的石英玻璃管或瓷管,管中再放入盛有反应物的瓷舟,使反应物在空气或其他气氛中受热,一般用来焙烧少量物质或对气氛有一定要求的试样。马弗炉炉膛呈长方体,很容易放入要加热的坩埚或其他耐高温的容器。管式炉和马弗炉都由一对热电偶和一个毫伏表组成温度控制装置,可以自动调温和控温。

(2)管式炉和马弗炉使用及注意事项

①通电前,先检查马弗炉电气性能是否完好,接地线是否良好,并注意是否有断电或漏电现象。

②接通电源,将温度设定到实验所需温度。

③当马弗炉第一次使用或长期停用后再次使用,必须进行烘炉,烘炉时间:室温 ~200 ℃,打开炉门烘 4 h;200 ~400 ℃,关闭炉门烘 2 h;400 ~600 ℃,关闭炉门烘 2 h。

④使用时,炉温不得超过马弗炉最高使用温度下限,也不得在额定温度下长时间工作。实验过程中人员不得离开,随时注意温度的变化,如发现异常情况,应立即断电,并由专业维修人员检修。

⑤热电偶不要在高温状态或使用过程中拔出或插入,以防外套管炸裂。

⑥使用时炉门要轻关轻开,以防损坏机件。坩埚钳放取样品时要轻拿轻放,以保证安全和避免损坏炉膛。

⑦禁止向炉膛内灌注各种液体及易溶解的金属。

⑧当温度超过 600 ℃后,不要突然打开炉门,等炉膛内温度自然冷却后再打开。

⑨使用完毕后,切断电源。先微开炉门,待样品稍冷却后再小心夹取样品,防止烫伤。

7. 温度计

温度计分水银温度计和酒精温度计两种,常用的是水银温度计。使用温度计应根据测量的温度范围和对测量精度的要求进行选择,普通温度计可精确到 1 ℃,精密温度计可精确到 0.1 ℃。

温度计的水银球部位的玻璃极薄(传热快),使用时不要触碰器壁,以防碎裂。温度计水银球放置的位置要合适。测量溶液温度时,应将温度计悬挂起来,使水银球处于溶液中一定的位置,不要靠在容器壁上或插到容器底部,更不可将温度计做搅拌棒使用。做分馏实验时水银球应放在分馏烧瓶的支管处。刚刚测过高温的温度计不可立即用自来水冲洗,以免炸裂。温度计用后要及时洗净放回原处。

使用水银温度计时一定要十分小心,轻拿轻放,保管得当。一支温度计大概含水银 1 g 左右,一旦不慎将温度计弄断而导致水银掉在地上,会形成许多分离滚动的银白色水银珠,若不及时收集处理，很快就会挥发到空气中，可使一间面积为 15 m^2、高 3 m 的房间的室内空气水银浓度达到22.2 mg/m^3，而人在水银浓度为 1.2 ~ 8.5 mg/m^3 的环境中就会引起中毒。水银蒸气有很大的毒性，可以通过呼吸道和皮肤的接触侵入人体，引起全身多系统中毒，使人产生头痛、乏力、恶心、呕吐甚至是精神障碍等重金属中毒症状。通常对成珠的水银可用湿润的棉棒或胶带纸将其粘集起来，放进可以封口的小瓶中，并在瓶中加入少量水，目的是防止水银蒸发。对收集不起来的水银，可用硫黄粉(硫黄与水银结合可形成难以挥发的无毒硫化汞)覆盖其上，然后装入小瓶。要特别注意的是，收集过程中要动作迅速，而且要将窗户打开，使室内保持良好的通风，手尽量不要与水银接触。收集好的水银更要避免进入下水道，如果水银渗入地下水，含有重金属的水会危害人体健康。应该将收集好的废弃水银，送交环保部门或化学实验室专门保管。如果出现中毒症状，应及时到医院就诊。

5.5.2 加热操作

加热是实验室中常用的实验手段。根据加热操作方式的不同，可分为直接加热和间接加热。

1. 直接加热

当被加热的液体在较高温度下稳定而不分解，又无着火危险时，可以把盛有液体的容器放在石棉网上用热源直接加热。实验室中常用于直接加热的器皿，如烧杯、烧瓶、蒸发皿、试管等都能承受一定的温度，但不能骤冷骤热，因此在加热前必须将器皿外的水擦干，加热后切勿立即与低温物体或潮湿物体接触。

(1)试管加热

试管可直接在火焰上加热，少量液体或固体一般置于试管中加热。用试管加热时，由于加热温度较高，不可直接用手拿着试管进行加热，应用试管夹夹持试管或将试管用铁夹固定在铁架台上。

加热试管中液体时，应控制液体的量不超过试管容积的 1/3，以防在加热过程中或液体沸腾时，有液体试剂从试管中逸出。加热前，将试管外壁的水擦干，以免加热时试管受热不均匀而炸裂。从试管底部套入试管夹，夹在距试管口约 1/3 处(或中上部)，以离试管口 2 cm 为好。加热时手捏试管夹的长柄，手指不能接触短柄。试管要倾斜，倾斜角度应与桌面成 45°角为宜，如图 5 – 30 所示。

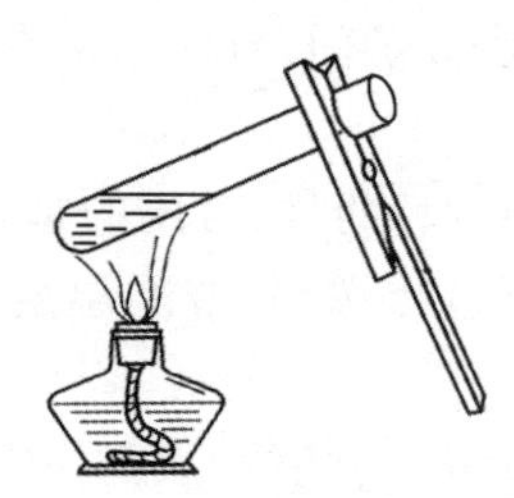

图 5 – 30 试管中液体的加热示意图

加热时，应先使试管均匀受热，然后小心地给试管里的液体的中下部位加热，并且不时地上下移动试管。当试管被固定在铁架台上，则手持酒精灯，在试管盛放液体的中下部位处，不时地上下移动酒精灯。试管加热的部位，应放在灯焰的外焰部分，试管底部不要与灯芯接触，否则试管可能破裂。为避免试管里液体沸腾喷出伤人，加热时切不可使试管口对着自己或旁人。试管加热完毕，应把试管放在试管架孔内。不能将烧得很热的试管放在桌面上，也不要立即用冷水冲洗，以免试管破裂。

加热试管中固体试剂时，试管口应稍微向下倾斜，以免凝结在试管口上的水珠回流到灼热的试管底部，使试管破裂。

(2)烧杯、蒸发皿的加热

当液体加热量较大或蒸发浓缩液体时，可选用烧杯或蒸发皿进行加热操作。使用烧杯加热液体时，烧杯中的液体量不应超过烧杯容积的1/2。不可用明火直接加热，应将烧杯放在石棉网上加热，否则烧杯容易因受热不均匀而破裂，如图5-31所示。

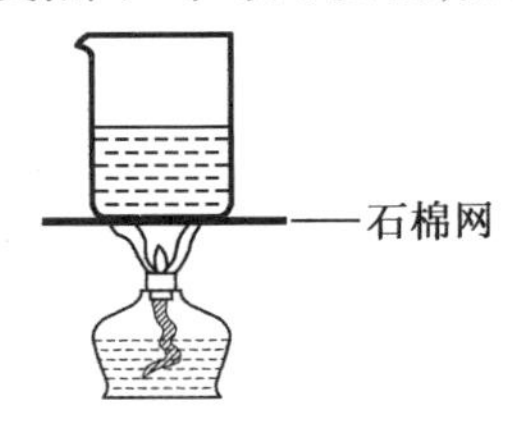

图5-31　烧杯中液体的加热示意图

为了防止爆沸，在加热过程中要适当加以搅拌。使用蒸发皿加热蒸发液体时，蒸发皿中的盛液量不应超过其容积的2/3，加热方式可根据被加热物质的性质而定。对热稳定的无机化合物，可以用灯直接加热(应先均匀预热)，一般情况下采用水浴加热。为了防止爆沸，在加热过程中也应适当加以搅拌。加热时应注意不要使瓷蒸发皿骤冷，以免蒸发皿炸裂。

(3)坩埚加热

高温灼烧或熔融固体使用的仪器是坩埚。灼烧是指将固体物质加热到高温以达到脱水、分解或除去挥发性杂质、烧去有机物等目的的操作。实验室常用的坩埚有：瓷坩埚、氧化铝坩埚、金属坩埚等。至于要选用何种材料的坩埚则视需灼烧的物料的性质及需要加热的温度而定。

加热时，将坩埚置于泥三角上，可直接用煤气灯灼烧，如图5-32所示。先用小火将坩埚均匀预热，然后加大火焰灼烧坩埚底部，根据实验要求控制灼烧温度和时间。夹取高温下的坩埚时，必须使用干净且干燥的坩埚钳，坩埚钳使用前先在火焰上预热一下，再去夹取。灼热的瓷坩埚及氧化铝坩埚绝对不能与水接触，以免爆裂。坩埚钳使用后应使尖端朝上平放在桌子上，以保证坩埚钳尖端洁净。用煤气灯灼烧可获得700~900 ℃的高温，若需更高温度可使用马弗炉或电炉。

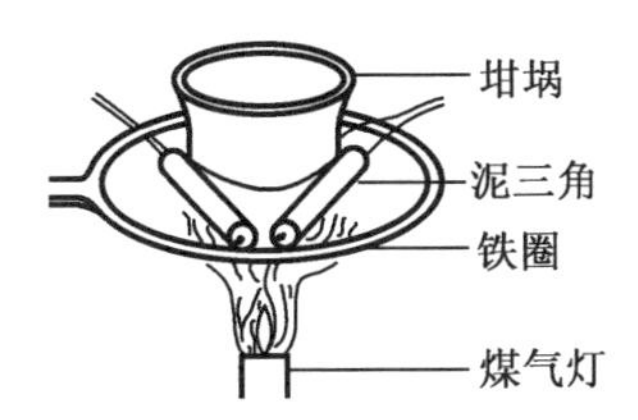

图5-32　坩埚中灼烧装置示意图

2. 间接加热

当被加热的物体需要受热均匀，而且受热温度又不能超过一定限度时，可根据具体情况选择特定的热浴进行间接加热。所谓热浴是先用热源将某种介质加热,介质再将热量传递给被加热物的一种加热方式。它是根据所用的介质来命名的,如果用水作为加热介质称为水浴,类似的还有油浴、沙浴等。使用热浴的优点是加热均匀,升温平稳,并能使被加热物保持较恒定温度。

(1)水浴加热

当被加热物质要求受热均匀而温度不超过100 ℃时,常采用水浴加热,它是以水为加热介质的一种间接加热法。实验室通常使用恒温水浴箱进行水浴加热,恒温水浴箱用电加热,自动控制水浴的温度,可同时加热多个实验样品。在水浴加热操作中,恒温水浴箱中水的表面应略高于被加热容器内反应物的液面,被加热的容器不要碰到水浴箱底部,可获得更好的加热效果。化学实验室中也常使用烧杯进行水浴加热,做法是在烧杯中放入一定量的水,将被加热容器放入烧杯中,组成简易的水浴加热装置进行加热,如图5-33所示。

(2)蒸汽浴加热

将蒸发皿或烧杯等放在水浴锅盖上,通过接触水蒸气来进行加热的方法,称为蒸汽浴加热,如图5-34所示。

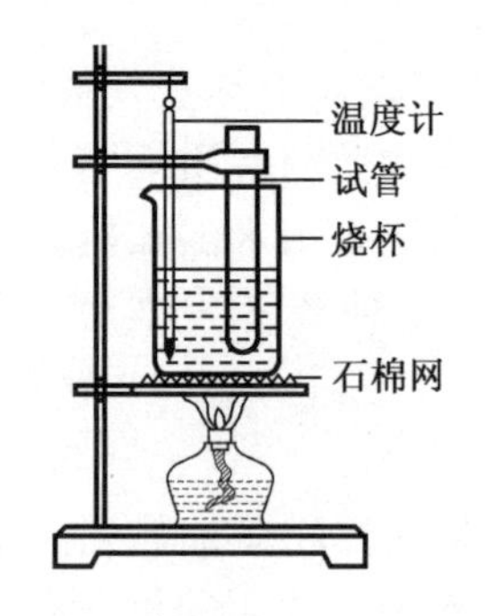

图5-33　简易水浴加热装置示意图

图5-34　蒸汽浴加热示意图

(3)油浴和沙浴加热

当被加热物质要求受热均匀,温度又高于100 ℃时,可用油浴或沙浴。当加热温度在100~200 ℃时,宜使用油浴,优点是使反应物受热均匀,反应物的温度一般低于油浴温度20 ℃左右。常用的油浴有:液状石蜡、植物油、硅油、甘油等。油浴加热与水浴加热方法相似。沙浴是在铁盘或铁锅中放入均匀的细沙,再将被加热的器皿部分埋入沙中,下面用灯具加热沙盘或沙锅。沙浴温度可达300~400 ℃。但沙浴传热慢,升温较慢,且不易控制。因此沙层要薄一些,沙浴中应插入温度计,温度计水银球要靠近反应器。

5.6　物质的分离和提纯

5.6.1　固体物质的溶解、蒸发、结晶(重结晶)与升华

在化学实验中,为使反应物混合均匀,以便充分接触、迅速反应,或为提纯某些固体物质,常需将固体溶解,制成溶液。当液相反应生成难溶的新物质,或加入沉淀剂除去溶液中某种离子时,常常需要将所生成的沉淀物从液相中分离出来。

1. 固体的溶解

将固体物质溶解于某一溶剂形成溶液称为溶解，它遵从相似相溶规律，即溶质在与它结构相似的溶剂中较易溶解，因此溶解固体时，要根据固体物质的性质选择适当的溶剂。考虑到温度对物质溶解度及溶解速度的影响，可采用加热及搅拌等方法加速溶解。

固体溶解操作的一般步骤如下。

(1)选择溶剂

溶解前需根据固体的性质，选择适当的溶剂。水通常是溶解固体的首选溶剂，它具有不易带入杂质、容易分离提纯以及价廉易得等优点。因此凡是可溶于水的物质应尽量选择水作溶剂。某些金属的氧化物、硫化物、碳酸盐以及钢铁、合金等难溶于水的物质，可选用盐酸、硝酸、硫酸或混合酸等无机酸加以溶解。大多数有机化合物需要选择极性相近的有机溶剂进行溶解。

(2)研磨固体

块状或颗粒较大的固体，需要在研钵中研细成粉末状，以便使其迅速、完全溶解。

(3)加入溶剂

所加溶剂量应能使固体粉末完全溶解而又不致过量太多，必要时应根据固体的量及其在该温度下的 4 溶解度计算或估算所需溶剂的量，再按量加入。

(4)搅拌溶解

搅拌可以使溶解速度加快。用玻璃棒搅拌时，应手持玻璃棒并转动手腕，用微力使玻璃棒在液体中均匀地转圈，使溶质和溶剂充分接触而加速溶解。搅拌时不可使玻璃棒碰在器壁上，以免损坏容器。

(5)加热促溶

通常情况下，大多数固体物质的溶解度随温度的升高而增大，所以加热能使固体的溶解速度加快。必要时可根据物质的热稳定性，选择适当方法进行加热，促其溶解。

2. 蒸发

为了使溶解在较大量溶剂中的溶质从溶液中分离出来，需对溶液进行加热，使溶剂受热不断被蒸发，浓缩至溶质从溶液中析出结晶，经固液分离处理后得到溶质晶体。

蒸发通常在蒸发皿中进行，因为蒸发皿具有较大的蒸发表面积，有利于液体的蒸发。蒸发时蒸发皿中的盛液量不应超过其容量的 2/3，加热方式应根据被加热物质的热稳定性决定。对热稳定的无机物，可以直接加热，一般情况下采用水浴加热，水浴加热蒸发速度较慢，蒸发过程易控制。

蒸发时不宜把溶剂蒸干，少量溶剂的存在，可以使一些微量的杂质由于未达饱和而不至于析出，这样得到的结晶较为纯净。但不同物质其溶解度往往相差很大，所以控制好蒸发程度是非常重要的。对于溶解度随温度变化不大的物质，为了获得较多的晶体，应蒸发至有较多结晶析出。

3. 结晶与重结晶

(1)结晶

结晶是提纯固体化合物的重要方法。通常分为两种：一种是蒸发法，即通过蒸发或气化减少一部分溶剂，使溶液达到饱和而析出晶体，主要用于溶解度随温度改变而变化不大的化合物。另一种是冷却法，即通过降低温度使溶液冷却达到饱和而析出晶体，主要用于溶解度随温度下降而明显减小的化合物。

通常做法是将溶液蒸发至过饱和状态,静置冷却得到结晶和残液共存的混合物,经分离后得到所需的晶体。若物质在高温时溶解度很大而在低温时变小,一般蒸发至溶液表面出现晶膜,冷却即可析出晶体。某些结晶水合物在不同温度下析出时所带结晶水数目不同,制备此类化合物时应注意要满足其结晶水条件。

向过饱和溶液中加入一小粒晶体(晶种)或者用玻棒摩擦器壁,可加速晶体析出。析出晶体颗粒的大小与结晶条件有关,如果溶质的溶解度小,或溶液的浓度高,或溶剂的蒸发速度快,或溶液的冷却速度快,析出的晶体颗粒就细小,这是由于短时间内产生大量的晶核,晶核形成速度大于晶体的生长速度。反之浓度较低或冷却较缓慢则有利于大晶体颗粒生成。实验中根据需要,控制适宜的结晶条件,可得到需要的晶体颗粒。

(2)重结晶

为了得到纯度更高的物质,可将第一次结晶得到的晶体加入适量溶剂加热溶解,溶剂量为加热温度下固体刚好完全溶解。趁热将不溶物滤除,再次进行蒸发、结晶。这种操作叫作重结晶。根据纯度要求可以进行多次重结晶。在重结晶操作中,为避免所需溶质损失过多,结晶析出后残存的母液不宜过多,在少量的母液中,只有微量存在的杂质才不至于达到饱和状态而随同结晶析出。

重结晶适用于提纯杂质含量在5%以下的固体化合物。杂质含量过多,常会影响提纯效果,须经多次重结晶才能提纯。因此,常用其他方法如水蒸气蒸馏、萃取等手段先将粗产品初步纯化,然后再用重结晶法提纯。

重结晶不但可使不纯净的物质获得纯化,也可以使混合在一起的盐类彼此分离。重结晶的效果与溶剂选择有关,最好选择对主要化合物可溶,对杂质微溶或不溶的溶剂,滤去杂质后,将溶液浓缩、冷却,即得纯制的物质。混合在一起的两种盐类,如果它们在一种溶剂中的溶解度随温度的变化差别很大,例如硝酸钾和氯化钠的混合物,硝酸钾的溶解度随温度上升而急剧增加,而温度升高对氯化钠溶解度影响很小,则可在较高温度下将混合物溶液蒸发、浓缩,首先析出的是氯化钠晶体,除去氯化钠以后的母液在浓缩和冷却后,可得纯硝酸钾。

4. 升华

某些物质在固态时具有相当高的蒸气压,当加热时,不经过液态而直接汽化,蒸气受到冷却又直接冷凝成固体,这个过程叫作升华。

若易升华的化合物中含有不挥发的杂质,或分离挥发性明显不同的固体混合物时,可以采用升华进行纯化。利用固体混合物的蒸气压或挥发度不同,将不纯净的固体化合物在熔点温度以下加热,利用产物蒸气压高,杂质蒸气压低的特点,使产物不经液体过程而直接汽化,遇冷后凝固而达到分离固体混合物的目的。

升华纯化化合物时,一般较少量化合物的升华可在蒸发皿中进行(图5－35(a)),在蒸发皿上倒扣一只包着带孔滤纸的漏斗,升华时蒸气在滤纸上凝结成晶体,并附着在滤纸上。较大量化合物的升华可在烧杯中进行(图5－35(b)),烧杯上放置一个通入冷水的圆底烧瓶,使蒸气在烧瓶底部凝结成晶体,并附着在瓶底上。

升华纯化注意事项:

①升华温度一定要控制在固体化合物熔点以下。

②被升华固体化合物须干燥,如有溶剂将会影响升华后固体的凝结。

③滤纸上的孔应尽量大一些,以便蒸气上升时顺利通过滤纸。在滤纸的上面和漏斗中

结晶,会影响晶体的析出。

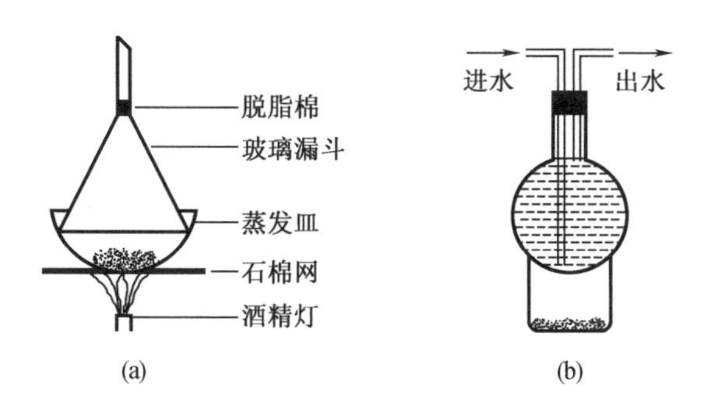

图 5-35　常用升华装置图

(a)较少量化合物的升华方法;(b)较大量化合物的升华方法

5.6.2　固液分离

无机化学实验中,经常会进行溶液和沉淀的分离或晶体与母液的分离等固液分离操作,其分离方法有三种:倾析法、过滤法和离心分离法。应根据沉淀的形状、性质及沉淀量,选择合适的分离方法。

1. 倾析法

当沉淀物的相对密度较大或晶体颗粒较大时,沉淀静置后很容易沉降至容器底部时,可用倾析方法将沉淀与溶液进行快速分离。有时为了充分洗涤沉淀,也可采用倾析法来洗涤沉淀,其优点是沉淀与洗涤液能充分地混合使杂质容易洗去。沉淀留在烧杯中,倾出上层清液,分离速度较快。

倾析法具体操作如下。

(1)倾析法分离沉淀

先将待分离的物料置于烧杯中,静置,待固体沉降完全后,将玻璃棒横放在烧杯嘴处,小心沿玻璃棒将上层清液缓慢倾入另一烧杯内,如图 5-36 所示。残液要尽量倾出,使沉淀与溶液分离完全。

图 5-36　倾析法过滤操作示意图

(2)倾析法洗涤沉淀

用少量蒸馏水注入盛有沉淀的烧杯内,用玻璃棒充分搅动,静置,待沉淀沉降后,将清液沿玻璃棒倾出,让沉淀留在烧杯内。再用蒸馏水重复洗涤 3~4 遍,即可将沉淀洗涤干净。洗涤液一般用量不宜过多。

此方法适用于相对密度较大的沉淀或大颗粒晶体等静置后能较快沉降的固体和固液

分离。

2. 过滤法

过滤是最常用的固液分离方法之一。过滤时,沉淀和溶液经过过滤器,沉淀留在过滤器上,溶液则通过过滤器而进入接受容器中,所得溶液称为滤液。常用的过滤方法有常压过滤(普通过滤)、减压过滤(抽滤)和热过滤三种。能将固体截留住只让溶液通过的材料除了滤纸之外,还可用其他一些纤维状物质以及特制的微孔玻璃漏斗等。

(1)常压过滤

所用仪器有玻璃漏斗、小烧杯、玻璃棒、铁架台等。

①漏斗的选择:漏斗多为玻璃质,主要用于向小口径容器中加液或配上滤纸作过滤器而将固体和液体混合物进行分离的玻璃仪器。漏斗有短径和长径之分,都是圆锥体,圆锥角一般为60°。做成圆锥体是为了既便于折放滤纸,在过滤时又便于保持漏斗内液体具一定深度,从而保持滤纸两边有一定压力差,有利于滤液通过滤纸。普通漏斗的规格按斗口直径有30 mm,40 mm,60 mm,100 mm,120 mm等几种,选择漏斗大小应以能容纳沉淀量为宜。若过滤后欲获取滤液,应按滤液的体积选择斗径大小适当的漏斗。

②滤纸的选择:滤纸有定性滤纸和定量滤纸两种,除了做沉淀的质量分析外,一般选用定性滤纸。滤纸按孔隙大小又分为快速、中速、慢速三种。根据沉淀的性质选择滤纸的类型,细晶形沉淀,应选用慢速滤纸;粗晶形沉淀,宜选用中速滤纸;胶状沉淀,需选用快速滤纸过滤。根据沉淀量的多少选择滤纸的大小,一般要求沉淀的总体积不得超过滤纸锥体高度的1/3。滤纸的大小还应与漏斗的大小相适应,一般滤纸上沿应低于漏斗上沿约1 cm。

③滤纸的折叠、剪裁:一般根据漏斗的大小选择大小合适的滤纸。将滤纸对折两次,然后用剪刀剪成扇形,如图5-37(a)所示。滤纸剪裁好后,展开即呈一圆锥体,一边为三层,另一边为一层,如图5-37(b)所示,将其放入玻璃漏斗中。

图5-37　滤纸的折叠和剪裁示意图

(a)滤纸的折叠和剪裁方法;(b)剪裁后的滤纸展开方法

④滤纸的安放:用食指将滤纸按在漏斗内壁上,用少量蒸馏水润湿滤纸,用玻璃棒轻压滤纸四周,赶去滤纸与漏斗壁间的气泡,务必使滤纸紧贴在漏斗壁上。为加快过滤速度,应使漏斗颈部形成完整的水柱。为此,加蒸馏水至滤纸边缘,让水全部流下,漏斗颈部内应全部充满水。若未形成完整的水柱,可用手指堵住漏斗下口,稍掀起滤纸的一边用洗瓶向滤纸和漏斗空隙处加水,使漏斗和锥体被水充满,轻压滤纸边,放开堵住漏斗口的手指,即可形成水柱。

⑤过滤操作:将准备好的漏斗放在漏斗架或铁圈上,下面放一洁净容器承接滤液,调整漏斗架或铁圈高度,使漏斗颈下端斜口尖端一边紧靠接受容器内壁,如图5-38所示。为避免滤纸孔隙过早被堵塞,过滤时先滤上部清液,后转移沉淀,可加快过滤速度。过滤时,应

使玻璃棒下端与三层滤纸处接触，将待过滤液沿玻璃棒注入漏斗，漏斗中的液面高度应低于滤纸边缘1 cm左右。待溶液转移完毕后，再往盛有沉淀的容器中加入少量蒸馏水充分搅拌后，将上方清液倒入漏斗过滤，如此重复洗涤两三遍，最后将沉淀转移到滤纸上。过滤完毕，用少量蒸馏水洗涤原烧杯壁和玻璃棒，再将洗涤液一并转入漏斗中过滤。最后再用少量蒸馏水冲洗滤纸和沉淀。

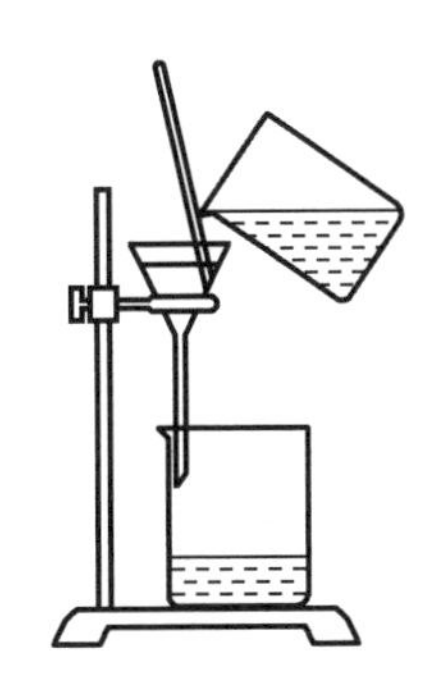

图5-38　常压过滤操作示意图

⑥常压过滤操作要诀：

一贴：滤纸紧贴漏斗的内壁。

二低：滤纸的边缘低于漏斗口，漏斗里的液面要低于滤纸的边缘。

三靠：烧杯要紧靠在玻璃棒上，玻璃棒的末端要轻轻地靠在三层滤纸的一边。漏斗下端的管口要紧靠承接器的内壁。

（2）减压过滤

又称吸滤、抽滤，是利用真空泵或抽气泵将吸滤瓶中的空气抽走而产生负压，使过滤速度加快。减压过滤不仅可以加快过滤速度，也可使沉淀被抽吸得较为干燥。但不宜用于过滤胶状沉淀和颗粒太小的沉淀。因为胶状沉淀在快速过滤时易穿透滤纸，颗粒太小的沉淀物易在滤纸上形成密实的薄层，使得溶液不易透过。

①减压过滤装置

实验室中常用的减压过滤装置是由循环水真空泵、吸滤瓶、布氏漏斗和安全瓶组成，如图5-39所示。

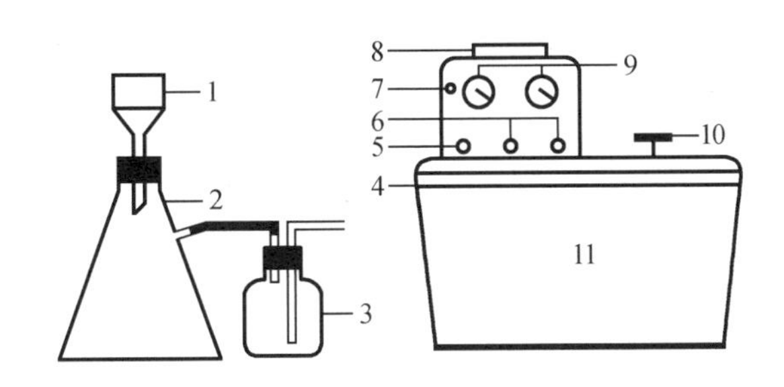

图5-39　循环水式减压过滤装置示意图

1—布氏漏斗；2—吸滤瓶；3—安全瓶；4—循环水真空泵；5—电源开关；6—抽气管接口；7—指示灯；8—电机；9—真空表；10—水箱盖；11—水箱

a. 循环水真空泵:循环水真空泵采用射流技术产生负压,以循环水作为工作流体,是新型的真空抽气泵。它的优点是使用方便,节约用水。面板上有电源开关、指示灯、真空度指示表和抽气管接口,后板上有进、出水接口。使用前,先打开台面加水,将进水管与水龙头连接,加水至进水管上口的下沿,抽气管接口装上橡皮管,将橡皮管连接到安全瓶支管上,打开电源开关,指示灯亮,真空泵开始工作。过滤结束时,先缓缓拔掉吸滤瓶上的橡皮管,再关闭电源开关。

循环水式真空泵使用注意事项:

- 工作时一定要有循环水,否则在无水状态下,将烧坏真空泵。
- 加水量不能过多。否则水碰到电机会烧坏真空泵。
- 进出水的上口、下口均为塑料部件,极易折断,要小心操作。

b. 吸滤瓶:又叫抽滤瓶,用作承接滤液的容器。吸滤瓶的瓶壁较厚,能承受一定的压力。它与布氏漏斗配套后,利用真空泵减压。在抽气管与吸滤瓶之间再连接一个洗气瓶作安全瓶,以防止倒流现象。吸滤瓶的规格以容积表示,常用的有 250 mL,500 mL 及 1 000 mL 等规格。

吸滤瓶的使用注意事项:

- 不能直接加热。
- 安装时,布氏漏斗径的斜口要对准吸滤瓶的抽气嘴。抽滤时速度(用流水控制)要慢且均匀,吸滤瓶内的滤液不能超过抽气嘴。
- 要先开真空泵,后过滤;抽滤完毕后,先分开真空泵与安全瓶的连接处,后关闭真空泵,以免水流倒吸。

c. 布氏漏斗:布氏滤斗是瓷质的,中间为具有许多小孔的瓷板,以便使溶液通过滤纸从小孔流出。布氏漏斗必须装在橡皮塞上,橡皮塞的大小应和吸滤瓶的口径相配合,橡皮塞塞进吸滤瓶的部分一般不超过整个橡皮塞高度的1/2。如果橡皮塞太小而几乎能全部塞进吸滤瓶,则在吸滤时整个橡皮塞将被吸进吸滤瓶而不易取出。

d. 安全瓶:安全瓶安装在吸滤瓶和水泵之间,为防止由于真空泵产生溢流而被吸入吸滤瓶中,其长管接水泵,短管接吸滤瓶。

②减压过滤具体操作

a. 装置的安装:按图 5 – 39 连接仪器。安全瓶的长管接水泵,短管接吸滤瓶。布氏漏斗的颈口应与吸滤瓶的支管相对。

b. 滤纸的剪裁:将滤纸经两次或三次对折,让尖端与漏斗圆心重合,以漏斗内径为标准做记号,沿记号将滤纸剪成扇形,打开滤纸,如不圆,稍作修剪。滤纸应剪成比布氏漏斗的内径略小,但又能把瓷孔全部盖住的大小。若滤纸比布氏漏斗内径大,滤纸的边缘不能紧贴漏斗而产生缝隙,过滤时沉淀穿过缝隙,造成沉淀与溶液不能分离。空气穿过缝隙,吸滤瓶内不能产生负压,使过滤速度减慢,沉淀抽不干。若滤纸比布氏漏斗内径小,不能盖住所有的瓷孔,则不能达到过滤的目的。

c. 滤纸的贴紧:用少量蒸馏水润湿滤纸,用干净的手或玻棒轻压滤纸除去缝隙,使滤纸贴在漏斗上。将漏斗安装在吸滤瓶上,塞紧塞子。注意漏斗颈的尖部斜口与吸滤瓶的支管相对。打开电源开关,接上橡皮管,使湿润的滤纸紧贴在漏斗底部。

d. 减压过滤:过滤时一般先转移溶液,后转移沉淀或晶体,使过滤速度加快。转移溶液时,用玻棒引导,倒入溶液的量不要超过漏斗总容量的2/3。用玻璃棒将晶体再尽量转移到布氏漏斗中，如转移不干净，可加入少量水或吸滤瓶中的滤液，一边搅动，一边倾倒，让滤液带出晶体。继续抽吸直至晶体或沉淀干燥。

e. 抽滤过程中，若漏斗内沉淀物有裂纹时，要用玻璃棒或干净的药匙及时压紧消除，以保证吸滤瓶的低压，便于吸滤至干。

f. 沉淀的洗涤：在布氏漏斗内洗涤沉淀时，应停止吸滤，让少量洗涤剂缓慢通过沉淀，然后继续抽滤至沉淀干燥。

g. 抽滤结束：先将吸滤瓶支管的橡皮管拆下，然后再关上循环水真空泵，否则水将倒灌，进入安全瓶。

③减压过滤操作注意事项

a. 抽滤时吸滤瓶内的滤液面不能达到支管的水平位置，否则滤液将被水泵抽出。当滤液快上升至吸滤瓶的支管处时，应拔去吸滤瓶上的橡皮管，取下漏斗，从吸滤瓶的上口倒出滤液后再继续吸滤，但需注意，从吸滤瓶的上口倒出滤液时，吸滤瓶的支管口必须向上。

b. 抽滤完毕或中途需停止抽滤时，应特别注意需先拔掉连接抽滤瓶和真空泵的橡胶管，然后关闭真空泵，以防倒吸。

c. 如过滤的溶液具有强酸性或强氧化性，为了避免溶液破坏滤纸，此时可用玻璃纤维或玻璃砂芯漏斗等代替滤纸。由于碱易与玻璃作用，所以玻璃砂芯漏斗不宜过滤强碱性溶液。

(3)热过滤

如果溶液中的溶质在温度下降时容易析出大量晶体，而又不希望这些溶质留在滤纸上，这时就需要进行热过滤。

热滤漏斗：将短颈玻璃漏斗放置于铜制的热漏斗内，热漏斗内装有热水以维持溶液的温度，如图5-40所示。内部的玻璃漏斗的颈部要尽量短些，以免过滤时溶液在漏斗颈内停留过久，散热降温，析出晶体使装置堵塞。过滤时，把玻璃漏斗放在铜制的热漏斗内，并不断加热侧管，使漏斗内的热水保持一定的温度。

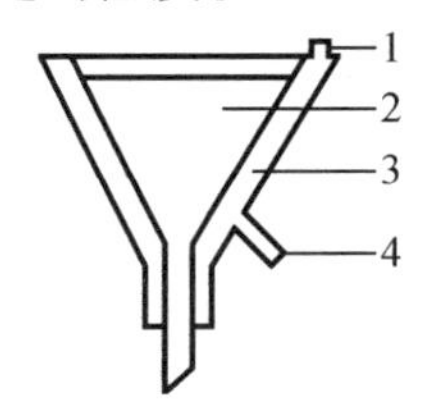

图5-40　热滤漏斗示意图

1—注水口；2—玻璃漏斗；3—热水；4—侧管

①少量热溶液的过滤：过滤少量溶液时，可选用一个普通短颈玻璃漏斗，放在水浴上或烘箱中预热，然后立即进行过滤。

②如过滤的溶液量较多，则应选择热滤漏斗。过滤时将热水注入夹套，加热侧管。漏斗中放入折叠滤纸(图5-40)，用少量热溶剂润湿滤纸，然后将热溶液分批倒入漏斗。未倒的溶液和保温漏斗应用小火加热，保持微沸。热过滤时一般不用玻璃棒引流，以免加速降温。接受滤液的容器内壁不必贴紧漏斗颈，以免滤液迅速冷却析出晶体，晶体沿器壁向上堆积，堵塞漏斗口而无法过滤。

3. 离心分离法

当不能用一般的过滤法分离少量溶液与沉淀的混合物时,可采取离心分离法。离心分离法是借助于离心力,使密度不同的物质分离的方法。离心分离法常用的仪器是电动离心机,如图5-41所示。由于离心机可产生相当高的角速度,使离心力大于重力,溶液中的悬浮物易于沉淀析出。由于密度不同的物质所受到的离心力不同,沉降速度不同,从而使密度不同的物质达到分离。

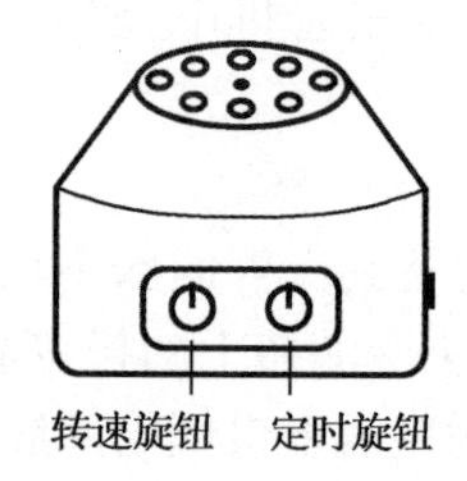

图5-41　电动离心机示意图

(1)离心分离法具体操作

将盛有混合物溶液的离心试管放入离心机的试管套内,为保持平衡,在对称位置的管套内放一支盛有等质量水的离心管,盖上离心机盖子,将离心机变速器放置至最低挡启动,再逐渐加速,运转1~2 min后,关闭离心机,等待离心机自然停止,任何情况下都不允许用高速挡启动和强制停止。离心沉降后,取出离心管,用一支干净的吸管小心吸出清液。若想得到较纯净的沉淀,需用2~3倍于沉淀量的洗涤液加入沉淀中,用玻璃棒搅拌均匀洗涤沉淀,再次离心分离,重复洗涤操作数次直至达到要求。

(2)电动离心机使用注意事项

①离心试管应对称放置,若离心试管为单数不能对称时,应加装一支装有相同质量水的离心试管来调整对称。

②离心机在工作时要盖好机盖,以确保安全。

③启动离心机时应先慢慢启动,由低挡逐渐加速。

④当发现离心机声音不正常时,立即停机检查,排除故障后再工作。

⑤离心时间一般为1~2 min,电动离心机工作期间不可无人看守。

⑥离心结束后,先关闭离心机的电源开关,当离心机停止转动后,方可打开离心机盖,取出样品,切勿用手强制停转。

⑦离心机套管应保持清洁,套管底部应垫上橡皮管垫,以免离心试管破碎。

5.6.3　液-液分离——萃取

1. 萃取

溶质从一种溶剂向另一种溶剂转移的过程称为萃取。通过萃取操作可以从反应混合物中提取出所需要的物质,也可用来除去化合物中少量杂质得到纯化。萃取操作就是利用物质在两种不互溶(或微溶)溶剂中溶解度或分配系数的不同,使化合物从一种溶剂内转移到另外一种溶剂内来达到分离、提取或纯化的目的。如碘的水溶液用四氯化碳萃取,几乎所有的碘都转移到四氯化碳中,使碘与水分离。

液-液萃取是实验室最常见的萃取操作,液-液萃取的主要理论依据是分配定律:在两种互不相溶的混合溶剂中加入某种可溶性物质时,它能以不同的溶解度分别溶解在两种溶剂中。在一定温度下,若该物质的分子在此两种溶剂中不发生分解、解离、缔合和溶剂化等作用,则此物质在两液相中浓度之比是一个常数。假如一种物质在两液相 A 和 B 中的浓度分别为 C_A 和 C_B,则在一定温度下,$C_A/C_B=K$,K 为常数,称为分配系数。K 可以近似地看作为此物质在两溶剂中溶解度之比。

萃取时要采取少量多次的原则。由分配定律可知,将溶剂分成几份作多次萃取要比用全部量的溶剂一次萃取的效果好。一般萃取 3 次即可满足要求。若在水溶液中先加入一定量的电解质(如氯化钠),利用盐析效应可以有效降低有机化合物和萃取溶剂在水溶液中的溶解度,常可改善萃取效果。例如用乙醚萃取水层时,醚层最多可溶解约 8% 体积的水。因此,常用饱和氯化钠水溶液来代替水来洗涤醚层。

萃取溶剂的选择:应根据被萃取化合物的溶解度而定,同时要易于和溶质分开,所以最好用低沸点溶剂。一般难溶于水的物质用石油醚等萃取;比较易溶于水的物质用苯或乙醚萃取;易溶于水的物质用乙酸乙酯等萃取。此外还要兼顾溶剂价格、毒性、安全等因素。

液 - 液萃取仪器的选择:实验室萃取分离物质时,液 - 液萃取最常用的仪器是分液漏斗,规格上一般选择容积较被萃取液大 1 ~ 2 倍的分液漏斗。

液 - 液萃取操作:

①在分液漏斗的旋塞上涂一薄层凡士林,塞后旋转数圈,使凡士林均匀分布呈透明。再用小橡皮圈套住旋塞,防止旋塞滑脱。

②将分液漏斗装在漏斗架上,关闭旋塞。向分液漏斗中加入溶液和一定量的萃取溶剂后,塞好玻璃塞(玻塞),旋紧。(注意:玻塞上若有侧槽必须将其与漏斗上端口径上的小孔错开!)

③将分液漏斗从支架上取下,用右手食指末节顶住玻塞,再用大拇指和中指夹住漏斗上口径。用左手的食指和中指蜷握在旋塞柄处,食指和拇指要握住旋塞柄并能将其自由地旋转。

④将分液漏斗由外向里或由里向外旋转振摇,使两种不相混溶的液体尽可能充分混合,也可将漏斗反复倒转进行缓和地振摇。每振摇几下,需将漏斗尾部向上倾斜(朝向无人处)打开旋塞放气,以解除漏斗中的压力,如图 5 - 42(a)所示。如此重复至放气时只有很小压力后,再剧烈振摇 2 ~ 3 min,然后将分液漏斗放回支架上静置。

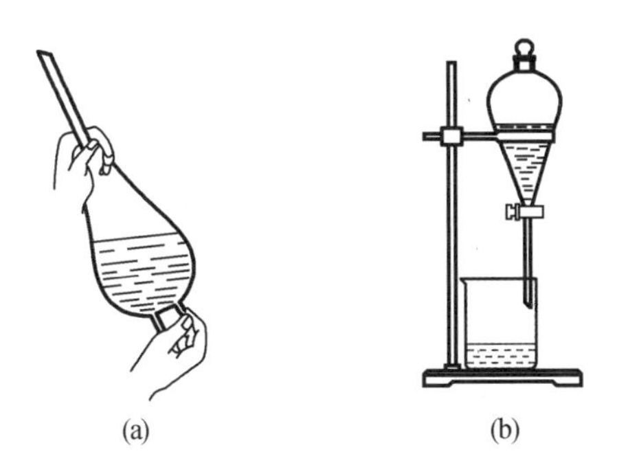

图 5 - 42　振摇萃取时分液漏斗的手持操作示意图

(a)萃取时振摇分液漏斗的手持操作;(b)萃取时放液方法

⑤移开玻塞或旋转带侧槽的玻塞使侧槽对准上口径的小孔。待两相液体分层明显,界

面清晰，开启旋塞，放出下层液体，如图 5-42(b)所示。液层接近放完时要放慢放液速度，一旦放完则迅速关闭旋塞。

⑥取下漏斗，打开玻塞将上层液体由上口径倒出。切记不可从旋塞放出，以免被残留在漏斗颈的另一种液体所沾污。

⑦分离出的被萃取液再按上述方法进行萃取 3 ~5 次。将所有的萃取液合并，即完成液-液萃取操作。

⑧很多有机溶剂是无色液体，当溶解了溶质以后密度会发生变化，因此实际操作中要经常判断哪一层是水层。可以取其中一层的少量液体，置于试管中，滴加少量水来鉴别。

在萃取操作中，经常会产生乳化现象。乳化现象的产生原因比较复杂，有时是由碱性物质引起，有时是两相的相对密度相近所引起，还有的乳化是由萃取物引起。一旦出现乳化现象，两相分离就很难进行，必须先破除乳化。用来破坏乳化的常用方法有：较长时间静置；采用过滤的方法减少乳化；加入破乳剂，如乙醇、磺化蓖麻油等；利用盐析作用，若因两种溶剂能部分互溶而发生乳化，可以加入少量电解质，利用盐析作用加以破坏。在两相相对密度相差很小时，加入氯化钠，也可以增加水相的相对密度；酸化，若因溶液碱性而产生乳化，常可加入少量稀酸破除乳化。

萃取操作注意事项：

①不可使用漏液的分液漏斗。

②玻璃塞不能涂凡士林。

③振荡时用力要大，同时要绝对防止液体漏出。

④切记放气时分液漏斗的上口要倾斜朝下，而下口处不要有液体。

⑤萃取不可能一次就萃取完全，须较多次地重复萃取操作。第一次萃取时使用溶剂量较以后几次多一些。

⑥若使用低沸点、易燃的溶剂，操作时附近应无明火，保持室内空气流通，若溶剂有毒应在通风橱中操作。

2. 分液漏斗的使用

分液漏斗主要用于互不相溶的几种液体的分离，也常用于气体发生器中控制加液。分液漏斗有球形分液漏斗、梨形分液漏斗和桶形分液漏斗三种(图 5-43)，其中梨形分液漏斗分有刻度和无刻度两种，多用于分液操作使用。通常分液漏斗上面的塞子被称为玻塞，下面颈上的塞子被称为旋塞。实验室中最常使用的分液漏斗为 60 mL 和 125 mL 两种规格。

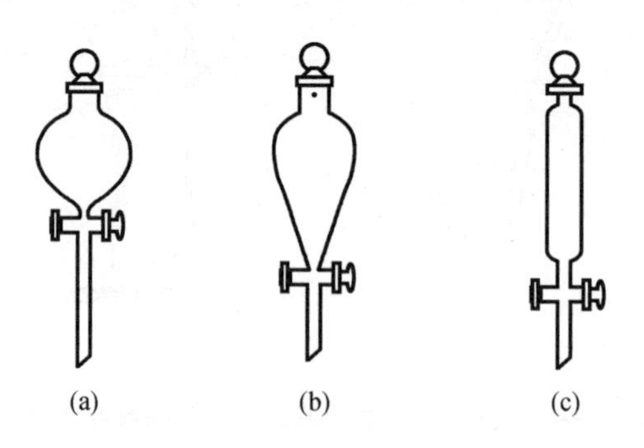

图 5-43　分液漏斗示意图

(a)球形分液漏斗；(b)梨形分液漏斗；(c)桶形分液漏斗

分液漏斗在使用前，应首先进行清洗，然后在漏斗颈上的旋塞与旋塞槽部位涂上凡士林，将旋塞插入塞槽内转动使凡士林均匀透明且转动自如。关闭旋塞，向漏斗内注水，检查旋塞处是否漏水，不漏水的分液漏斗方可使用。漏斗内加入的液体量不能超过分液漏斗容积的3/4。为防止杂质落入漏斗内，应盖上漏斗口上的玻璃塞。当分液漏斗中的液体向下流出时，旋塞可控制或关闭液体的流量。放液时玻璃塞的凹槽与漏斗口颈上的小孔对准，使漏斗内外的空气相通，压强相等，漏斗里的液体可顺利流出。

分液漏斗使用注意事项：

①使用前旋塞应涂薄层凡士林，但不可太多，以免阻塞流液孔。

②作加液器时，漏斗下端不能浸入液面下。

③振荡时，玻璃塞的小槽应与漏斗上口侧面小孔错位封闭塞紧。

④长期不用分液漏斗时，应在旋塞面加夹一纸条防止粘连，并用一橡筋套住活塞，以免失落。

⑤分液漏斗洗干净后把塞子拿出来，不要插在分液漏斗里面，尤其是要进烘箱前。

⑥盛有液体的分液漏斗应妥善放置，否则玻塞及活塞易脱落，倾洒液体，造成不应有的损失。

5.7　试纸和滤纸

5.7.1　常用试纸及使用方法

无机化学实验中，经常使用某些试纸来定性检验一些溶液的性质或判断某些物质是否存在。试纸的种类很多，常用的试纸有pH试纸、石蕊试纸、淀粉－碘化钾试纸、醋酸铅试纸等。

实验中经常用石蕊试纸或pH试纸检验溶液的酸碱性或生成气体的酸碱性；用淀粉－碘化钾试纸检验氯气或二氧化硫气体的存在；用醋酸铅试纸检验硫化氢气体的存在。当实验急用时，快速简便地制备某种试纸的方法是用滤纸条蘸上所需的试剂即可使用。

各种试纸的保存需要密闭封存，取用时需用镊子夹取试纸。

1. pH试纸

(1)pH试纸的用途

主要用于定量检验溶液的pH值，或定性测定溶液或气体的酸碱性。

(2)pH试纸的种类

pH试纸分广泛pH试纸和精密pH试纸两类。广泛pH试纸的变色范围是pH＝1～14，它只能粗略地估计溶液的pH值。精密pH试纸可以较精确地检测溶液的pH值，根据其变色范围可分为多种。如变色范围为pH＝0.5～5，pH＝8.2～10等，根据待测溶液的酸碱性，可选用某一变色范围的试纸。

(3)pH试纸的使用方法

①检测溶液的酸碱性：将pH试纸条放在干燥洁净的表面皿中，用玻璃棒蘸取待检测溶液，滴在试纸上，观察pH试纸颜色变化。待试纸变色后，30 s内与标准比色卡对比，确定pH值或pH值的范围。

②检测气体的酸碱性：将pH试纸条用蒸馏水浸湿后粘在玻璃棒一端，然后悬放于试管

口上方,观察 pH 试纸颜色变化。待试纸变色后,30 s 内与标准比色卡对比,确定 pH 值或 pH 值的范围。

(4)pH 试纸使用注意事项

①切勿将试纸浸入溶液中,以免沾污溶液。

②定量测定溶液的 pH 值时,不可用蒸馏水润湿,否则测量值不准确(相当于溶液稀释,对于酸性溶液,pH 值偏高,对于碱性溶液,pH 值偏低,对于中性溶液几乎无影响)。而定性检测气体酸碱性时必须用水润湿试纸后再检测。

(5)pH 试纸的制备

广泛 pH 试纸是将滤纸条浸泡于通用指示剂中,取出晾干。通用指示剂是几种酸碱指示剂的混合溶液,它在不同 pH 值的溶液中可显示不同的颜色。

2. 淀粉 - 碘化钾试纸

(1)淀粉 - 碘化钾试纸的用途:主要用于检测能氧化 I^- 的氧化剂如 Cl_2,Br_2,NO_2,O_3,HClO,H_2O_2 等,润湿的淀粉 - 碘化钾试纸遇上述氧化剂变蓝,也可以用来检测 I_2。

(2)淀粉 - 碘化钾试纸的使用方法:将淀粉 - 碘化钾试纸条用蒸馏水浸湿后粘在玻璃棒一端,然后悬放于试管口上方,观察淀粉 - 碘化钾试纸颜色变化。或将淀粉 - 碘化钾条放在洁净干燥的表面皿中,滴加待测液于淀粉 - 碘化钾上,观察试纸颜色变化。

(3)淀粉 - 碘化钾试纸使用注意事项。

①必须先用蒸馏水润湿才可用于检验气体。

②不可将试纸直接放入溶液中进行检测,以免污染溶液。

③当氧化性气体遇到湿润的试纸后,将试纸上的 I^- 氧化成 I_2,I_2 立即与试纸上的淀粉作用变成蓝色。如果气体氧化性太强,而且浓度大时,还可以进一步将 I_2 氧化成无色的 IO_3^-,使蓝色褪去。所以,使用淀粉 - 碘化钾试纸时必须仔细观察试纸颜色的变化,否则可能得出错误的结论。

(4)淀粉 - 碘化钾试纸的制备:取 1 g 可溶性淀粉置于小烧杯中,加入 10 mL 蒸馏水,用玻璃棒搅拌成糊状。将糊状淀粉溶液边搅拌边倒入煮沸的 200 mL 蒸馏水中,继续加热约 2 ~ 3 min,当溶液变为澄清为止。再加入 0.2 g 起防霉作用的 $HgCl_2$,制成淀粉溶液。最后向制成的淀粉溶液中加入固体 KI 和固体 $Na_2CO_3 \cdot 10H_2O$ 各 0.4 g,搅拌溶解,将滤纸条浸入其中,浸透后取出,在无氧化性气体处晾干即可,制成的试纸呈白色。

3. 醋酸铅试纸

(1)醋酸铅试纸的用途:主要用于定性检验硫化氢气体,醋酸铅试纸遇 H_2S 变黑色(生成黑色的 PbS),用于检验痕量的 H_2S。

(2)醋酸铅试纸的使用方法:将醋酸铅试纸用蒸馏水润湿,悬横于反应的试管口上方,如有 H_2S 气体逸出,遇到湿润的醋酸铅试纸后,即有亮灰色硫化铅沉淀生成,使醋酸铅试纸呈黑褐色。

(3)醋酸铅试纸使用注意事项:同淀粉碘化钾试纸。

(4)醋酸铅试纸的制备:将滤纸条浸入 3% 的醋酸铅溶液中,浸透后取出,在无 H_2S 的环境中晾干,制成的试纸呈白色。

4. 酚酞试纸

(1)酚酞试纸的用途:酚酞试纸遇到碱性溶液变红,用水润湿后遇碱性气体(如氨气)变红,常用于检验 pH > 8.3 的稀碱溶液或氨气等。

(2)酚酞试纸的使用方法:用镊子取小块试纸放在表面皿边缘或滴板上,用玻棒将待测溶液搅拌均匀，然后用玻棒末端蘸少许溶液接触试纸，观察试纸颜色的变化，确定溶液的酸碱性。检验气体的碱性时必须先用镊子取小块试纸并用蒸馏水润湿放在待检验处，观察颜色变化。

(3)酚酞试纸使用注意事项。

①检验气体的碱性时必须先用蒸馏水润湿，检验溶液的碱性时则不必润湿。

②切勿将试纸浸入溶液中，以免弄脏溶液。

(4)酚酞试纸的制备：将 1 g 酚酞溶于 100 mL 95% 的酒精后，边振荡边加入 100 mL 水制成溶液，将滤纸条浸入其中，浸透后在清洁干燥的空气中晾干。

5. 红色石蕊试纸

(1)红色石蕊试纸的用途：主要用于检验碱性溶液或气体等。在被 pH≥8.0 的溶液润湿时变蓝。

(2)红色石蕊试纸的使用方法。

①检测碱性溶液：将红色石蕊试纸条放在干燥洁净的表面皿中，用玻璃棒蘸取待检测溶液，滴在试纸上，观察到红色石蕊试纸变蓝。

②检测碱性气体(蒸气)：将试纸用蒸馏水浸湿后粘在玻璃棒一端，然后悬放于试管口上方，观察到湿润的红色石蕊试纸遇碱性气体(如氨气)变蓝。

(3)红色石蕊试纸使用注意事项：切不可将试纸条投入溶液中检测。

(4)红色石蕊试纸的制备：用 50 份热的乙醇溶液浸泡 1 份石蕊一昼夜。倾去浸出液，按 1 份存留石蕊残渣加 6 份水的比例浸煮并不断搅拌，煮沸片刻后静置一昼夜。滤去不溶物得紫色石蕊溶液，若溶液颜色不够深，则需加热浓缩，然后向此石蕊溶液中滴加 0.05 mol/L的 H_2SO_4 溶液至刚呈红色。然后将滤纸条浸入，充分浸透后取出，在避光、干燥、没有酸、碱蒸气的环境中晾干即成。

6. 蓝色石蕊试纸

(1)蓝色石蕊试纸的用途：主要用于检验酸性溶液或气体等。被 pH≤5 的溶液浸湿时变红；用蒸馏水浸湿后遇酸性气体或溶于水呈酸性的气体时变红。

(2)蓝色石蕊试纸的使用方法：同红色石蕊试纸的使用方法。

(3)蓝色石蕊试纸使用注意事项：同红色石蕊试纸使用注意事项。

(4)蓝色石蕊试纸的制备：用与上列相同的方法制得紫色石蕊溶液，向其中滴加 0.1 mol/L的 NaOH 溶液至刚呈蓝色，然后将滤纸浸入，充分浸透后取出，在避光、干燥、没有酸、碱蒸气的环境中晾干即成。

5.7.2　滤纸

滤纸是一种具有良好过滤性能的纸，纸质疏松，对液体有强烈的吸收性能。实验室常用滤纸作为过滤介质，使溶液与固体分离。

滤纸主要有定量分析滤纸、定性分析滤纸和层析定性分析滤纸三类。定量滤纸和定性滤纸这两个概念都是纤维素滤纸才有的，不适用于其他类型的滤纸如玻璃微纤维滤纸。定性滤纸用于定性化学分析和相应的过滤分离。定性滤纸一般用于过滤溶液，作氯化物、硫酸盐等不需要计算数值的定性试验；而定量滤纸是用于精密计算数值的过滤，如测定残渣、不溶物等，一般定量滤纸过滤后，还需进入高温炉作处理。

1. 定量分析滤纸

定量分析滤纸在制造过程中，纸浆经过盐酸和氢氟酸处理，并经过蒸馏水洗涤，将纸纤维中大部分杂质除去,所以灼烧后残留灰分很少,对分析结果几乎不产生影响,适于作精密定量分析。目前国内生产的定量分析滤纸,分快速、中速、慢速三类,在滤纸盒上分别用蓝色带(快速)、白色带(中速)、红色带(慢速)为标志分类。滤纸的外形有圆形和方形两种,圆形滤纸的规格按直径分有 D9 cm,D11 cm,D12.5 cm,D15 cm 和 D18 cm 等数种。方形定量滤纸的规格有 60 cm × 60 cm 和 30 cm × 30 cm。

2. 定性分析滤纸

定性分析滤纸一般残留灰分较多,仅供一般的定性分析和用于过滤沉淀或溶液中悬浊物用,不能用于质量分析。定性分析滤纸的类型和规格与定量分析滤纸基本相同。不过,在装滤纸的盒上没有说明使用定量和定性分析滤纸过滤沉淀时应注意:

①常压过滤时利用滤纸体和截留固体微粒的能力,使液体和固体分离。

②由于滤纸的机械强度和韧性都较小,尽量少用抽滤的办法过滤,如必须加快过滤速度,为防止穿滤而导致过滤失败,在气泵过滤时,可根据抽力大小在漏斗中叠放 2 ~ 3 层滤纸。在用真空抽滤时,在漏斗中先垫一层致密滤布,上面再放滤纸过滤。

③滤纸最好不要过滤热的浓硫酸或硝酸溶液。

3. 层析定性分析滤纸

层析定性分析滤纸主要是在纸色谱分析法中用作担体,进行待测物的定性分离。层析定性分析滤纸有 1 号和 3 号两种,每种又分为快速、中速和慢速三种。

4. 定量滤纸和定性滤纸用途的区别

①定性滤纸用于定性化学分析和相应的过滤分离,定量滤纸用于定量化学分析中质量法分析试验和相应的分析试验。

②定量滤纸的作用主要用于过滤后需要灰化称量分析实验,其每张滤纸灰化后的灰分质量是个定值。定性滤纸则用于一般过滤作用。

③定量滤纸和定性滤纸灰化后产生灰分的量不同,定性滤纸不超过 0.13%,定量滤纸不超过 0.000 9%。无灰滤纸是一种定量滤纸,其灰分小于 0.1 mg,这个质量在分析天平上可忽略不计。

5. 滤纸的选择

可以通过以下四种因素,决定选择使用哪种滤纸。

(1)硬度:滤纸在过滤时会变湿,一些长时间过滤的实验步骤应考虑使用湿水后较坚韧的滤纸。

(2)过滤效率:滤纸上渗水小孔的疏密程度及大小,影响着它的过滤效率。高效率的滤纸过滤速度快,而且分辨率也高。

(3)容量:过滤时积存的固体颗粒会阻塞滤纸上的小孔,因此渗水孔愈密集,也就表示其容量愈高,容许过滤的滤汶愈多。

(4)适用性:有些滤纸是采用特殊的制作步骤完成的,例如在检验医药中用于测定血液中的氮含量,必须使用无氮滤纸等。

6. 滤纸的使用

在实验中,滤纸多连同过滤漏斗或布氏漏斗等仪器一同使用。使用前需把滤纸折成合适的形状,常见的折法是把滤纸折成类似花的形状。滤纸的折叠程度愈高,能提供的表面面积亦愈高,过滤效果亦愈好,但要注意不要过度折叠而导致滤纸破裂。把引流的玻璃棒放在多层滤纸上,用力均匀,避免破坏滤纸。

第6章　无机化学实验基本测量仪器

6.1　酸度计（pH计）

酸度计是一种测量溶液pH值的常用仪器，又名pH计，主要用来测量液体介质的酸碱度值。测定时把电极插在被测溶液中，由于被测溶液的酸度（氢离子的浓度）不同而产生不同的电极电势，通过直流放大器放大，最后由读数显示器显示出被测溶液的pH值。酸度计还可以用来测定氧化还原电对的电极电位值。

实验室常用的酸度计有雷磁25型、pHS－2型和pHS－3型等。虽然型号较多、结构各异，但基本测量原理相同，下面主要介绍pHS－3C型数显酸度计。

6.1.1　基本原理

pHS－3C型数显酸度计由电极和精密电位计两部分组成。采用由测量电极及参比电极组合在一起的塑壳复合电极作为pH测量电极。当溶液中氢离子活度发生变化时，电极电动势也随之发生变化。电动势变化符合下列公式：

$$E = E_0 - \frac{2.302\,6RT}{F} \times \mathrm{pH}$$

式中　R——气体常数［8.314 J/(mol·K)］；

T——绝对温度［(273 ± t)K］；

F——法拉第常数（9.648×10^4 C/mol）；

E_0——电极系统零电位；

pH——表示被测溶液pH值。

由上式可知，E与pH值成线性关系。通过测量电动势的变化值，从而得到被测溶液的pH值。酸度计就是将测得的电动势直接以pH值在显示屏上显示出来，因而用酸度计可以直接测出溶液的pH值。

6.1.2　pHS－3C型数显酸度计介绍

pHS－3C型数显酸度计设置了稳定的定位调节器和斜率调节器。前者是用来抵消测量电池的起始电位，使仪器的示值与溶液的实际pH值相等，而后者通过调节放大器的灵敏度使pH值数量化。

(1)pHS－3C型数显酸度计的面板结构如图6－1所示。

①温度调节旋钮：用于补偿由于溶液温度不同时对测量结果产生的影响。因此在进行溶液pH校对时，必须将此旋钮调至该溶液的温度值上。

②斜率补偿旋钮：用于补偿电极转换系数。由于实际的电极系统不能达到理论转换系数(100%)，因此设置此调节旋钮是为了便于用两点校正法对电极系统进行pH校正，使仪

器能更精确地测量溶液的 pH 值。此旋钮仅在测量 pH 值及校对时使用。

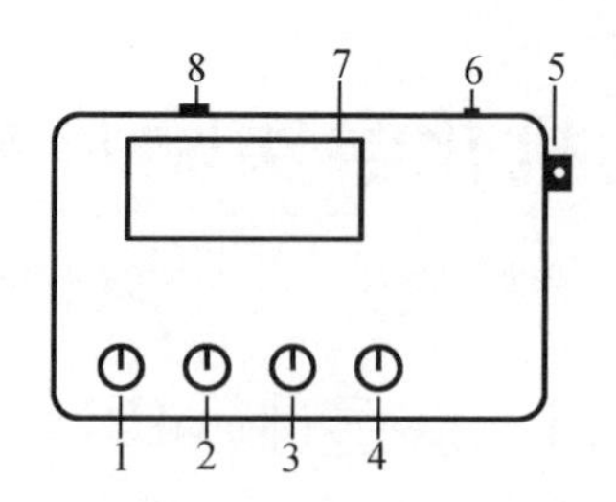

图 6－1　pHS－3C 型数显精密酸度计面板结构示意图

1—pH/mV 选择旋钮;2—温度补偿旋钮;3—斜率旋钮;
4—定位旋钮;5—电极架;6—电极插口;7—读数显示屏;8—电源开关

③定位调节旋钮:用于消除电极的不对称电势和液接电势对测量结果所产生的误差。在测量前,通过定位调节消除不对称电势和液接电势。此旋钮仅在测量 pH 值及校对时使用。

④选择旋钮:用于仪器测量功能的转换。当测量溶液 pH 值时,旋钮需打在 pH 挡。当测量电极电势值时,旋钮需打在 mV 挡。

(2)pH 复合电极的结构如图 6－2 所示。

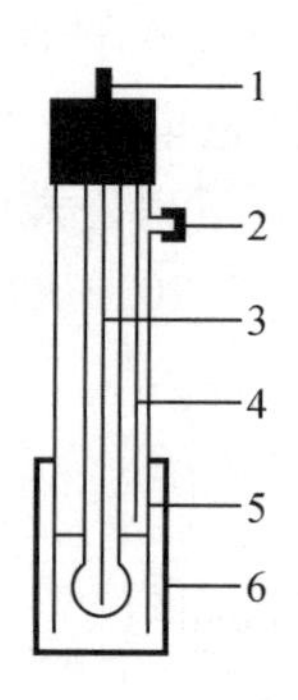

图 6－2　pH 复合电极结构示意图

1—导线;2—胶帽;3—内参比电极;4—外参比电极;5—保护栅;6—保护帽

pHS－3C 型数显酸度计使用的 pH 指示电极是玻璃电极和参比电极组合在一起的塑壳可充式复合电极,端部是泡状的敏感玻璃膜,内充含饱和 AgCl 的 3 mol/L KCl 参比溶液。玻璃膜两面的反映 pH 的电位差用 Ag－AgCl 传导系统导出。

pH 测量电极可产生正比于溶液 pH 值的 mV 电势。溶液 pH＝7 时,电势为 0 mV;溶液 pH＜7 时,电势为＋mV;溶液 pH＞7 时,电势为－mV。参比电极产生的电势与 pH 值无关。表 6－1 列出 pH 值与对应的玻璃电极相对于参比电极的输出电势的关系。

表 6－1　pH 值与对应的玻璃电极相对于参比电极的输出电势

pH	0	1	2	3	4	5	6	7
mV	414	355	296	236	177	118	59	0
pH	8	9	10	11	12	13	14	
mV	－59	－118	－177	－236	－296	－355	－414	

复合电极的主要部分是玻璃泡,玻璃泡为特殊组成的玻璃薄膜,敏感膜是用 SiO_2(72%)基质中加入 Na_2O(22%)和 CaO(6%)烧结而成的特殊玻璃膜,厚度约为 30 ~ 100 μm。在电极玻璃管中装有 pH 值一定的溶液,其中插入一根 Ag - AgCl 电极作为内参比电极。pH 玻璃电极可测定溶液 pH 值就在于玻璃膜与试液接触时会产生与待测溶液 pH 值有关的膜电位。

6.1.3 pHS -3C 型数显酸度计的使用

(1)开机:

①将电极架旋入电极架插座,调节电极夹到适当位置。

②将复合电极夹在电极夹上,取下电极前端的电极套。

③用蒸馏水清洗电极头部。

④电源插头插入电源插座,开启电源开关,预热 30 min。

(2)标定(一般情况下,在 24 h 内仪器不需要再标定):

①在测量电极插座处插上复合电极。

②把选择开关调到 pH 挡。

③调节温度补偿旋钮,使白线对准溶液温度值。

④把斜率调节旋钮顺时针旋到底(即调到 100% 位置)。

⑤把蒸馏水清洗过的电极插入 pH =6.86 的缓冲溶液中。

⑥调节定位调节旋钮,使仪器显示读数与该缓冲溶液当时温度下的 pH 值一致。

⑦用蒸馏水清洗电极后,再插入 pH =4.00(或 pH =9.18)的标准缓冲溶液中。调节斜率旋钮使仪器显示的读数与该缓冲溶液当时温度下的 pH 值相一致。

标定的缓冲溶液第一次用 pH =6.86 的溶液,第二次用接近被测溶液 pH 值的缓冲溶液。如果被测溶液为酸性,缓冲溶液应选 pH =4.00;如果被测溶液为碱性,那么选 pH = 9.18 的缓冲溶液。

⑧重复⑤ ~ ⑦操作,直至不用调节定位及斜率调节旋钮为止。

⑨完成标定,定位调节旋钮及斜率调节旋钮不能再有任何变动。

(3)测量 pH 值:

①用蒸馏水清洗电极头部,再用被测溶液润洗电极头部。

②用温度计测出被测溶液的温度值。

③调节温度调节旋钮,使白线对准被测溶液的温度值。

④把电极插入被测溶液内,用玻璃棒将溶液搅拌均匀后读出该溶液当时温度下的 pH 值。

(4)测量电极电势(mV)值:

①拔出测量电极插头,把选择开关调到 mV 挡。

注意:温度调节器、斜率调节器在测电极电势值时不起作用。

②接上各种适当的离子选择电极。

③用蒸馏水清洗电极,并用滤纸吸干。

④将电极插入被测溶液,搅拌均匀后,即可读出该离子选择电极电位 mV 值。

(5)维护:测量后,及时将电极套套上,电极套内应放少量内参比补充液(3 mol/L KCl)

以保持电极球泡的湿润。切忌浸泡在蒸馏水中。

(6)主要技术性能:

①测量范围　pH =0.00 ~14.00。

②最小显示单位　pH =0.01。

③温度补偿范围　0 ~60 ℃。

6.1.4　复合电极的使用与维护

(1)复合电极短期内不用时,可充分浸泡在蒸馏水中。但若长期不用,应将其放于充满参比液的电极保护帽中。切忌用洗涤液或其他吸水性试剂浸洗。

(2)使用前,检查电极前端的球泡。正常情况下,电极应该透明而无裂纹,球泡内要充满溶液,不能有气泡存在。

(3)测量浓度较大的溶液时,尽量缩短测量时间,用后仔细清洗,防止被测液粘在电极上而污染电极。

(4)清洗电极后,不要用滤纸擦拭玻璃膜,而应用滤纸吸干, 避免损坏玻璃薄膜,影响测量精度。

(5)测量中注意电极的 Ag - AgCl 内参比电极应浸入到球泡内氯化物缓冲溶液中,避免电极显示部分出现数字乱跳现象。使用时,注意将电极轻轻甩几下。

(6)电极不能用于测量强酸、强碱或其他腐蚀性溶液的 pH 值。

(7)严禁在脱水性介质如无水乙醇、重铬酸钾等溶液中使用。

6.1.5　缓冲溶液 pH 值与温度关系对照表

缓冲溶液 pH 值与温度的关系如表 6 -2 所示。

表 6 -2　缓冲溶液 pH 值与温度关系对照表

温度/℃	0.05 mol/L 邻苯二甲酸氢钾	0.025 mol/L 混合物磷酸盐	0.01 mol/L 四硼酸钠
5	4.00	6.95	9.39
10	4.00	6.92	9.33
15	4.00	6.90	9.28
20	4.00	6.88	9.23
25	4.00	6.86	9.18
30	4.01	6.85	9.14
35	4.02	6.84	9.11
40	4.03	6.84	9.07
45	4.04	6.84	9.04
50	4.06	6.83	9.03
55	4.07	6.83	8.99
60	4.09	6.84	8.97

6.2　电导率仪

电导率仪是用于测量电解质溶液的电导率的仪器。化学实验室中常用的电导率仪的型号主要是 DDS－11A 型电导率仪,是一种数字显示精密电导率仪。除可测量电解质溶液的电导率外,当配以合适规格常数的电导电极时,仪器还可以测量高纯水的电导率。DDS－11A 型电导率仪的面板结构如图 6－3 所示。

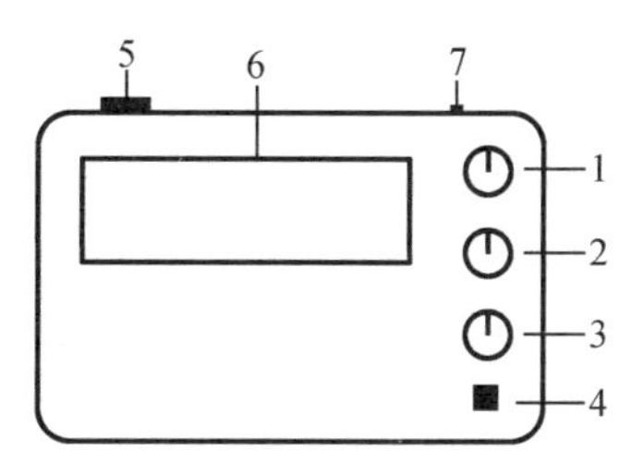

图 6－3　DDS－11A 型电导率仪面板结构示意图

1—量程旋钮;2—常数调节旋钮;
3—温度补偿旋钮;4—校准/测量按键;
5—电源开关;6—读数显示屏;7—电极插口

6.2.1　基本原理

对电解质溶液,常用两片固定在玻璃上的平行的电极组成电导池(又称电导电极),浸入待测的电解质溶液中测定其电导。电解质溶液的电导 G 除与电解质种类、溶液的浓度及温度等有关外,还与所使用的电极的面积 A、两电极间的距离 l 有关,其关系式为

$$G=\kappa\frac{A}{l},\quad \kappa=G\frac{l}{A}$$

其中,κ 为电导率,表示电解质导电能力的大小。在电导池中,电极距离和面积是一定的,所以对某一电极来说,l/A 是常数,被称为电极常数。

不同的电极,其电极常数不同,因此测出同一电解质溶液的电导 G 也不同。电导率 κ 与电极本身无关,因此通过上述公式将电导 G 换算成电导率 κ,于是可以用电导率来比较溶液电导的大小。

由于电导率与溶液中电解质的浓度成正比,因此通过测量电解质溶液的电导率,可以测得电解质的浓度。

电导率仪的工作原理如图 6－4 所示。

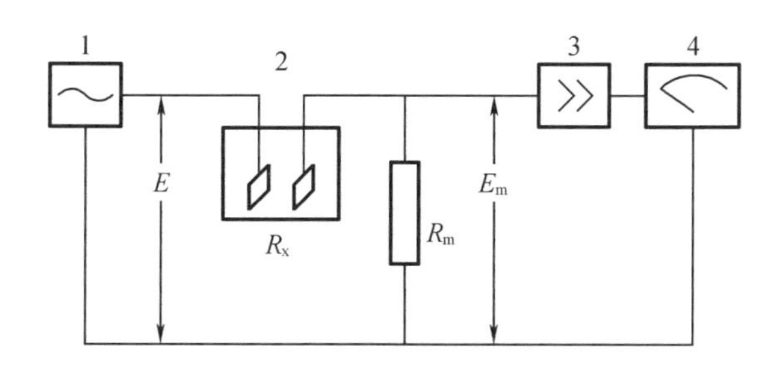

图 6－4　电导率仪测量原理示意图

1—振荡器;2—电导池;3—放大器;4—显示屏

电源通过稳压器输出一个稳定的直流电压供给振荡器,振荡器将产生的标准电压 E 送至电导池 R_x 与量程电阻(分压电阻)R_m 的串联回路里,电导池里的电解质溶液电导愈大,

R_x 愈小,R_m 获得的电压 E_m 也就愈大,即

$$E_m = \frac{ER_m}{R_m + R_x} = ER_m + \left(R_m + \frac{K_{cell}}{\kappa}\right)$$

其中,K_{cell}为电导池常数,当 E,R_m 和 K_{cell}均为常数时,由电导率 κ 的变化必将引起 E_m 作相应变化,所以测量 E_m 的大小,将 E_m 送至交流放大器放大,再经过信号整流,将获得的直流信号输出,从显示屏直接读出电导率值。

6.2.2　测量范围

(1)仪器量程分成五挡,各挡量程间采用波段开关手动切换。当选用规格常数 $J_0 = 1$ 电极测量时,其量程显示范围如表 6－3 所示。

表 6－3　量程显示范围

量程挡位	测量范围	分辨率
2 μS/cm	(0.001 ~2) μS/cm	0.001 μS/cm
20 μS/cm	(0.01 ~20) μS/cm	0.01 μS/cm
200 μS/cm	(0.1 ~200) μS/cm	0.1 μS/cm
2 mS/cm	(0.001 ~2) mS/cm	0.001 mS/cm
20 mS/cm	(0.01 ~20) mS/cm	0.01 mS/cm

(2)配套电极:DJS－1 型光亮电极、DJS－1 型铂黑电极、DJS－10 型铂黑电极。光亮电极用于测量较小的电导率(0 ~ 10 μS/cm)。铂黑电极用于测量较大的电导率(10 ~ 105 μS/cm)。通常使用铂黑电极,因为它的表面比较大,这样降低了电流密度,减少或消除了极化。但在测量低电导率溶液时,铂黑对电解质有强烈的吸附作用,出现不稳定的现象,这时宜使用光亮铂电极。

6.2.3　仪器操作方法

(1)开机:接通电源,仪器需预热 20 ~30 min。

(2)温度补偿:调温度补偿旋钮,使其指向待测溶液的实际温度,此时测量得到的是待测溶液经过温度补偿后折算为 25 ℃下的电导率值。若将温度补偿旋钮指向 25 刻度线,那么测量的是待测溶液在当时温度下未经补偿的原始电导率值。

(3)校准:将校准/测量键按下使仪器处于校准状态,将量程旋钮指向 2 μS/cm(电极仍浸泡在初始的蒸馏水中),调节常数旋钮,使仪器显示所用电极的常数值。

(4)测量:弹起校准/测量键使仪器处于测量状态,将量程旋钮置于合适量程(注意:不可超量程测量),待仪器显示屏数值稳定后,该数值即为被测溶液在一定温度下的电导率值。

(5)关机:仪器使用完毕,先关闭电源开关。然后将测量电极用蒸馏水冲洗干净,用滤纸吸干水分,归回原处。

6.2.4　仪器使用注意事项

(1)电极引线不可受潮,电极应置于清洁干燥的环境中保存。

(2)测量时,为保证样液不被污染,电极应用去离子水(或二次蒸馏水)冲洗干净,并用样液适量冲洗。

(3)当样液介质电导率小于 1 μS/cm 时,应加测量槽作流动测量。

(4)选用仪器量程挡时,原则上是能在低一挡量程内测量的,不放在高一挡测量。在低挡量程内,若已超量程,仪器显示屏左侧第一位显示1(溢出显示)。此时,再选高一挡测量。

6.3　分光光度计

分光光度计是一种利用物质分子对光有选择性吸收而进行定性、定量分析的光学仪器,根据选择光源的波长不同,分光光度计可分为可见分光光度计、紫外分光光度计和红外分光光度计。

6.3.1　基本原理

光是一种电磁波,具有一定的波长和频率。可见光因波长不同呈现不同颜色,这些波长在一定范围内呈现不同颜色的光称为单色光。太阳或钨丝等发出的白光是复合光,是各种单色光的混合光。利用棱镜可将白光分成按波长顺序排列的各种单色光,即红、橙、黄、绿、青、蓝、紫等,这就是光谱。

有色物质溶液在光的照射激发下,可产生对光吸收的效应,物质对光的吸收是具有选择性的。由于物质的分子结构不同,对光的吸收能力不同,因此每种物质都有特定的吸收光谱。当一束单色光通过一定厚度吸收层溶液时,其能量会被吸收而减弱,如图6-5所示。

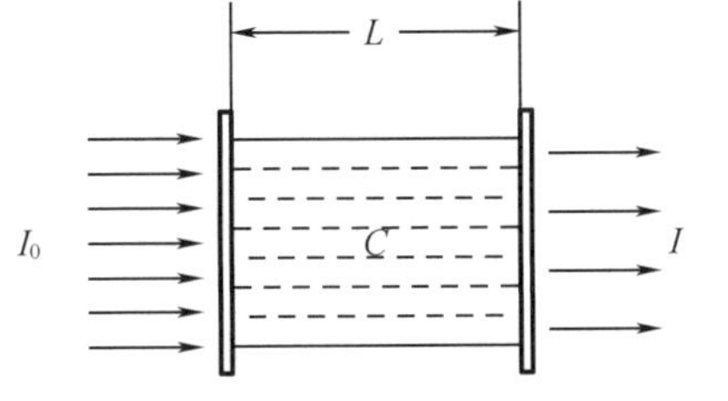

图6-5　光吸收原理示意图

I_0—入射光强度;I—透射光强度;
L—液层厚度;C—溶液的浓度

有色物质溶液对光能量的吸收程度可以用吸光度 A 和透光率 T 表示,其定义分别为

$$A = \lg \frac{I_0}{I}, T = \frac{I}{I_0}$$

$$A = -\lg T$$

有色物质溶液对光能量的吸收程度和物质的浓度有一定的比例关系,它们之间的关系符合比色原理——朗伯比尔定律,即当某一束平行单色光通过单一均匀的、非散射的吸光物质溶液时,溶液的吸光度 A 与溶液的浓度 C 和液层的厚度 L 之积成正比:

$$A = \varepsilon LC$$

其中,ε 为摩尔吸收系数,它与入射光波长、溶液的组成和温度有关。如果摩尔吸收系数不变,液层的厚度固定,进行吸光物质溶液的吸光度测定,则溶液的吸光度 A 只与溶液的浓度 C 成正比。分光光度法就是利用物质的这种吸收特征对不同物质进行定性或定量分析的方法。

在比色分析中,有色物质溶液颜色的深度决定于入射光的强度、有色物质溶液的浓度及液层的厚度。当一束单色光照射溶液时,入射光强度愈强,溶液浓度愈大,液层厚度愈厚,溶液对光的吸收愈多,它们之间的关系符合物质对光吸收的定量定律——朗伯比尔定律。这就是分光光度法用于物质定量分析的理论依据。

6.3.2 721 型分光光度计简介

(1)721 型分光光度计光学系统:721 型分光光度计采用自准式光路,单光束方法,其波长范围为 360 ~800 nm,用钨丝白炽灯泡作为光源,其光学系统如图 6 -6 所示。

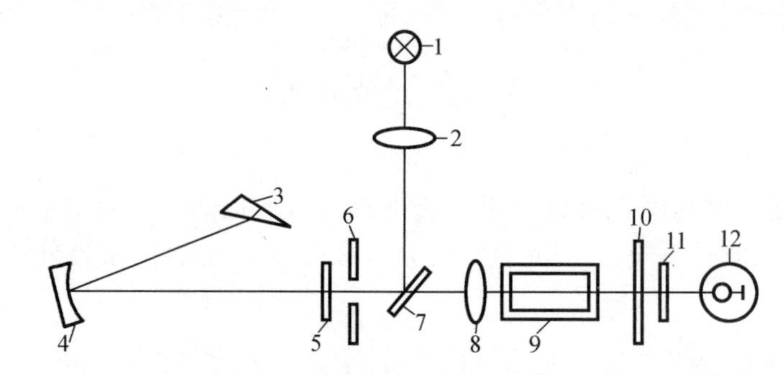

图 6 -6 721 型分光光度计光路结构示意图

1—光源灯;2—聚光透镜;3—色散棱镜;4—准直镜;5—保护玻璃;6—狭缝;
7—反射镜;8—聚光透镜;9—吸收池;10—光门板;11—保护玻璃;12—光电管

721 型分光光度计从光源灯发出的连续辐射光线,射到聚光透镜上汇聚后,再经过平面镜转角 90°,反射至入射狭缝。由此入射到单色器内,狭缝正好位于球面准直物镜的焦面上,当入射光线经过准直物镜反射后,就以一束平行光射向棱镜。光线进入棱镜后,进行色散。色散后回来的光线,再经过准直镜反射,就汇聚在出光狭缝上,再通过聚光镜后进入比色皿,光线一部分被吸收,透过的光进入光电管,产生相应的光电流,经放大后在微安表上读出。

(2)721 型分光光度计的外形构造:721 型分光光度计允许的测定波长范围在 360 ~800 nm,其构造比较简单,测定的灵敏度和精密度较高,其外形结构如图 6 -7 所示。

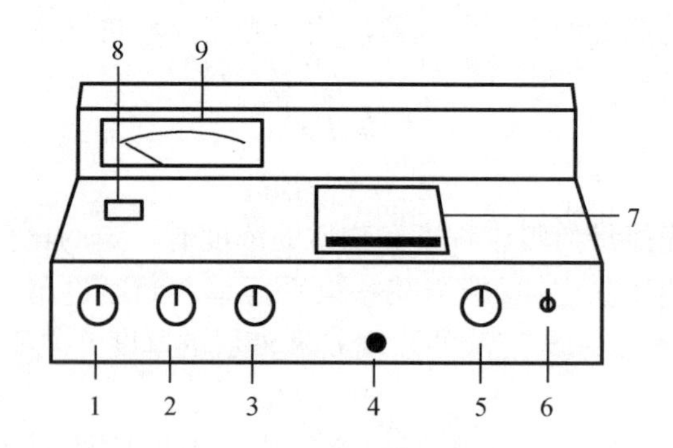

图 6 -7 721 型分光光度计外部结构示意图

1—波长旋钮;2—调“0”旋钮;3—调“100”旋钮;4—比色架拉杆;
5—灵敏度旋钮;6—电源开关;7—样品室箱盖;8—波长窗口;9—读数表盘

6.3.3 721 型分光光度计的使用

(1)在接通电源之前,读数表盘上的指针必须位于 0 刻度上。若指针不在 0 刻度上,必须先进行机械调零。用小螺丝刀旋动电表上的校正螺丝调节到位。

(2)打开样品室盖和电源开关,使光电管在无光照射的情况下预热20 min。

(3)调节波长旋钮,调到所需要的波长。

(4)调节灵敏度旋钮至合适的挡位。通常先放在"1"挡,因为这一挡最稳定。当在此挡位调节"100"旋钮不能至100时,再逐步升高挡位。

(5)样品室盖在开启状态下调节"0"旋钮使透光度 $T=0$。

(6)将盛有空白液的比色皿放入比色皿架的第一格内,盖上样品室盖,调节"100"旋钮至透光度 $T=100$。

(7)反复调节"0""100"旋钮,直到关闭光门和打开光门时指针分别指在 T 值为0刻度和100刻度处为止。

(8)测定:将待测液依次放在其他格内。拉动比色皿架的拉杆,使待测液依次进入光路,读出吸光度值。读数后应立即打开样品室盖。

(9)测定完,关闭电源开关。取出比色皿,将比色皿用蒸馏水冲干净,放入烧杯中浸泡。各调节旋钮恢复至原来位置。

6.3.4　721型分光光度计使用注意事项

(1)该仪器应放在干燥的房间内,使用时放置在坚固平稳的工作台上。室内照明不宜太强。热天时不能用电扇直接向仪器吹风,防止灯泡灯丝发亮不稳定。

(2)使用比色皿时,必须拿毛玻璃的两面,并且必须用擦镜纸擦干透光面,以保护透光面不受损坏或产生斑痕。在用比色皿装液前必须用所装溶液冲洗3次,以免改变溶液的浓度。比色皿在放入比色皿架时,应尽量使它们的前后位置一致,以减小测量误差。

(3)测量时如果大幅度改变测试波长时,需稍等片刻(因钨丝灯在急剧改变亮度后,需要一段热平衡时间),等灯热平衡后,重新校正"0"和"100",然后再进行测量。

(4)灵敏度挡选择原则是在能使参比溶液调到 $T=100$ 处时,尽量使用灵敏度较低的挡,以提高仪器的稳定性。改变灵敏度挡后,应重新调"0"和"100"。

(5)根据溶液浓度大小选择不同光程长度的比色皿。

(6)在仪器底部有两只干燥剂筒,应经常检查。发现干燥剂失效时,应立即更换或烘干后再用。比色皿暗箱内的硅胶也应定期取出烘干后再放回原处。

(7)为了避免仪器积灰和受潮,仪器在停止工作期间,应在样品室内放置防潮硅胶袋并用罩子罩住仪器。仪器在工作几个月或经搬动后,要检查波长的准确性,以确保仪器的正常使用和测定结果的可靠性。

第三部分
无机化学实验

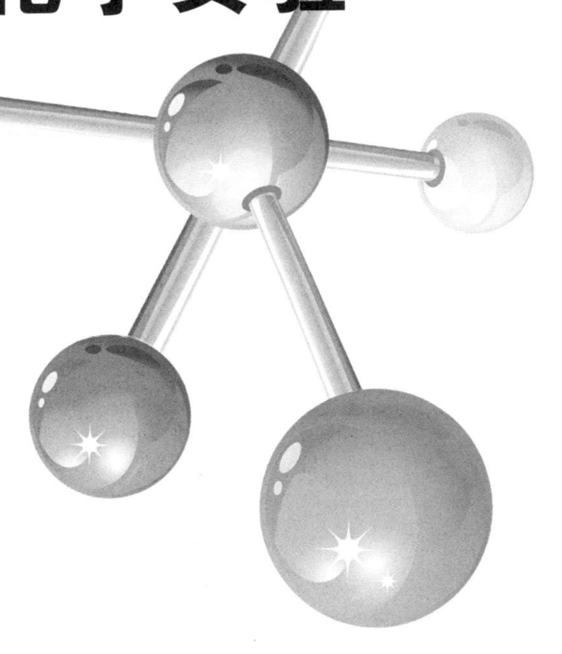

第7章　化学基本原理与反应特征常数测定

实验一　化学反应速率与活化能的测定

【实验目的】

1. 了解浓度和温度对化学反应速率的影响。

2. 掌握过二硫酸铵与碘化钾反应的反应速率、反应级数、速率常数和活化能的测定方法及原理。

3. 学习水浴加热操作，掌握恒温水浴、温度计和秒表的正确使用方法。

4. 练习用作图法处理实验数据。

【实验原理】

活化能在化学反应中是一个重要的参数，根据活化能的大小可判断化学反应进行的快慢。活化能的大小可由实验来测定，不同的化学反应有不同的活化能。活化能越大，在一定温度下反应速率越慢；反之，活化能越小，在一定温度下反应速率越快。

化学反应速率通常用单位时间内反应物浓度的减小或生成物浓度的增加来表示。本实验中过二硫酸铵与碘化钾反应的反应速率是通过一个计时反应测定反应物 $S_2O_8^{2-}$ 浓度变化来确定的。

过二硫酸铵溶液与碘化钾溶液反应的离子方程式为

$$S_2O_8^{2-}+3I^- = 2SO_4^{2-}+I_3^- \tag{1}$$

该反应的平均反应速率可表示为

$$v=-\frac{\Delta[S_2O_8^{2-}]}{\Delta t}=k[S_2O_8^{2-}]^m[I^-]^n$$

式中　$\Delta[S_2O_8^{2-}]$——$S_2O_8^{2-}$ 浓度的改变值；

Δt——反应所用的时间；

$[S_2O_8^{2-}]$ 和 $[I^-]$——$S_2O_8^{2-}$ 和 I^- 两种离子的起始浓度；

k——反应速率常数；

m 和 n——反应级数。

为了能够测定在一定时间（Δt）内 $S_2O_8^{2-}$ 浓度的变化量，在将 $(NH_4)_2S_2O_8$ 溶液和 KI 溶液混合的同时，需要加入一定体积已知浓度的 $Na_2S_2O_3$ 溶液及作为指示剂的淀粉溶液。这样当 $S_2O_8^{2-}$ 与 I^- 反应刚产生 I_3^- 时，$S_2O_3^{2-}$ 立即与 I_3^- 反应：

$$2S_2O_3^{2-}+I_3^- = S_4O_6^{2-}+3I^- \tag{2}$$

由于反应(2)进行得非常快，几乎瞬间完成，而反应(1)却缓慢得多，所以反应(1)生成的 I_3^- 立即与 $S_2O_3^{2-}$ 作用，生成无色的 $S_4O_6^{2-}$ 和 I^-。因此，在反应开始一段时间内，看不到碘与淀粉作用显示出的特有蓝色，当 $Na_2S_2O_3$ 一旦耗尽，则由反应(1)继续产生的微量 I_3^- 就很快与淀粉作用使溶液呈蓝色。从上述两个反应式可以看出，$S_2O_8^{2-}$ 减少的量为 $S_2O_3^{2-}$

减少量的一半,即

$$-\Delta[S_2O_8^{2-}]=-\frac{\Delta[S_2O_3^{2-}]}{2}$$

由于在 Δt 时间内 $S_2O_3^{2-}$ 全部耗尽,浓度近似为零,所以 $\Delta[S_2O_3^{2-}]$ 实际上就是反应开始时 $Na_2S_2O_3$ 的浓度。在本实验中,每份混合液中 $Na_2S_2O_3$ 的起始浓度都是相同的,因此 $\Delta[S_2O_3^{2-}]$ 是不变的。这样,只要准确记录下从反应开始到溶液出现蓝色所需要的时间(Δt),便可以计算一定温度下的平均反应速率:

$$v=-\frac{\Delta[S_2O_8^{2-}]}{\Delta t}=-\frac{[S_2O_3^{2-}]}{2\Delta t}$$

根据不同浓度下测得的反应速率,即可计算出该反应级数 m 和 n。

根据平均速率代替瞬时速率的速率方程可求得一定温度下的反应速率常数:

$$k=\frac{v}{[S_2O_8^{2-}]^m[I^-]^n}=-\frac{\Delta[S_2O_3^{2-}]}{2\Delta t[S_2O_8^{2-}]^m[I^-]^n}$$

根据阿仑尼乌斯方程,反应速率常数 k 和反应温度 T 之间的关系为

$$\lg k=\frac{E_a}{2.303RT}+\lg A$$

式中 E_a——反应活化能;

R——摩尔气体常数(8.314 J/mol · K);

A——给定反应的特征常数。

只要测出不同温度时的 k 值,以 $\lg k$ 对 $1/T$ 作图,得到一条直线,设直线斜率为 x,则

$$x=-\frac{E_a}{2.303R}$$

求得反应活化能 $E_a=-2.303Rx$,或者可以通过两个温度 T_1,T_2 下的速率常数 k_1,k_2,求得反应活化能 E_a 为

$$\lg\frac{k_2}{k_1}=\frac{E_a}{2.303R}\left(\frac{1}{T_1}-\frac{1}{T_2}\right)$$

【仪器与试剂】

仪器:烧杯、锥形瓶、试管、玻璃棒、量筒、温度计、秒表、恒温水浴箱。

试剂:KI(0.20 mol/L),$Na_2S_2O_3$(0.01 mol/L),$(NH_4)_2S_2O_8$(0.20 mol/L),$(NH_4)_2SO_4$(0.20 mol/L),KNO_3(0.20 mol/L),淀粉溶液(0.2%)。

【实验内容】

1.浓度对反应速率的影响

在室温下,用3个量筒分别量取0.20 mol/L的KI溶液20 mL,0.01 mol/L的 $Na_2S_2O_3$ 溶液8 mL和0.2%淀粉溶液4 mL,全部加到150 mL锥形瓶中,搅拌混合均匀。再用另一个量筒量取0.20 mol/L的 $(NH_4)_2S_2O_8$ 溶液20 mL,快速加到盛混合溶液的150 mL锥形瓶中,同时按动秒表,并不断搅拌,仔细观察。当溶液刚出现蓝色时,立即停止计时,记录反应时间和室温。

用同样的方法按表7-1中的用量,完成2~5编号实验。为了使每次实验中溶液的离子强度和总体积保持不变,所减少的KI或 $(NH_4)_2S_2O_8$ 的用量可分别用0.20 mol/L的 KNO_3 溶液和0.20 mol/L的 $(NH_4)_2SO_4$ 溶液来调整。

2. 温度对反应速率的影响及活化能的测定

按表 7－1 中的实验编号 4 的用量，分别量取 KI，$Na_2S_2O_3$，KNO_3 和淀粉溶液，加入到 100 mL 干燥的小烧杯中。再量取 $(NH_4)_2S_2O_8$ 溶液加入到另一只干燥的烧杯中，并将两只烧杯同时放在冰水浴中冷却。待两种溶液温度都冷却至低于室温 10 ℃时，将 $(NH_4)_2S_2O_8$ 溶液迅速加入到 KI 混合溶液中，立即计时，并不断搅拌，当溶液刚出现蓝色，即停止计时，记录反应时间。

利用热水浴在高于室温 10 ℃和 20 ℃的条件下，重复上述实验，并记录反应时间。

将上述三个温度下的反应时间和实验编号 4 室温下测得的反应时间一并计入表 7－2 中，这样共得到四个温度下的反应时间。

【数据记录与处理】

1. 数据记录

表 7－1　浓度对反应速率的影响　　室温______℃

	实验编号	1	2	3	4	5
试剂用量 /mL	0.20 mol/L $(NH_4)_2S_2O_8$	20.0	10.0	5.0	20.0	20.0
	0.20 mol/L KI	20.0	20.0	20.0	10.0	5.0
	0.01 mol/L $Na_2S_2O_3$	8.0	8.0	8.0	8.0	8.0
	0.2% 淀粉	4.0	4.0	4.0	4.0	4.0
	0.20 mol/L KNO_3	0	0	0	10.0	15.0
	0.20 mol/L $(NH_4)_2SO_4$	0	10.0	15.0	0	0
反应物的起始浓度 /mol·L^{-1}	$(NH_4)_2S_2O_8$					
	KI					
	$Na_2S_2O_3$					
反应时间 Δt/s						
$\Delta[S_2O_8^{2-}]$/mol·L^{-1}						
反应速率 v/mol·L^{-1}·s^{-1}						
反应速率常数 k						

表 7－2　温度对反应速率的影响

实验编号	4	6	7	8
反应温度/℃				
反应时间/s				
反应速率 v/mol·L^{-1}·s^{-1}				
反应速率常数 k				
$\lg k$				
$1/T$				
反应活化能 E_a				

2. 数据处理

(1)反应级数的计算:将表 7-1 中实验编号 1 和实验编号 3 的结果分别代入下式,有

$$v=-\frac{\Delta[S_2O_8^{2-}]}{\Delta t}=k[S_2O_8^{2-}]^m[I^-]^n$$

即可得到

$$\frac{v_1}{v_3}=\frac{k[S_2O_8^{2-}]_1^m[I^-]_1^n}{k[S_2O_8^{2-}]_3^m[I^-]_3^n}$$

由于$[I^-]_1=[I^-]_3$,所以

$$\frac{v_1}{v_3}=\frac{[S_2O_8^{2-}]_1^m}{[S_2O_8^{2-}]_3^m}$$

v_1,v_3,$[S_2O_8^{2-}]_1$和 $[S_2O_8^{2-}]_3$均是已知数,代入数据即可求出 m。用同样方法把实验编号 1 和实验编号 5 的结果代入,可得

$$\frac{v_1}{v_5}=\frac{k[S_2O_8^{2-}]_1^m[I^-]_1^n}{k[S_2O_8^{2-}]_5^m[I^-]_5^n}$$

由于$[S_2O_8^{2-}]_1=[S_2O_8^{2-}]_5$,所以

$$\frac{v_1}{v_5}=\frac{[I^-]_1^n}{[I^-]_5^n}$$

由上式可求出 n。再由 m 和 n 得到反应的总级数($m+n$)。

$n=$________; $m=$________;

$m+n=$________。

(2)反应速率常数 k 的计算:将 v,m 和 n 代入 $v=k[S_2O_8^{2-}]^m[I^-]^n$,即可求出反应速率常数 k,将计算所得结果分别填入表7-1和表 7-2 中。

(3)反应活化能的计算:根据表 7-2 中的数据,以 $1/T$ 为横坐标,$\lg k$ 为纵坐标作图,绘制出一条直线,由直线斜率可求出反应的活化能 E_a,将计算所得结果填入表 7-2 中。

3. 误差分析

【注意事项】

1. 据实际的用量选择合适量程的量筒,量筒不能混用,最好能给每个量筒贴上标签。

2. 本实验对试剂的要求:KI 溶液应无色透明;淀粉溶液要求新鲜配制;所配置的$(NH_4)_2S_2O_8$ 溶液的 pH 值不能小于 3,否则不适合本实验使用。

3. $(NH_4)_2S_2O_8$ 一定要最后加,同时快速按下秒表。

4. $(NH_4)_2S_2O_8$ 溶液与其余混合液应在同温下混合,并需注意溶液从混合到变蓝的温度应保持不变。

【思考题】

1. 根据反应式是否能够直接确定反应级数,为什么?试用本实验的结果加以说明。

2. 在浓度对反应速率影响的实验中,有些溶液中加入了 KNO_3 或 $(NH_4)_2SO_4$,其目的是什么?

3. 反应中加定量的 $Na_2S_2O_3$ 的目的是什么?加过多或过少,对实验结果有何影响?

4. 下列情况对实验结果有什么影响?

(1)取用溶液的量筒没有分开专用;

(2)先加 $(NH_4)_2SO_4$ 溶液,最后加 KI 溶液;

(3)慢慢加入 $(NH_4)_2SO_4$ 溶液。

5. 若不用 $S_2O_8^{2-}$ 而用 I^- 或 I_3^- 的浓度变化来表示反应速率,则反应速率常数 k 是否一样?

6. 为什么可以由反应液出现蓝色的时间来表示反应速率?反应液出现蓝色后,反应是否就终止了?

7. 根据实验结果,说明浓度和温度是如何影响反应速率及反应速率常数的?

【预习内容】

1. 浓度和温度对化学反应速率的影响。

2. 反应速率常数和活化能的意义、反应速率常数与活化能的关系。

实验二　氯化铵生成焓的测定

【实验目的】

1. 掌握测量物质生成焓的一般方法。

2. 通过物质生成焓的计算,进一步熟悉盖斯(G. H. Hess)定律的应用。

3. 掌握天平和移液管的规范操作。

【实验原理】

化学反应总是伴随着能量的变化,这种能量的变化通常表现为热效应。

在等温等压下,由稳定的纯态单质生成单位物质的量的某物质时,其反应热称为该物质的生成焓。在等温等压条件下,由稳定的纯态单质在 100 kPa 的标准状态下,生成单位物质的量的某物质时的等压反应热(焓变),称为该物质的标准摩尔生成焓,以符号 $\Delta_f H_m^\ominus$ 表示。有些物质往往不能由单质直接生成,这些物质的生成焓则无法直接测定,只能靠间接的方法,通过盖斯定律求得该物质的生成焓。

$NH_4Cl(s)$ 的生成可以通过下列不同的途径来实现:

(始态)　　　　　　　　　　　　(终态)

$$\frac{1}{2}N_2(g)+\frac{3}{2}H_2(g)+\frac{1}{2}H_2(g)+\frac{1}{2}Cl_2(g)\xrightarrow{\Delta H_m^\ominus}NH_4Cl(s)$$

$\frac{1}{2}N_2(g)+\frac{3}{2}H_2(g)$ —— $\Delta H_1^\ominus$, $H_2O(l)$ ——→ $NH_3(aq)$

$\frac{1}{2}H_2(g)+\frac{1}{2}Cl_2(g)$ —— $\Delta H_2^\ominus$, $H_2O(l)$ ——→ $HCl(aq)$

$NH_4Cl(s)$ ⇅ $NH_4Cl(aq)$: $H_2O(l)$, $\Delta H_4^\ominus$; $-\Delta H_4^\ominus$

$$NH_3(aq)+HCl(aq)\xrightarrow{\Delta H_3^\ominus}NH_4Cl(aq)$$

根据盖斯定律:

$$\Delta H_1^\ominus+\Delta H_2^\ominus+\Delta H_3^\ominus+(-\Delta H_4^\ominus)=\Delta_f H_m^\ominus$$

$$\Delta_f H_m^\ominus=\Delta H_1^\ominus+\Delta H_2^\ominus+\Delta H_3^\ominus-\Delta H_4^\ominus$$

已知:

$$\Delta H_1^\ominus=-81.2\ \text{kJ/mol}$$

$$\Delta H_2^\ominus=-165.1\ \text{kJ/mol}$$

用量热器分别测定 $NH_3\cdot H_2O(aq)$ 与 $HCl(aq)$ 反应的中和焓和 $NH_4Cl(s)$ 的溶解焓,

通过盖斯定律即可计算出 $NH_4Cl(s)$ 的标准摩尔生成焓。

量热器是用来测定反应热的装置。本实验采用杯式量热器来测定反应焓,为了提高实验的准确度,减小实验误差,本实验要求:

(1)$NH_3 \cdot H_2O$ 与 HCl 的中和反应,宜在 $NH_3 \cdot H_2O$ 与 HCl 的稀溶液中进行。

(2)实验必须在保温效果良好的量热器中进行,以尽量减少热量的散失。

$NH_3 \cdot H_2O(aq)$ 与 HCl(aq)反应的中和焓和 $NH_4Cl(s)$ 的溶解焓可以通过溶液的比热容和反应过程中溶液温度的改变来计算:

$$\Delta H = -\Delta t \cdot C \cdot V \cdot d \cdot \frac{1}{n} \cdot \frac{1}{1\ 000}$$

式中 ΔH——反应的焓变(中和焓或溶解焓),kJ/mol;

Δt——反应前后的温差,℃;

C——溶液比热容,J/(g·K);

V——溶液的体积,mL;

d——溶液的密度,g/mL;

n——NH_4Cl 的物质的量,mol。

【实验装置图】

实验装置如图 7-1 所示。

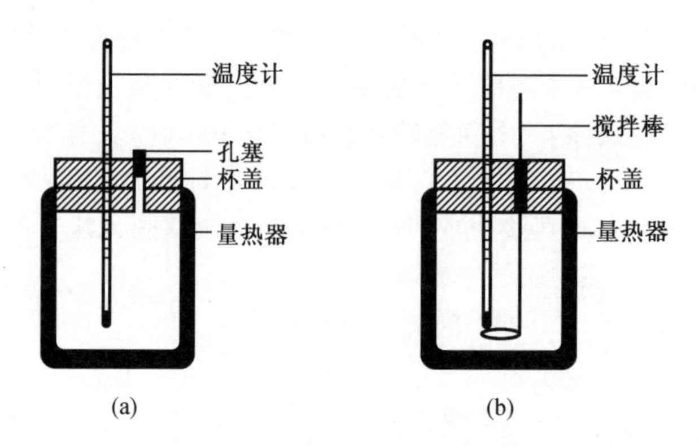

图 7-1 杯式量热器结构示意图

(a)无搅拌棒杯式量热器;(b)带搅拌棒杯式量热器

【仪器与试剂】

仪器:杯式量热器、精确度为 0.1 ℃温度计、天平、秒表、烧杯(100 mL)、移液管(50 mL)、环形搅拌棒。

试剂:HCl 溶液(1.5 mol/L),$NH_3 \cdot H_2O$(1.6 mol/L),$NH_4Cl(s)$。

【实验内容】

1. 中和焓的测定

(1)用 50 mL 移液管移取 1.5 mol/L HCl 溶液 50.00 mL,置于洁净干燥的杯式量热器中,插好温度计,盖好量热器盖,如图 7-1(a)所示。沿水平方向不断摇动量热器至溶液的温度恒定不变为止(约需 5 min)。读取温度计值,将中和反应前溶液的温度记录于表 7-3 中。

(2)用 50 mL 移液管移取 1.6 mol/L $NH_3 \cdot H_2O$ 溶液 50.00 mL,将量取液从量热计盖上的小孔中放入量热器中,立即盖好孔塞,继续沿水平方向不断摇动量热器至溶液的温度恒定不变为止。读取温度计值，将中和反应后溶液的最高温度记录于表7－3中。

(3)测定完毕，将反应产物 NH_4Cl 溶液倒入回收瓶中，洗净温度计和量热器并用滤纸吸干，备用。

2. 溶解焓的测定

(1)在天平上准确称取10.0g $NH_4Cl(s)$，备用。

(2)用移液管准确移取100.00 mL 去离子水，置于量热器中，在量热器盖上的小孔中安装环形搅拌棒，盖好量热器盖，如图7－1(b)所示。不断搅拌并摇动量热器至水温保持恒定不变为止(约需5 min)，读取温度计值，将溶解前的水温记录于表7－4中。

(3)迅速将称量备用的10 g $NH_4Cl(s)$ 倒入量热器中，立即盖紧量热器盖。不断搅拌并沿水平方向摇动量热器，促使固体溶解，直至溶液的温度降至恒定不变为止。读取温度计值，将溶解后溶液的最低温度记录于表7－4中。

(4)测量完毕，将杯式量热器中的 NH_4Cl 溶液倒入回收瓶中，清洗量热器、温度计和搅拌棒，塞好量热器盖的孔塞。

【数据记录与处理】

1. 数据记录

表7－3　中和焓的测定数据表

<table>
<tr><td rowspan="5">中和反应前</td><td rowspan="3">HCl 溶液</td><td>温度 T_1/℃</td><td></td></tr>
<tr><td>浓度/(mol/L)</td><td></td></tr>
<tr><td>体积/L</td><td></td></tr>
<tr><td rowspan="2">$NH_3 \cdot H_2O$ 溶液</td><td>浓度/(mol/L)</td><td></td></tr>
<tr><td>体积/L</td><td></td></tr>
<tr><td colspan="3">中和反应后溶液的最高温度 T_1/℃</td><td></td></tr>
<tr><td colspan="3">中和反应温升 $\Delta T = (T_2 - T_1)$/℃</td><td></td></tr>
</table>

表7－4　溶解焓的测定数据表

$NH_4Cl(s)$ 的摩尔质量/$g \cdot mol^{-1}$	
$NH_4Cl(s)$ 的质量/g	
NH_4Cl 溶解前去离子水的温度 t_1/℃	
NH_4Cl 溶解后溶液的最低温度 t_2/℃	
$\Delta t = (t_1 - t_2)$/℃	

2. 数据处理

(1)中和焓与溶解焓的计算

将数据代入下式中：

$$\Delta H = -\Delta t \cdot C \cdot V \cdot d \cdot \frac{1}{n} \cdot \frac{1}{1\ 000}$$

其中,溶液的比热容 $C \approx 4.18$ J/(g·K);NH_4Cl 溶液的密度 d≈1.00 g/mL;反应器的热容忽略不计。

$\Delta H_3^\ominus$ = ____________ kJ/mol。

$\Delta H_4^\ominus$ = ____________ kJ/mol。

(2)$NH_4Cl(s)$ 标准摩尔生成焓的计算

将数据代入下式:

$$\Delta_f H_m^\ominus = \Delta H_1^\ominus + \Delta H_2^\ominus + \Delta H_3^\ominus - \Delta H_4^\ominus$$

$\Delta_f H_m^\ominus$ = ____________ kJ/mol。

3. 误差分析

【注意事项】

1. 注意保护温度计。
2. 混合前,两种溶液的温度应尽量保持一致。
3. 混合和盖塞操作应迅速。
4. 实验要求在绝热、保温良好的量热器中进行,以确保热损失最小,使用量热计之前应洗涤干净,并用滤纸吸干水分。每次用完后要清洗干净才能继续下一个实验,否则会影响实验结果。

【思考题】

1. 怎样利用盖斯定律计算 $NH_3 \cdot H_2O(aq)$ 的生成焓和 HCl(aq)的生成焓?
2. 为什么放热反应的 $T-t$ 曲线的后半段逐渐下降,而吸热反应则相反?
3. $NH_3 \cdot H_2O(aq)$ 与 HCl(aq)反应的中和焓和 $NH_4Cl(s)$ 的溶解焓之差,是哪个反应的热效应?
4. 如果实验中有少量 HCl 溶液或 NH_4Cl 固体粘附在量热计器壁上,对实验结果有怎样的影响?
5. 试设计一个测定下列置换反应焓变的实验方案:

$$Zn + CuSO_4 \xlongequal{} Cu + ZnSO_4 \quad \Delta_r H_m^\ominus(298.15\ K) = ?$$

【预习内容】

1. 相关化学热力学基础理论知识。
2. 盖斯(G. H. Hess)定律。

实验三　醋酸解离常数的测定

(一)pH 法

【实验目的】

1. 掌握 pH 法测定醋酸解离度和解离常数的原理和方法。
2. 加深对弱电解质解离平衡的理解。
3. 掌握容量瓶和吸量管的规范操作。
4. 掌握酸度计的使用方法。

【实验原理】

醋酸(CH_3COOH 简写为 HAc)是弱电解质,在水溶液中存在下列解离平衡:

$$CH_3COOH \rightleftharpoons CH_3COO^- + H^+$$

起始浓度	c	0	0
平衡浓度	$c - c\alpha$	$c\alpha$	$c\alpha$

c 为醋酸的起始浓度,α 为解离度,其解离平衡常数 K 的表达式为

$$K = \frac{[H^+][CH_3COO^-]}{[CH_3COOH]} = \frac{[H^+]^2}{[CH_3COOH]} = \frac{c\alpha^2}{1-\alpha}$$

严格地说,离子浓度应该用活度来代替,但是在醋酸的稀溶液中,离子浓度与活度近似相等。

配制一系列已知浓度的醋酸溶液,在一定温度下,用酸度计测定其 pH 值,然后根据 $pH = -\lg[H^+]$ 关系式计算出$[H^+]$,将$[H^+]$代入下列式中:

$$\alpha = \frac{[H^+]}{c}$$

$$K = \frac{c\alpha^2}{1-\alpha}$$

即可求得一系列对应的 α 和 K 值,求取 K 的平均值,即为该温度下醋酸的解离平衡常数。

【仪器与试剂】

仪器:pHS-3C 型酸度计、复合电极、吸量管(5 mL,10 mL,25 mL)、容量瓶(50 mL)、烧杯(50 mL)、玻璃棒、滴管、吸耳球、洗瓶。

试剂:标准 CH_3COOH 溶液(0.100 0 mol/L)、缓冲溶液(pH = 4.00,pH = 6.86)、KCl 溶液(3 mol/L)。

【实验内容】

1. 配制系列浓度的醋酸溶液

取 5 只洁净的 50 mL 容量瓶编成 1 ~ 5 号。按下表中溶液的用量,用 5 mL,10 mL 和 25 mL 吸量管分别准确量取 0.100 0 mol/L 标准醋酸溶液,分别置于 1 ~5 号容量瓶中,用蒸馏水稀释至指定刻度,摇匀,配制成不同浓度的醋酸溶液(表 7-5)。

表 7-5

容量瓶编号	标准醋酸溶液的体积/mL
1	5.00
2	10.00
3	15.00
4	25.00
5	35.00

2. pHS-3C 型数显酸度计的校准

(1)将选择开关调到 pH 挡。

(2)用温度计测出被测溶液的温度值。

(3)调节温度补偿旋钮,使白线对准溶液的温度值。

(4)斜率调节旋钮顺时针旋到底(即调到100 % 位置)。

(5)将蒸馏水清洗过的电极插入 pH =6.86 的缓冲溶液中。

(6)调节定位调节旋钮,使仪器显示读数与该缓冲溶液当时温度下 pH 值一致。

(7)用蒸馏水清洗电极后,再插入 pH =4.00 的标准缓冲溶液中。调节斜率旋钮使仪器显示的读数与该缓冲溶液当时温度下的 pH 值相一致。

3. 系列浓度醋酸溶液 pH 值的测定

(1)取6 只清洁干燥的50 mL 烧杯编成1 ~6 号,把以上配制的1 ~5 号容量瓶中的醋酸溶液分别倒入对应的1 ~5 号烧杯中,在6 号烧杯中倒入原始浓度的醋酸溶液。

(2)把电极插入1 号被测溶液内,读出该溶液当时温度下的 pH 值,将测定值计入表7 -6 中。

(3)按溶液浓度由稀到浓的顺序,分别测定2 号 ~6 号被测溶液的 pH 值,将测定值计入表7 -6 中。

表7 -6　醋酸电离常数测定

溶液的温度:________℃		标准醋酸溶液的浓度:________ $mol\cdot L^{-1}$			
烧杯编号	c /$mol\cdot L^{-1}$	pH	$[H^+]$ /$mol\cdot L^{-1}$	α	K
1					
2					
3					
4					
5					
6					

【数据记录及处理】

1. 实验数据及结果记录。

2. 计算:

(1)计算系列 K 值,求出 K 的平均值。

(2)计算醋酸的解离度 α,并说明醋酸浓度 c 对醋酸解离度 α 的影响。

(3)要求写出实验数据处理的详细运算过程,并将计算结果填入表7 -6 中。

3. 相对误差计算及误差分析。

(1) 查阅 K_{HAc}文献值,根据实验测得的醋酸解离常数 K_{HAc}实验值,计算相对误差。

(2)分析误差产生的原因。

【注意事项】

1. 吸量管和移液管使用前用原始标准溶液润洗。将配制好的待测 HAc 溶液转移到烧杯前一定要润洗烧杯。

2. 不能将吸量管和移液管直接伸入标准液瓶中。

3. 注意保护电极玻璃膜。清洗电极时要用蒸馏水冲洗电极并用滤纸吸干电极。

4. 用 pH 计测定溶液的 pH 值时一定要按照浓度由稀到浓的顺序操作。

【思考题】

1. 测定不同浓度醋酸溶液的 pH 值,为什么按浓度由稀到浓的顺序进行测定?

2. 若醋酸溶液的浓度极稀,是否能用 $K \approx \frac{[H^+]^2}{[CH_3COOH]}$ 求解电离常数,为什么?

3. 改变被测醋酸溶液的浓度或温度,则电离度和电离常数是否有变化? 若有变化,会怎样改变?

4. 如果溶液中同时有几种不同组成的有色配合物存在,能否用本实验的方法测定他们的组成和稳定常数?

5. 实验中每个溶液的 pH 是否一样? 如果不一样对结果是否有影响?

【预习内容】

1. 解离度和解离常数概念。

2. 容量瓶和吸量管的使用规范。

3. pHS－3C 型酸度计的使用。

(二)电导率法

【实验目的】

1. 了解电导率法测定醋酸解离度和解离常数的原理和方法。

2. 加深对弱电解质解离平衡的理解。

3. 学习电导率仪的使用方法。

【实验原理】

醋酸(CH_3COOH 简式为 HAc)是弱电解质,在水溶液中存在下列解离平衡:

$$CH_3COOH \rightleftharpoons CH_3COO^- + H^+$$

	CH_3COOH	CH_3COO^-	H^+
起始浓度	c	0	0
平衡浓度	$c - c\alpha$	$c\alpha$	$c\alpha$

c 为醋酸的起始浓度,α 为解离度,其解离平衡常数 K 的表达式为

$$K = \frac{[H^+][CH_3COO^-]}{[CH_3COOH]} = \frac{c\alpha^2}{1-\alpha} \tag{1}$$

解离度 α 可以通过测定溶液的电导率求得,从而求得 CH_3COOH 的解离平衡常数 K。

对于电解质溶液,常用电导 G 和电导率 κ 来表示其导电能力的大小。电导 G 为电阻 R 的倒数,即

$$G = \frac{1}{R} \tag{2}$$

电导的单位为 S。

和金属导电一样,电解质溶液的电阻也符合欧姆定律。温度一定时,溶液的电阻 R 与两电极间的距离 l 成正比,与电极的面积 A 成反比,即

$$R = \rho \frac{l}{A}$$

上式中的 ρ 为电阻率,单位为 $\Omega \cdot m$,它的倒数称为电导率 $\kappa = 1/\rho$,单位为 S/m,带入式(2)即得

$$G = \kappa \frac{A}{l}$$

$$\kappa = G \frac{l}{A} \qquad (3)$$

对于电解质溶液,电导率相当于在电极面积为 1 m^2、电极间距离为 1 m 的立方体中盛有该溶液时的电导。l/A 称为电导池常数,可由已知电导率的电解质溶液确定。

摩尔电导率 Λ_m 是指含有 1 mol 电解质溶液且厚度为 1 m 时所具有的电导。单位为 $S \cdot m^2/mol$。它与电导率 κ 的关系为

$$\Lambda_m = \frac{\kappa}{c} \qquad (4)$$

式中的 c 表示电解质溶液的浓度,单位为 mol/m^3。

对于弱电解质来说,在无限稀释时,可看作完全解离,此时溶液的摩尔电导率称为无限稀释摩尔电导率 Λ_m^∞。在一定温度下,弱电解质的无限稀释摩尔电导率是一定的。表 7-7 列出了无限稀释时醋酸的无限稀释摩尔电导率 Λ_m^∞。

表 7-7 无限稀释时醋酸的无限稀释摩尔电导率

温度/℃	0	18	25	30
$\Lambda_m^\infty / S \cdot m^2 \cdot mol^{-1}$	245×10^{-4}	349×10^{-4}	390.7×10^{-4}	421.8×10^{-4}

若室温不同于表中所列的温度时,无限稀释摩尔电导率 Λ_m^∞ 可用内插法求得。

例如,室温为 293 K (20 ℃)时,CH_3COOH 的无限稀释摩尔电导率 Λ_m^∞ 为

$$\frac{(390.7 - 349) \times 10^{-4} S \cdot m^2/mol^{-1}}{(298 - 291) K} = \frac{x}{(293 - 291) K}$$

$x = 11.9 \times 10^{-4}\ S \cdot m^2/mol$

$\Lambda_m^\infty = 349 \times 10^{-4}\ S \cdot m^2/mol + x = 360.9 \times 10^{-4}\ S \cdot m^2/mol$

对于弱电解质来说,某浓度时的解离度等于该浓度时的摩尔电导率与无限稀释摩尔电导率之比,即

$$\alpha = \frac{\Lambda_m}{\Lambda_m^\infty} \qquad (5)$$

将式(5)代入式(1),得

$$K = \frac{c\alpha^2}{1 - c\alpha} = \frac{c\Lambda_m^2}{\Lambda_m^\infty (\Lambda_m^\infty - \Lambda_m)} \qquad (6)$$

因此可以由实验测定浓度为 c 的醋酸的电导率 κ,代入式(4)中,计算出 Λ_m,将 Λ_m 的值代入式(6)中,即可计算出 K。

【仪器与试剂】

仪器:DDS-11A 型电导率仪、电极、吸量管(5 mL,10 mL,25 mL)、容量瓶(50 mL)、吸耳球、玻璃棒、滴管、烧杯(50 mL)、洗瓶。

试剂:标准 CH_3COOH 溶液(0.100 0 mol/L)

【实验内容】

1. 配制系列已知浓度的醋酸溶液

将 5 只清洁的 50 mL 容量瓶编成 1~5 号。按下列表中用量,用 5 mL,10 mL,25 mL 吸

量管分别准确量取 0.100 0 mol/L 标准醋酸溶液至容量瓶中，用蒸馏水稀释至指定刻度，摇匀，配制成不同浓度的醋酸溶液（表 7－8）。

表 7－8

容量瓶编号	标准醋酸溶液的体积/mL
1	5.00
2	10.00
3	15.00
4	25.00
5	35.00

2. DDS－11A 数显电导率仪的校准

（1）调节温度补偿旋钮至所测溶液的温度。

（2）将校准/测量键按下使仪器处于校准状态，将量程旋钮指向 2 μS/cm（电极仍浸泡在初始的蒸馏水中）。

（3）调节常数旋钮，使仪器显示电极所标常数值。

（4）按校准/测量键至测量状态。

（5）选择合适的量程，进行测定。

3. 醋酸溶液电导率的测定

（1）取 6 只清洁干燥的 50 mL 烧杯编成 1～6 号，把以上 1～5 号容量瓶中的 HAc 溶液分别倒入相应的 1～5 号烧杯中，在 6 号烧杯中倒入原始浓度的醋酸溶液。

（2）在电导率仪上，按溶液浓度由稀到浓的顺序，分别测定系列浓度醋酸溶液的电导率，记录数据于表 7－9 中。

【数据记录及处理】

1. 实验数据及结果记录

表 7－9　醋酸电离常数测定

测定时温度：________ ℃		原始醋酸标准溶液的浓度：________ $mol \cdot L^{-1}$				
烧杯编号	HAc 体积/mL	HAc 浓度/$mol \cdot L^{-1}$	$\kappa/S \cdot m^{-1}$	$\Lambda_m/S \cdot m^2 \cdot mol^{-1}$	α	K
1	5.00					
2	10.00					
3	15.00					
4	25.00					
5	35.00					
6	原始浓度					

2. 计算

（1）计算系列 K 值，求出 K 的平均值。

(2) 计算测定时室温下的 Λ_m^∞ 值。

(3) 计算醋酸的解离度 α,并说明醋酸浓度 c 对醋酸解离度 α 的影响。

(4) 写出实验数据处理的详细运算过程,将计算结果填入表 7-9 中。

3. 相对误差计算及误差分析

(1)查阅 K_{HAc} 文献值,根据实验测得的醋酸解离平衡常数 K_{HAc} 实验值计算相对误差。

(2)分析误差产生的原因。

【注意事项】

1. 使用仪器时操作动作一定要轻,特别是仪器的旋钮。若预先不知被测液电导率大小,应先将量程旋钮置于最大测量量程位置,然后逐渐下调,以防损坏仪器。

2. 电极的引线和插头不能受潮,否则将影响测量的准确性。注意保护好电极头,防止电极损坏。

3. 在法定计量单位中,摩尔电导率 Λ_m 的单位为 $S \cdot m^2/mol$,电导率 κ 的单位为 S/m,而 DDS-11A 型电导率仪读出 κ 的单位为 μS/cm,在用法定计量单位计算时,应把仪器上读出的 κ 值进行换算,$1\ S/m = 10^4\ \mu S/cm$。

【思考题】

1. 电解质溶液导电的特点是什么?

2. 什么叫溶液的电导、电导率和摩尔电导率?为什么 Λ_m 与 Λ_m^∞ 之比即为弱电解质的解离度?

3. 测定 HAc 溶液的电导率时,测定顺序为什么由稀到浓进行?

【预习内容】

1. 电导率法测定醋酸解离度和解离常数的原理和方法。

2. 容量瓶和吸量管的操作规范。

3. DDS-11A 型电导率仪的使用。

实验四　硫酸钡溶度积的测定(电导率法)

【实验目的】

1. 掌握电导率法测定 $BaSO_4$ 溶度积的原理和实验方法。

2. 掌握电导率仪的使用方法。

3. 熟悉固液分离实验操作方法——倾析法。

【实验原理】

在难溶电解质硫酸钡的饱和溶液中,存在下列平衡:

$$BaSO_4(s) \rightleftharpoons Ba^{2+} + SO_4^{2-}$$

假设难溶电解质硫酸钡在水中的溶解度为 c(mol/L),则其溶度积 K_{spBaSO_4} 为

$$K_{spBaSO_4} = [Ba^{2+}] \cdot [SO_4^{2-}] = [BaSO_4]^2 = c^2$$

由于难溶电解质的溶解度很小,很难直接测定,本实验利用溶液的浓度 c 与电导率 κ 之间的关系,通过测定溶液的电导率 κ,计算出硫酸钡的溶解度,从而计算出溶度积 K_{spBaSO_4}。

难溶电解质中摩尔电导率 Λ_m、电导率 κ 与浓度 c 之间存在着如下关系,即

$$\Lambda_m = \frac{\kappa}{c}$$

对于难溶电解质来说，其饱和溶液可近似地看成无限稀释的溶液，正、负离子间的影响可以忽略不计，此时溶液的摩尔电导率 Λ_m 可近似为无限稀释摩尔电导率 Λ_m^∞，即

$$\Lambda_{m\mathrm{BaSO_4}} \approx \Lambda_{m\mathrm{BaSO_4}}^\infty$$

硫酸钡的无限稀释摩尔电导率 Λ_m^∞ 可以由物理化学手册查得。25 ℃时硫酸钡的无限稀释摩尔电导 $\Lambda_{m\mathrm{BaSO_4}}^\infty = 286.88 \times 10^{-4}\ \mathrm{S \cdot m^2/mol}$。

只要测得硫酸钡饱和溶液的电导率 κ，根据下式，可以计算出硫酸钡溶解度 c(mol/L)，即

$$c = \frac{\kappa_{\mathrm{BaSO_4}}}{\Lambda_{m\mathrm{BaSO_4}}^\infty}(\mathrm{mol/m^3}) = \frac{\kappa_{\mathrm{BaSO_4}}}{1\,000\Lambda_{m\mathrm{BaSO_4}}^\infty}(\mathrm{mol/L})$$

$$K_{\mathrm{spBaSO_4}} = \left(\frac{\kappa_{\mathrm{BaSO_4}}}{1\,000\Lambda_{m\mathrm{BaSO_4}}^\infty}\right)^2$$

由于实验测得的硫酸钡饱和溶液的电导率 $\kappa_{\mathrm{BaSO_4}}$(饱)中包括了水的电导率 $\kappa_{\mathrm{H_2O}}$，因此在测定 $\kappa_{\mathrm{BaSO_4}}$ 的同时还应测定制备硫酸钡饱和溶液所使用的去离子水的电导率 $\kappa_{\mathrm{H_2O}}$，因此硫酸钡的溶度积 $K_{\mathrm{spBaSO_4}}$ 应按下式计算：

$$K_{\mathrm{spBaSO_4}} = \left(\frac{\kappa_{\mathrm{BaSO_4}} - \kappa_{\mathrm{H_2O}}}{1\,000\Lambda_{m\mathrm{BaSO_4}}^\infty}\right)^2$$

【仪器与试剂】

仪器：烧杯(100 mL，500 mL)、试管、玻璃棒、滴管、温度计、坩埚钳、酒精灯、石棉网、DDS－11A 数显电导率仪、电极及电极架。

试剂：H_2SO_4(0.05 mol/L)，$BaSO_4$(0.05 mol/L)，$AgNO_3$(0.1 mol/L)。

【实验内容】

1. $BaSO_4$ 饱和溶液的制备

(1)量取 20 mL 0.05 mol/L H_2SO_4溶液和 20 mL 0.05 mol/L $BaCl_2$ 溶液，分别置于两个 100 mL 小烧杯中，在水浴中加热近沸(刚有气泡出现)。

(2)在搅拌下趁热将 $BaCl_2$ 溶液慢慢滴入到 H_2SO_4溶液中，滴速以每秒 2～3 滴为宜。

(3)将盛有 $BaSO_4$ 沉淀的小烧杯放置于沸水浴中加热并搅拌 10 min，然后静置冷却 20 min 。

(4)用倾析法分离沉淀和清液，弃去清液。$BaSO_4$ 沉淀用近沸的蒸馏水洗涤，倾析法弃去洗涤液，如此重复洗涤沉淀 3～4 次。

(5)最后一次洗涤液用 0.1 mol/L $AgNO_3$ 溶液检验 Cl^- 是否存在，如有 Cl^- 存在，则需继续洗涤沉淀直至检验洗涤液中无 Cl^- 存在为止。

(6)最后在洗净的 $BaSO_4$沉淀中加入约 60 mL 去离子水，煮沸并不断搅拌 3～5 min，然后静置冷却至室温。

2. DDS－11A 电导率仪的校准

(1)调节温度补偿旋钮至所测溶液的温度。

(2)将校准/测量键按下使仪器处于校准状态，将量程旋钮指向 2 μS/cm(电极仍浸泡在初始的蒸馏水中)。

(3)调节常数旋钮，使仪器显示电极所标常数值。

(4)按校准/测量键至测量状态。

(5)选择合适的量程,进行测定。

3. 电导率的测定

(1)测定去离子水电导率 κ_{H_2O}。

(2)测定硫酸钡饱和溶液的电导率 κ_{BaSO_4}(饱)。

【数据记录及处理】

1. 数据记录

室温 T = ________℃

κ_{H_2O} = ________ S/m

κ_{BaSO_4} = ________ S/m

2. 数据处理

将实验测定值代入下式:

$$K_{spBaSO_4} = \left(\frac{\kappa_{BaSO_4} - \kappa_{H_2O}}{1\ 000 \Lambda^{\infty}_{mBaSO_4}} \right)^2$$

计算硫酸钡的溶度积 K_{spBaSO_4} = ____________________。

3. 误差分析

【注意事项】

1. 用倾析法洗涤 $BaSO_4$ 沉淀时,为了提高洗涤效果,不仅要进行搅拌,而且尽量将每次的洗涤液倾尽。

2. 为了保证 $BaSO_4$ 饱和溶液的饱和度,在测定 κ_{BaSO_4} 时,装有 $BaSO_4$ 饱和溶液的烧杯下层应有 $BaSO_4$ 晶体,上层为清液。如未等 $BaSO_4$ 沉淀完全沉降就测定 κ_{BaSO_4},不仅污染了电极而且造成测定误差。

3. 本实验所用纯水的电导率要求 5.0 μS/cm 左右,否则对测定带来较大的误差。

4. 盛被测溶液的烧杯必须清洁,无其他离子污染。

5. 选择量程时,能在低一挡量程内测量的,不放在高一挡测量。在低挡量程内,若已超出量程,电导率仪显示屏左侧第一位显示“1”(溢出显示)时,需选高一挡量程。

6. 电极引线、插头不能受潮,否则将影响测量的准确性。

【思考题】

1. 怎样制备 $BaSO_4$ 沉淀?为了减少实验误差,对制备的 $BaSO_4$ 沉淀有何要求?

2. 为什么在制备的 $BaSO_4$ 沉淀中要反复洗涤至溶液中无 Cl^- 存在?如果不这样洗对实验结果有何影响?

3. 为什么需要测定去离子水的电导率?

4. DDS-11A 电导率仪应注意哪些操作?

【预习内容】

1. 固液分离实验操作方法——倾析法。

2. 溶度积与溶解度的基础理论知识。

3. DDS-11A 型电导率仪的使用。

实验五　磺基水杨酸铁配合物的组成及稳定常数的测定（分光光度法）

【实验目的】

1. 掌握分光光度法测定配合物的组成和稳定常数的原理和方法。

2. 掌握分光光度计的使用方法。

3. 掌握相关图解法进行实验数据的处理。

【实验原理】

1. 分光光度法

分光光度法是通过测定被测物质在特定波长处或一定波长范围内光的吸光度，对该物质进行定性和定量分析的方法。分光光度法测定的理论依据是朗伯 - 比尔定律。

2. 朗伯 - 比尔定律

当一束具有一定波长的单色光通过有色物质溶液后，一部分光被有色物质吸收。有色物质对光的吸收程度用吸光度 A 表示，其遵循朗伯 - 比尔定律，即有色物质对光的吸收程度 A 与溶液中有色物质的浓度 c 和液层的厚度 b 的乘积成正比：

$$A = \varepsilon \cdot b \cdot c$$

其中，ε 为摩尔吸光系数，摩尔吸光系数 ε 只与入射光的波长、溶液的组成和温度有关，因此当一束单色光通过确定的一种物质时，ε 为定值。如果固定液层的厚度 b 不变，那么有色物质的吸光度 A 只与有色物质溶液的浓度 c 成正比。

3. 等摩尔系列法

在给定条件下，某中心离子 M 与配位体 L 发生反应，只生成一种稳定的配合物 ML_n（略去电荷符号）：

$$M + nL \rightleftharpoons ML_n$$

若 M 与 L 在溶液中都是无色的，而只有生成的配合物 ML_n 有色，当一束单色光通过该有色溶液时遵循朗伯 - 比尔定律。测定此溶液的吸光度 A，即可求出该配离子的组成和稳定常数。

本实验采用等摩尔系列法进行测定。所谓等摩尔系列法，即是用一定波长的单色光，测定一系列组分变化的溶液（保持溶液的中心离子 M 与配体 L 的总物质的量不变，而改变中心离子 M 与配体 L 的相对量，配制成系列浓度有色配合物溶液）的吸光度。显然，在这一系列溶液中，有一些溶液是中心离子过量的，而另一些溶液是配体过量的，在这两种情况下形成的配离子的浓度都不可能达到最大值，只有当溶液中配体与中心离子摩尔比与配离子的组成一致时（不考虑配离子的离解），溶液中的配离子浓度才能最大。由于中心离子和配体对光几乎不吸收，所以配离子的浓度越大，吸光度也就越大。

具体操作时，取摩尔浓度相等的中心离子溶液和配位体溶液，按照不同的体积比即摩尔比，配制成一系列溶液，在分光光度计上测定出这一系列溶液在一定波长下的吸光度 A。

以吸光度 A 为纵坐标，配体 L 的摩尔分数 X_L 为横坐标作图，绘制出一条曲线。将曲线两边的直线部分延长并相交于 E 点，如图 7 - 2 所示。E 点对应的吸光值 A_1 为最大吸光度。由 E 点对应的摩尔分数 X_L 值，即可求得配合物 ML_n 的配位数 n：

$$n = \frac{X_L}{1 - X_L}$$

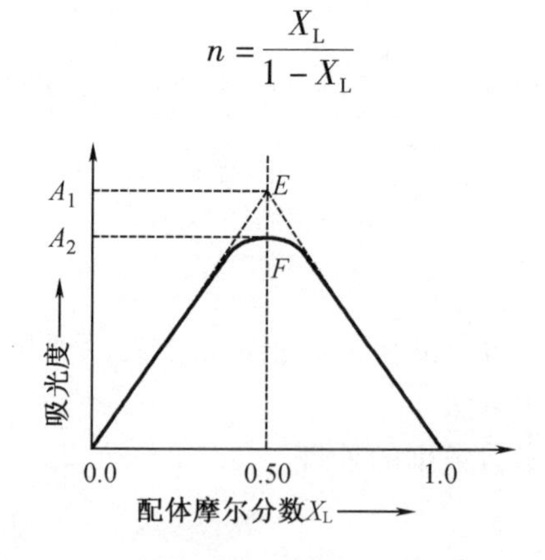

图 7-2　吸光度 A-配体摩尔分数 X_L 曲线

若 E 点对应的配体摩尔分数 $X_L = 0.5$,则配位数 $n = 0.5/(1 - 0.5) = 1$,即可确定配合物的组成为 ML 型配合物。

由于形成的配合物在溶液中发生部分解离,其浓度要稍小一些,因此实测最大吸光度在 F 点,其值为 A_2。故配合物的解离度 α 为

$$\alpha = \frac{A_1 - A_2}{A_1}$$

对于 1∶1 型配合物 ML,其稳定常数 K 可由下列平衡式导出:

	ML ⇌	M	+ L
起始浓度	c	0	0
平衡浓度	$c - c\alpha$	$c\alpha$	$c\alpha$

$$K = \frac{[\mathrm{ML}]}{[\mathrm{M}][\mathrm{L}]} = \frac{1 - \alpha}{c\alpha^2}$$

c 为相应于 E 点的中心离子浓度。

4. 磺基水杨酸铁配合物的组成及稳定常数的测定

磺基水杨酸 $C_7H_6O_6S$(简式为 H_3R)与 Fe^{3+} 可以形成稳定的磺基水杨酸合铁(Ⅲ)配合物,由于形成的配合物的组成因溶液的 pH 值不同而不同:当溶液的 pH <4 生成紫红色的 1∶1 型配合物;当溶液的 pH =4 ~9 之间时生成红色的 1∶2 型螯合物;当溶液的 pH =9 ~12 之间时生成黄色的 1∶3 型螯合物。

本实验是测定 pH <2.5 时所形成的紫红色磺基水杨酸合铁(Ⅲ)配离子的组成 n 及其稳定常数 K。由于所测溶液中磺基水杨酸是无色的,Fe^{3+} 溶液的浓度很小时,也可认为是无色的,只有磺基水杨酸合铁(Ⅲ)配离子是有色的,因此测定的前提条件是基本满足的。实验中通过加入一定量的 $HClO_4$ 溶液以保证测定时控制溶液的 pH 值。

【仪器与试剂】

仪器:气流烘干机、721 分光光度计、比色皿(1 cm)、烧杯(50 mL,100 mL)、容量瓶(100 mL)、滴管、吸量管(10 mL 贴标签)、洗耳球、玻璃棒、洗瓶。

试剂:$(NH_4)Fe(SO_4)_2$(0.010 0 mol/L)、磺基水杨酸(0.010 0 mol/L),$HClO_4$(0.01 mol/L)。

【实验内容】

1. 配制 0.001 00 mol/L Fe^{3+} 溶液

准确量取 10.00 mL 0.010 0 mol/L Fe^{3+} 溶液于 100 mL 容量瓶中，用 0.01 mol/L $HClO_4$ 溶液稀释至刻度，摇匀备用。

2. 配制 0.001 00 mol/L 磺基水杨酸溶液

准确吸取 10.00 mL 0.010 0 mol/L 磺基水杨酸溶液于 100 mL 容量瓶中，用 0.01 mol/L $HClO_4$ 溶液稀释至刻度，摇匀备用。

3. 配制磺基水杨酸合铁(Ⅲ)配离子溶液

用三支贴有标签的 10 mL 吸量管，按照表 7－10 中列出的溶液用量，分别移取 0.01 mol/L $HClO_4$ 溶液、0.001 00 mol/L Fe^{3+} 溶液和 0.001 00 mol/L 磺基水杨酸溶液，依次加入到 11 只干燥的 50 mL 小烧杯中，摇匀备用。

4. 721 分光光度计的调试

(1)先打开样品室盖，再接通电源，仪器预热 20 min。

(2)调节波长旋钮至 500 nm 处。

(3)调节灵敏度旋钮至合适的挡位。通常先放在"1"挡，当此挡位调节"100"旋钮不能至满刻度，再逐步升高挡位。

(4)调节"0"旋钮使透光度 $T=0$。

(5)将盛有 0.01 mol/L $HClO_4$ 溶液的比色皿放入比色皿架的第一格内，盖上样品室盖，调节"100"旋钮至透光度 $T=100$。

5. 测定吸光度 A

(1)将盛有待测液的比色皿依次放在比色皿架的第 2～4 格内，重新用参比液调节"0"和"100"。

(2)拉动比色皿架的拉杆，使待测液依次进入光路，读出吸光度值。

(3)按表中系列浓度溶液由稀到浓的顺序进行测定，将测定值记录于表 7－10 中。

(4)测定完，关电源开关。取出比色皿，将比色皿用蒸馏水冲干净，放入烧杯中浸泡。各功能旋钮恢复原来位置。

【数据记录及处理】

1. 实验数据及结果记录

表 7－10　磺基水杨酸合铁(Ⅲ)配离子的吸光度测定

烧杯编号	V_{HClO_4} /mL	$V_{Fe^{3+}}$ /mL	V_{H_3R} /mL	配体摩尔分数 $V_{H_3R}/(V_{Fe^{3+}}+V_{H_3R})$	吸光度 A
1	10.00	10.00	0.00		
2	10.00	9.00	1.00		
3	10.00	8.00	2.00		
4	10.00	7.00	3.00		
5	10.00	6.00	4.00		
6	10.00	5.00	5.00		
7	10.00	4.00	6.00		

表 7-10(续)

烧杯编号	V_{HClO_4} /mL	$V_{Fe^{3+}}$ /mL	V_{H_3R} /mL	配体摩尔分数 $V_{H_3R}/(V_{Fe^{3+}}+V_{H_3R})$	吸光度 A
8	10.00	3.00	7.00		
9	10.00	2.00	8.00		
10	10.00	1.00	9.00		
11	10.00	0.00	10.00		

2. 计算

(1)绘制 $A-X_L$ 曲线

以测定的系列吸光度 A 为纵坐标,以磺基水杨酸的摩尔分数 X_L 为横坐标作图。

(2)确定配离子的组成

从图 7-2 中找出最大吸光度 A_1 对应的磺基水杨酸的摩尔分数 X_L 值,求出配位数 n,从而确定磺基水杨酸合铁(Ⅲ)配离子的组成。

(3)计算解离度 α 及稳定常数 K。

3. 误差分析

【注意事项】

1. 吸量管专用,注意吸量管标签,不能混用。

2. 测定时按溶液浓度由稀到浓的顺序进行,以减少测定误差。

3. 每换一批试样溶液,均须重新调节“0”和“100”。

4. 溶液不能洒入暗箱中,以免腐蚀仪器。

5. 取放比色皿时,只能用手拿磨砂玻璃面;擦拭比色皿外壁溶液时,只能用镜头纸;比色皿内盛放的溶液量在其高度的 1/2~3/4 之间;比色皿放入暗箱中时,应使光通过透明玻璃面。

6. 由于磺基水杨酸是弱酸,在水溶液中存在着分级解离平衡,实验得到的其实是表观稳定常数 K',若考虑 Fe^{3+} 的水解平衡及磺基水杨酸的解离平衡,则应对表观稳定常数 K' 加以校正,校正后即得 K。

校正公式为:$\lg K=\lg K'+\lg\alpha$。

当 pH=2.0 时,$\lg\alpha=10.3$(α 为酸效应系数)。

【思考题】

1. 什么叫等摩尔系列法?该法用来作图的纵坐标和横坐标分别是什么,且图形有什么特点?如何算出配合物的组成和稳定常数?

2. 为了使测得的配合物的稳定常数 K 更接近文献值,本实验的关键是什么?

3. 在配制 Fe^{3+} 和磺基水杨酸形成配离子系列溶液时,为什么要用 $HClO_4$ 作稀释液?

4. 分光光度法测定配合物的稳定常数时为何要用参比液?如何选择参比液?

5. 在测定吸光度时,如果温度变化较大,对测得的稳定常数有无影响?

6. 当配合物分别为 MR,MR_2,MR_3,MR_4 时,在最大吸收处配体摩尔分数 X_R 分别为多少?$A-X_R$ 图分别为什么形状?据此说明为什么等摩尔系列法只适于测定 n 值较小的配合物的组成。

【预习内容】

1. 分光光度原理、等摩尔系列法。

2. 作图法进行实验数据的处理。

3. 721 分光光度计的使用。

实验六　$[Ti(H_2O)_6]^{3+}$与$[Cr(H_2O)_6]^{3+}$分裂能的测定(分光光度法)

【实验目的】

1. 掌握用分光光度法测定配合物分裂能的原理和方法。

2. 加深理解配体的强度对分裂能的影响。

3. 进一步练习分光光度计的使用。

【实验原理】

根据晶体场理论,过渡金属离子形成配合物后,由于配体场(晶体场)的影响,中心离子五个简并的 d 轨道会发生能级分裂。

在八面体场中,原来能量相等的 5 个 d 轨道分裂成两组:一组为高能态的 dγ 轨道,另一组为低能态的 dε 轨道,这两组轨道之间的能量差称为八面体场分裂能,用 Δ_0 表示,如图 7－3 所示。

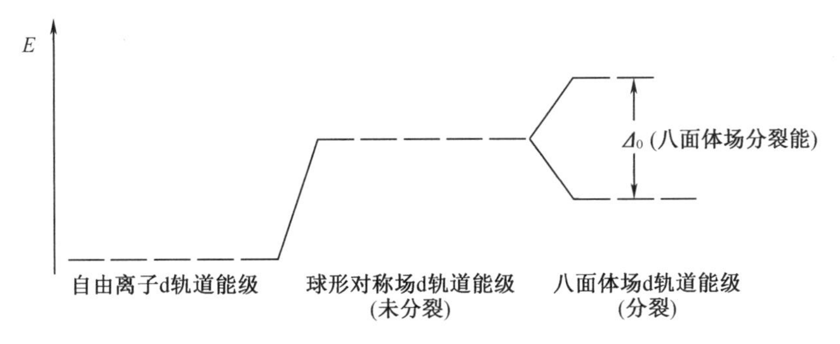

图 7－3　八面体场中 d 轨道的能级分裂

过渡金属离子一般都具有未充满电子的 d 轨道。在形成配合物后,由于受到配体场的作用,d 轨道发生了能级分裂。处于能量较低的 dε 轨道上的电子就有可能跃迁到能量较高的 dγ 轨道上,这种跃迁称为 d－d 跃迁,发生 d－d 跃迁所需的能量就是 d 轨道的分裂能。过渡金属离子在水溶液中通常会形成水合离子,这种离子能够吸收一定波长的可见光而发生 d－d 跃迁。不同的配离子可以吸收不同波长的光而发生 d－d 跃迁,这就是分光光度法测定分裂能的基础。

对于八面体配离子 $[Ti(H_2O)_6]^{3+}$,其中心离子 Ti^{3+} 的 d 轨道只有 1 个电子,基态时这个电子位于能量较低的 dε 轨道上,当它吸收一定波长的光的能量后,发生 d－d 跃迁,这个电子便跃入高能态 dγ 轨道。因此,我们可以利用被 $[Ti(H_2O)_6]^{3+}$ 配离子所吸收的一定波长的光子的能量来计算分裂能,即

$$E = h\nu = \frac{hc}{\lambda} = E_{d\gamma} - E_{d\varepsilon} = \Delta_0$$

$$\Delta_0 = \frac{hc}{\lambda}$$

式中　h——普朗克常数,$h = 6.626\ 1 \times 10^{-34}$ J·s;

c——光速,$c = 2.997\ 9 \times 10^{8}$ m/s;

λ——光波长。

当1个电子发生 d－d 跃迁时:

$$\Delta_0 = \frac{hc}{\lambda} = \frac{6.626\ 1 \times 10^{-34}\ \text{J}\cdot\text{s} \times 2.997\ 9 \times 10^{8}\ \text{m/s}}{\lambda} = (1.986\ 4 \times 10^{-25} \times \frac{1}{\lambda})\ \text{J}\cdot\text{m}$$

当1 mol 电子发生 d－d 跃迁时:

$$\Delta_0 = \frac{N_A hc}{\lambda} = (6.022 \times 10^{23}/\text{mol} \times 1.986\ 4 \times 10^{-25} \times \frac{1}{\lambda})\ \text{J}\cdot\text{m}$$

$$= (1.196\ 2 \times 10^{-4} \times \frac{1}{\lambda})\ \text{kJ}\cdot\text{m/mol}$$

Δ_0 也常用波数(cm^{-1})作单位,波数(cm^{-1})表示1 cm 长度相当于多少个波长:

$$1\ \text{cm}^{-1} \approx (1.196\ 2 \times 10^{-2})\ \text{kJ/mol}$$

当波长单位用 nm 表示时,则

$$\Delta_0 = \frac{1}{\lambda} \times 10^{7}\ \text{cm}^{-1}$$

对于八面体的 $[Cr(H_2O)_6]^{3+}$ 配离子,中心离子 Cr^{3+} 的 d 轨道上有3个 d 电子,除了受八面体场的影响之外,还因电子间的相互作用使 d 轨道产生能级分裂,所以这些配离子吸收了可见光的能量后,就有3个相应的电子跃迁吸收峰,其中电子从 dε 轨道跃迁到 dγ 轨道所需的能量等于分裂能 Δ_0。

本实验用一定浓度的 $[Ti(H_2O)_6]^{3+}$ 配离子溶液和 $[Cr(H_2O)_6]^{3+}$ 配离子溶液,分别在分光光度计上测定不同波长 λ 下的吸光度 A,以吸光度 A 为纵坐标,波长 λ 为横坐标绘制出 $A-\lambda$ 吸收光谱曲线,在曲线中分别找出最大吸收峰所对应的波长 λ_{max},即可计算出配离子的分裂能 Δ_0:

$$\Delta_0 = \frac{1}{\lambda_{max}} \times 10^{7}\ \text{cm}^{-1}$$

【仪器与试剂】

仪器:721 分光光度计、气流烘干机、容量瓶(50 mL)、吸量管(5 mL)、烧杯(50 mL,100 mL)、吸耳球、滴管、玻璃棒、比色皿(2 cm)。

试剂:$TiCl_3$ 溶液(15%～20%),$CrCl_3 \cdot 6H_2O$,HCl(2 mol/L)。

【实验内容】

1. 配离子溶液的配制

(1)$[Ti(H_2O)_6]^{3+}$ 溶液的配制:用吸量管量取15%～20% $TiCl_3$ 溶液5.00 mL,置于50 mL 容量瓶中,用2 mol/L HCl 稀释至刻度,摇均备用。

(2)$[Cr(H_2O)_6]^{3+}$ 溶液的配制:称取0.3 g $CrCl_3 \cdot 6H_2O$ 于50 mL 烧杯中,加10 mL 2 mol/L HCl 溶解,转移至50 mL 容量瓶中,用2 mol/L HCl 稀释至刻度,摇匀备用。

2. 721 分光光度计的调试

(1)先打开样品室盖,再接通电源,仪器预热20 min。

(2)调节波长旋钮至所需波长处。

(3)调节灵敏度旋钮至合适的挡位。通常先放在“1”挡,当此挡位调节“100”旋钮不能至满刻度,再逐步升高挡位。

(4)调节“0”旋钮使透光度 $T=0$。

(5)将盛有 2 mol/L HCl 溶液的比色皿放入比色皿架的第一格内,盖上样品室盖,调节“100”旋钮至透光度 T = 100。

3. 吸光度 A 的测定

(1)将盛有 $[Ti(H_2O)_6]^{3+}$ 配离子溶液比色皿放在比色皿架的第二格内。重新用参比液调节“0”和“100”。

(2)拉动比色皿架的拉杆,使待测液进入光路。在单色光波长 420 ~ 600 nm 范围内,分别测定出 $[Ti(H_2O)_6]^{3+}$ 配离子溶液的系列吸光度 A,将测定数据记录在表 7 – 11 中。

(3)测定毕,取出盛有 $[Ti(H_2O)_6]^{3+}$ 配离子溶液比色皿。

(4)将盛有 $[Cr(H_2O)_6]^{3+}$ 配离子溶液比色皿放在比色皿架的第二格内。在单色光波长 500 ~ 650 nm 范围,分别测定出 $[Cr(H_2O)_6]^{3+}$ 配离子溶液的系列吸光度 A,将测定数据记录在表 7 – 12 中。

(5)测定毕,断开电源,迅速将比色皿清洗干净,放回原处。

【数据记录及处理】

1. 数据记录

(1) $[Ti(H_2O)_6]^{3+}$ 溶液的吸光度。

表 7 – 11　$[Ti(H_2O)_6]^{3+}$ 吸光度的测定

λ/nm	420	440	460	480	490	495	500	505
A								
λ/nm	510	515	520	530	540	560	580	600
A								

(2) $[Cr(H_2O)_6]^{3+}$ 溶液的吸光度。

表 7 – 12　$[Cr(H_2O)_6]^{3+}$ 吸光度的测定

λ/nm	500	560	570	580	590	600	610	620
A								
λ/nm	630	640	650	660	670	680	690	700
A								

2. 数据处理

(1)绘制 $A-\lambda$ 吸收曲线:以测得的系列吸光度 A 为纵坐标,以系列波长 λ 为横坐标,分别绘制 $[Ti(H_2O)_6]^{3+}$ 和 $[Cr(H_2O)_6]^{3+}$ 的 $A-\lambda$ 曲线。

(2)确定最大吸收光波长:在曲线上分别找出最大吸收峰对应的吸收光波长 $\lambda_{max}([Ti(H_2O)_6]^{3+})$ 与 $\lambda_{max}([Cr(H_2O)_6]^{3+})$ 值。

(3)计算配离子的分裂能 Δ_0:将 $\lambda_{max}([Ti(H_2O)_6]^{3+})$ 与 $\lambda_{max}([Cr(H_2O)_6]^{3+})$ 值代入公式:

$$\Delta_0 = \frac{1}{\lambda_{max}} \times 10^7\ cm^{-1}$$

分别计算出 $[Ti(H_2O)_6]^{3+}$ 和 $[Cr(H_2O)_6]^{3+}$ 配离子的分裂能 Δ_0 值。

3. 误差分析

【注意事项】

1. 本实验的吸量管为专用吸量管,需用待吸溶液润洗两遍。

2. 每改变一次波长 λ,均须重新调节“0”和“100”。

3. Ti^{3+} 易被氧化且易水解,因此要用稀盐酸作稀释液,但由于 Cl^- 浓度增大,Cl^- 会与 Ti^{3+} 配合,形成 $[Ti(H_2O)_5Cl]^{2+}$ 或 $[Ti(H_2O)_4Cl_2]^+$ 等配离子,从而使测得的 $[Ti(H_2O)_6]^{3+}$ 配离子的 λ_{max} 增大,使分裂能的测定值较文献值小。因此,稀释用的 HCl 浓度不宜太大,以控制 Ti^{3+} 不发生水解为宜。

4. 所有盛过钛盐溶液的容器必须立即清洗干净,避免 Ti^{3+} 的氧化水解的产物 TiO_2 沉积在容器内壁上时间过长难以洗净。如果有 TiO_2 沉积出来,可用盐酸和锌粉浸泡后再刷洗干净。

5. 绘制 $A-\lambda$ 吸收曲线时应注意坐标所取的值,一般以纵坐标取 1 cm 相当于吸光度 $A=0.1$,横坐标取 1 cm 相当于波长 $\lambda=20$ nm 为宜。

6. 测吸光度值 A 时,若 A 值太大而超出读数范围,应将溶液稀释后重新测定。

7. 参比和测量用的比色皿吸光度应相同。

【思考题】

1. 不同浓度的 $TiCl_3$ 稀溶液所测得的吸收曲线有何异同点?在同一波长下,光的吸收程度与溶液的浓度有何关系?

2. 本实验测定吸收曲线时,溶液浓度的高低对测定 Δ_0 有无影响?

第8章　元素化合物的性质及离子的分离鉴定

实验七　p区重要非金属化合物的性质(一)

【实验目的】

1. 掌握卤素单质的氧化性,卤素离子的还原性及其应用。
2. 掌握卤化氢、氯酸盐、次氯酸盐的主要性质。
3. 掌握卤素离子的鉴定与分离方法。
4. 练习元素性质试验及定性分析实验操作。

【实验原理】

P区重要非金属元素卤素,其单质都较难溶于水,在碘化钾或其他可溶性碘化物共存的溶液中,由于 I_2 与 I^- 可形成 I_3^-,I_2 的溶解度就明显增大。Br_2 与 I_2 易溶于 CS_2 或 CCl_4 等有机溶剂,并产生特征颜色,Br_2 在 CS_2 或 CCl_4 溶剂中随浓度增加,溶液由橙黄到棕红色,I_2 则呈紫色。利用卤素单质的溶解度性质和在有机溶剂中的特征颜色,可用于卤素离子的分离和鉴别。

卤素单质都具有氧化性,其氧化性强弱顺序为:$F_2 > Cl_2 > Br_2 > I_2$。

卤素单质在碱性介质中可发生歧化,歧化反应的产物与温度有关。例如在室温或低温时,将氯气通入碱溶液中,歧化得到 ClO^-:

$$Cl_2 + 2OH^- \xlongequal{} ClO^- + Cl^- + H_2O$$

75 ℃左右 Cl_2 的歧化产物 ClO_3^-:

$$3Cl_2 + 6OH^- \xlongequal{} ClO_3^- + 5Cl^- + 3H_2O$$

在室温下,I_2 在 $pH \geqslant 10$ 的碱溶液中,易发生歧化,歧化产物为 IO_3^- 与 I^-。

卤素离子及卤化物具有还原性,卤素离子还原性强弱顺序为:$I^- > Br^- > Cl^- > F^-$;卤化氢还原性强弱顺序为:$HI > HBr > HCl$。

NaCl 与浓 H_2SO_4 反应生成的氯化氢不能被浓 H_2SO_4 继续氧化:

$$NaCl + H_2SO_4 \xlongequal{} NaHSO_4 + HCl\uparrow$$

而 KBr 和 KI 与浓 H_2SO_4 反应,生成的溴化氢和碘化氢,可以进一步被浓 H_2SO_4 氧化:

$$KBr + H_2SO_4(浓) \xlongequal{} KHSO_4 + HBr$$

$$2HBr + H_2SO_4(浓) \xlongequal{} Br_2 + SO_2\uparrow + 2H_2O$$

$$KI + H_2SO_4(浓) \xlongequal{} KHSO_4 + HI$$

$$8HI + H_2SO_4(浓) \xlongequal{} 4I_2 + H_2S\uparrow + 4H_2O$$

在酸性介质中,卤素的各种含氧酸盐都具有较强的氧化性,在中性或碱性介质中,其氧化性明显下降。

次卤酸盐在酸性或碱性介质中均具有氧化性。例如:

$$ClO^- + Cl^- + 2H^+ \xlongequal{} Cl_2\uparrow + H_2O$$

$$ClO^- + Mn^{2+} + 2OH^- = Cl^- + MnO_2\downarrow + H_2O$$

卤酸盐在酸性介质中具强氧化性,而在中性介质中没有明显的氧化性。例如在酸性介质中,I^-可被 ClO_3^- 氧化生成 I_2,随着 ClO_3^- 浓度逐步提高,I_2 继续被氧化生成 IO_3^-,使溶液颜色由无色(I^-)→黄色(I_3^-)→褐色(I_2)→无色(IO_3^-)。

Cl^-,Br^-,I^-能与 Ag^+生成难溶于水的白色 AgCl 沉淀、淡黄色 AgBr 沉淀和黄色 AgI 沉淀,它们皆不溶于稀 HNO_3,但 AgCl 沉淀可溶解于 $NH_3 \cdot H_2O$,$(NH_4)_2CO_3$ 溶液和 $AgNO_3-NH_3$ 溶液中,这是由于生成配离子$[Ag(NH_3)_2]^+$而溶解,其反应为

$$AgCl + 2NH_3 = [Ag(NH_3)_2]^+ + Cl^-$$

利用此性质,可以将 AgCl 与 AgBr,AgI 分离。在分离了 AgBr,AgI 后的溶液中,再加入稀 HNO_3 酸化,AgCl 会重新沉淀出来,其反应为

$$[Ag(NH_3)_2]^+ + Cl^- + 2H^+ = AgCl\downarrow + 2NH_4^+$$

借此可鉴定 Cl^-的存在。

Br^-和 I^-可以被氯水氧化为 Br_2和 I_2,再用 CCl_4 萃取。Br_2在 CCl_4 层中呈橙黄色,I_2 在 CCl_4 层中呈紫色,借此可以鉴定 Br^-和 I^-的存在。

【仪器与试剂】

仪器:烧杯、玻璃棒、滴管、酒精灯、表面皿、试管、试管夹、铁圈、铁架台、石棉网、离心试管、离心机。

实验所用试剂如下:

固体:锌粉、NaCl、KBr、KI。

酸:H_2SO_4(2 mol/L、1:1、浓)、HCl(2 mol/L、浓)、HNO_3(2 mol/L)。

碱:NaOH(2 mol/L)、$NH_3 \cdot H_2O$(6 mol/L)。

盐:$FeCl_3$(0.1 mol/L)、NaCl(0.1 mol/L)、KI(0.1 mol/L)、KBr(0.1 mol/L)、$AgNO_3$(0.1 mol/L)、$MnSO_4$(0.1 mol/L)、饱和 $KClO_3$ 溶液。

其他:氯水、溴水、CCl_4、$AgNO_3-NH_3$ 溶液、1% 淀粉溶液、KI-淀粉试纸、$Pb(Ac)_2$ 试纸、pH 试纸。

【实验内容】

1. 卤素单质的氧化性

(1)在试管中分别加入 5 滴 0.1 mol/L KI 和 CCl_4[1]溶液 15 滴,边振荡边逐滴加入氯水至过量,观察试管中 CCl_4 层的颜色有无变化,写出反应式并解释实验现象。

(2)用 0.1 mol/L KBr 溶液代替 KI 溶液,重复上述实验,观察试管中 CCl_4 层的颜色有无变化,写出反应式并解释实验现象。

(3)用溴水代替氯水,重复上述实验,有何现象?

根据实验结果判断卤素单质的氧化性强弱。

2. 卤素离子及卤化氢的还原性

(1)卤素离子的还原性:在 2 支试管中分别加入 0.1 mol/L 的 KI 和 KBr 溶液各 10 滴,再各加入 5 滴 0.1 mol/L $FeCl_3$ 溶液和 15 滴 CCl_4 溶液,充分振荡,观察两试管中 CCl_4 层的颜色有无变化。写出反应式并解释实验现象。

(2)卤化氢的还原性:在 3 支干燥的试管中分别加入少量(约黄豆粒大小)的 NaCl,KBr,KI 固体[2],然后再分别加入 10 滴浓 H_2SO_4[3],观察实验现象。选用合适的试纸(pH 试

纸、KI－淀粉试纸、$Pb(Ac)_2$ 试纸）检验所产生的气体。写出反应式，根据实验现象分析反应产物并判断 HCl，HBr，HI 的还原性强弱。

3. 次氯酸盐的性质

取 10 滴氯水，逐滴加入 NaOH 溶液，调节至溶液 pH 值为 8～9[4]。将所制得 NaClO 溶液分别进行下列试验。

（1）与浓 HCl 作用：在试管中加入 5 滴所制得 NaClO 溶液，再加入 2 滴浓 HCl，将湿润的 KI－淀粉试纸悬放在试管口，观察试纸颜色有何变化？解释实验现象并写出反应式。

（2）与 KI 溶液作用：在试管中加入 5 滴所制得 NaClO 溶液，再加入 2 滴 0.1 mol/L 的 KI 溶液和 2 滴 1% 淀粉溶液，观察有何现象发生？解释实验现象并写出反应式。

（3）与 $MnSO_4$ 溶液作用：在试管中加入 5 滴所制得 NaClO 溶液，再加入 2 滴 0.1 mol/L 的 $MnSO_4$ 溶液和 2 滴 2 mol/L NaOH 溶液，观察有何现象发生？解释实验现象并写出反应式。

根据上述实验结果总结 NaClO 的性质及介质对 NaClO 氧化性的影响。

4. 氯酸盐的性质

（1）在试管中加入 10 滴饱和 $KClO_3$ 溶液，再加入 4 滴浓 HCl，试证明有氯气产生，写出反应式。

（2）在试管中加入 5 滴 0.1 mol/L 的 KI 溶液，再加入 2 滴饱和 $KClO_3$ 溶液，观察有何现象发生？再逐滴加入 1∶1 的 H_2SO_4[5] 并不断震荡试管，观察到溶液先呈黄色（I_3^-），后变为紫黑色（I_2 析出），最后变为无色（IO_3^-）。根据实验现象：

①说明介质对 $KClO_3$ 氧化性的影响。

②写出每步反应式。

③比较 HIO_3 和 $HClO_3$ 的氧化性强弱。

根据实验内容 3 和 4 的实验结果，从介质的条件、试剂的浓度及实验现象，对 NaClO 和 $KClO_3$ 氧化性的强弱进行比较。

5. 卤素离子的分离和鉴定

（1）Cl^-，Br^-，I^- 的鉴定方法。

Cl^- 鉴定：在试管中加入 0.1 mol/L 的 NaCl 溶液 10 滴，再加入 2 滴 2 mol/L 的 HNO_3 酸化，然后滴加 0.1 mol/L 的 $AgNO_3$ 溶液 10 滴，观察有白色沉淀生成。离心分离，向沉淀中滴加 6 mol/L 的氨水至沉淀溶解，再加入 2 mol/L 的 HNO_3 则白色沉淀又重新析出，证明有 Cl^- 存在。

Br^-，I^- 鉴定：在 2 支试管中分别加入 0.1 mol/L 的 KBr 和 KI 溶液各 5 滴，再各加入 15 滴 CCl_4，然后逐滴加入氯水，其中 1 支试管中的 CCl_4 层变为黄色或橙黄色[6]，表示 Br^- 存在。而另 1 支试管中的 CCl_4 层变为紫色，表示有 I^- 存在。

（2）Cl^-，Br^-，I^- 混合溶液的分离和鉴定。

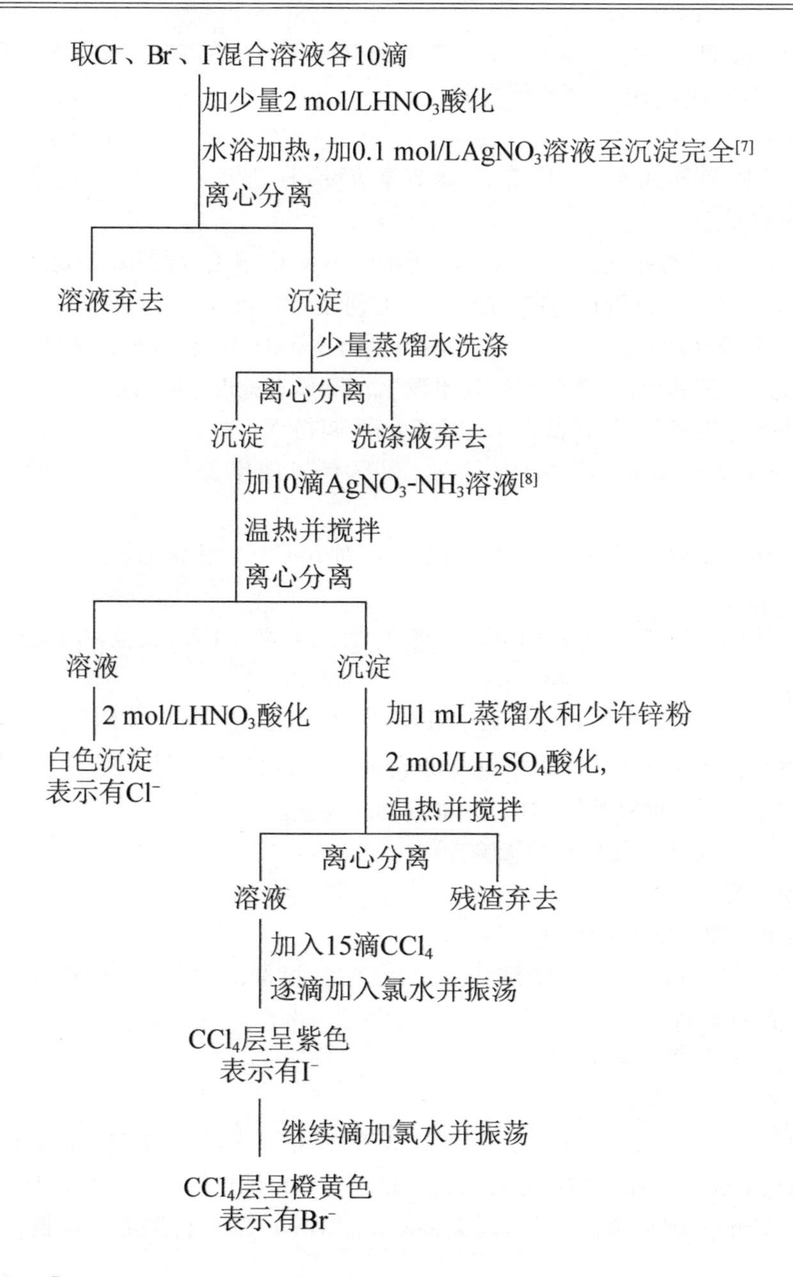

【注意事项】

1. 本实验注意分类回收含 CCl_4 和含 Ag 废液。

2. 固体 NaCl，KBr，KI 用量一定要少，放出的气体有毒性且难闻。所以用试纸检验所产生的气体时，应提前把试纸做润湿准备，当看清现象后，应立即在试管中加入 NaOH 溶液中和未反应的酸，以免过度污染空气。

3. 浓硫酸和氯水具有腐蚀性，小心取用，注意安全。

4. 在制备 NaClO 溶液时，溶液的碱性不能太强，否则会使实验现象不明显。

5. 1∶1 的 H_2SO_4 必须逐滴加入，并不断振荡试管，仔细观察现象。

6. 用氯水检验 Br^- 的存在，如加入过量氯水，则反应产生的 Br_2 将进一步被氧化成 BrCl，使溶液由橙黄色变为淡黄色，影响 Br^- 的检出。

7. 检验沉淀完全的方法：将沉淀在水浴上加热，然后离心分离，在上层清液中加入沉淀剂，如不再产生新的沉淀，表示沉淀已经完全。

8. AgCl 能溶于氨水，AgBr 可部分溶于氨水，而 AgI 则不能溶于氨水。在混合沉淀中加入 $AgNO_3-NH_3$ 溶液，既可使 AgCl 沉淀溶解，又可抑制 AgBr 沉淀的溶解。这是由于 $AgNO_3-NH_3$ 溶液中除 NH_3 外，还含有 $[Ag(NH_3)_2]^+$ 配离子，$[Ag(NH_3)_2]^+$ 配离子的存在，可使下列反应的平衡向左移动：$AgBr+2NH_3 \rightleftharpoons [Ag(NH_3)_2]^+ + Br^-$，所以 AgBr 沉淀几乎是不溶的，从而使 AgCl 与 AgBr，AgI 分离。

【思考题】

1. 试鉴定下列两组未贴标签的试剂瓶中的白色固体试剂，写出鉴定方案。

A 组 3 个试剂瓶中分别装有：NaCl，NaBr，$KClO_3$。

B 组 3 个试剂瓶中分别装有：KClO，$KClO_3$，$KClO_4$。

2. 在 Br^-，I^- 混合液中逐滴加氯水时，观察到 CCl_4 层先出现红紫色后呈橙黄色，如何解释这一现象？

3. 有甲乙两个学生同时做检验有无氯气产生的实验：学生甲在饱和 $KClO_3$ 中加浓 HCl，所产生的气体用湿润的 KI－淀粉试纸检验。开始有试纸变蓝的现象产生，但时间放久了蓝色现象消失。学生乙在固体 NaCl 中加浓 H_2SO_4 所产生的气体也用湿润的 KI－淀粉试纸检验，开始试纸没有变蓝，但时间久了试纸上略有变蓝现象产生。试问两个试验是否都有氯气产生？解释上述两种现象，并写出反应方程式。

4. 制备 NaClO 溶液时为什么溶液的碱性不能太强？

5. 现有 A，B，C 三瓶未知的 NaX 固体样品，分别与 H_2SO_4 反应，A 瓶产生气体只使 pH 试纸变红，B 瓶产生气体使 $Pb(Ac)_2$ 试纸变黑，又可使 KI－淀粉试纸变蓝，C 瓶产生气体使 KI－淀粉试纸变蓝，试判断 A，B，C 各为何种卤化物，写出相关的反应方程式。

【预习内容】

1. 卤素单质及其重要化合物的性质。
2. 影响化学反应的因素。
3. 固液分离实验操作方法之离心分离法及离心机的使用。
4. 试纸的制备及使用方法。
5. 无机化合物性质实验报告的书写方法及要求。

实验八　p 区重要非金属化合物的性质（二）

【实验目的】

1. 掌握 H_2O_2，H_2S 及硫化物的主要性质及其应用。
2. 掌握 S，N，P 重要含氧酸及盐的主要性质。
3. 学习 S^{2-}，SO_3^{2-}，$S_2O_3^{2-}$，NH_4^+，NO_2^-，NO_3^-，PO_4^{3-} 的分离和鉴定方法。

【实验原理】

1. H_2O_2 分子中氧的氧化值为 -1，介于 0 和 -2 之间，所以 H_2O_2 既具有氧化性又有还原性。无论在酸性、中性或碱性介质中 H_2O_2 都具氧化性，在酸性介质中是一种强氧化剂，它可以与 S^{2-}，I^-，Fe^{2+} 等多种还原剂反应：

$$H_2O_2 + 2I^- + 2H^+ = I_2 + 2H_2O$$

$$H_2O_2 + 2Fe^{2+} + 2H^+ = 2Fe^{3+} + 2H_2O$$

H_2O_2 可以将黑色的 PbS 氧化成白色的 $PbSO_4$:

$$PbS + 4H_2O_2 = PbSO_4 + 4H_2O$$

许多古画用的颜料中含有 $2PbCO_3 \cdot Pb(OH)_2$(俗称铅白),时间久了,这些画会逐渐变黑。利用 H_2O_2 的这一原理,用 H_2O_2 稀溶液处理古画后,便可以恢复其原来的色彩。

当 H_2O_2 遇到 $KMnO_4$ 等强氧化剂时表现出还原性,被氧化释放出 O_2:

$$5H_2O_2 + 2MnO_4^- + 6H^+ = 2Mn^{2+} + 5O_2\uparrow + 8H_2O$$

在碱性介质中,H_2O_2 可以使 Mn^{2+} 转化为 MnO_2;将 CrO_2^- 转化为 CrO_4^{2-}。

$$H_2O_2 + Mn^{2+} + 2OH^- = MnO_2\downarrow + 2H_2O$$

$$3H_2O_2 + 2CrO_2^- + 10OH^- = 2CrO_4^{2-} + 8H_2O$$

H_2O_2 具有极弱的酸性。H_2O_2 不太稳定,室温下分解较慢,但见光受热易分解,尤其当 I_2,MnO_2 以及重金属离子 Mn^{2+},Cu^{2+} 和 Cr^{3+} 等存在时会加快 H_2O_2 的分解:

$$2H_2O_2 = 2H_2O + O_2\uparrow$$

H_2O_2 的鉴定:在酸性介质中,H_2O_2 与 KCr_2O_7 反应生成 CrO_5,CrO_5 溶于乙醚或戊醇呈现特征蓝色。利用这一性质可以鉴定 H_2O_2 和 Cr(Ⅵ):

$$Cr_2O_7^{2-} + 4H_2O_2 + 2H^+ = 2CrO_5 + 5H_2O$$

2. H_2S 是有毒的气体,能溶于水,其水溶液呈弱酸性。H_2S 与硫化物中 S 的氧化值为 -2,所以 H_2S 是强还原剂,可被氧化剂 MnO_4^-,Br_2 及 Fe^{3+} 等氧化生成 S 或 SO_4^{2-}:

$$5H_2S + 8MnO_4^- + 14H^+ = 8Mn^{2+} + 5SO_4^{2-} + 12H_2O$$

$$5H_2S + 2MnO_4^- + 6H^+ = 2Mn^{2+} + 5S\downarrow + 8H_2O$$

$$H_2S + Br_2 = 2Br^- + S\downarrow + 2H^+$$

$$H_2S + 2Fe^{3+} = 2Fe^{2+} + S\downarrow + 2H^+$$

S^{2-} 可与金属离子生成金属硫化物,除碱金属的硫化物外,大多数金属硫化物难溶于水并具有特征颜色,其中黑色居多,少数具有特殊颜色,如 SnS(棕色)、SnS_2(黄色)、As_2S_3(黄色)、As_2S_5(黄色)、Sb_2S_3(橙色)、Sb_2S_5(橙色)、MnS(肉色)、ZnS(白色)、CdS(黄色)、CuS(黑色)、PbS(黑色)、Ag_2S(黑色)、HgS(黑色)。

难溶于水的金属硫化物可根据在酸中溶解情况不同分为以下 4 种:易溶于稀 HCl(如 ZnS,MnS,FeS 等)、难溶于稀 HCl 但易溶于浓 HCl(CdS,PbS 等)、难溶于 HCl 但易溶于 HNO_3(如 CuS,Ag_2S 等)、难溶于 HNO_3,只溶于王水(如 HgS 等)。利用金属硫化物的特征颜色和酸溶性的不同,可用来分离和鉴定某些金属离子。

常用的 S^{2-} 鉴定方法有 3 种:除了利用形成具特征颜色的金属硫化物鉴定外,还可利用 S^{2-} 与稀酸反应生成 H_2S 气体,根据 H_2S 特有的腐蛋臭味,或能使 $Pb(Ac)_2$ 试纸变黑现象检出。另外,利用 S^{2-} 在弱碱性条件下与 $Na_2[Fe(CN)_5NO]$(亚硝酰铁氰化钠)反应生成紫红色配合物来鉴定,即

$$S^{2-} + [Fe(CN)_5NO]^{2-} = [Fe(CN)_5NOS]^{4-}$$

3. $Na_2S_2O_3$ 遇酸可形成极不稳定的 $H_2S_2O_3$,在室温下即分解生成 SO_2 和 S:

$$H_2S_2O_3 = SO_2\uparrow + S\downarrow + H_2O$$

$S_2O_3^{2-}$ 具有还原性,与较弱氧化剂如 I_2 反应,可被氧化为 $S_4O_6^{2-}$:

$$2S_2O_3^{2-} + I_2 = S_4O_6^{2-} + 2I^-$$

$S_2O_3^{2-}$ 与过量的 Cl_2,Br_2 等较强氧化剂反应,可被氧化为 SO_4^{2-}:

$$S_2O_3^{2-} + 4Cl_2 + 5H_2O = 8Cl^- + 2SO_4^{2-} + 10H^+$$

$S_2O_3^{2-}$ 有很强配位能力,可与许多金属离子形成配位化合物。不溶性的 AgBr 不能溶于 $AgNO_3 - NH_3$ 溶液,可以溶于过量的 $Na_2S_2O_3$ 溶液中:

$$2S_2O_3^{2-} + AgBr = [Ag(S_2O_3)_2]^{3-} + Br^-$$

当 $S_2O_3^{2-}$ 与过量的 Ag^+ 反应,可生成 $Ag_2S_2O_3$ 白色沉淀,$Ag_2S_2O_3$ 易水解,沉淀颜色逐步变成黄色、棕色,最后变为黑色的 Ag_2S 沉淀:

$$2Ag^+ + S_2O_3^{2-} = Ag_2S_2O_3 \downarrow$$

$$Ag_2S_2O_3 + H_2O = Ag_2S \downarrow + SO_4^{2-} + 2H^+$$

这是 $S_2O_3^{2-}$ 的特征反应,当溶液中不存在 S^{2-} 时,此反应是鉴定 $S_2O_3^{2-}$ 的最有效方法。消除 S^{2-} 干扰的方法是加入过量的 $PbCO_3$ 固体,使 S^{2-} 全部转化为溶解度更小的黑色 PbS 沉淀,离心分离。

4. HNO_2 是弱酸,比醋酸的酸性略强,可由 $NaNO_2$ 与酸反应制得。HNO_2 极不稳定,仅在低温时存在于水溶液中。当温度高于 4 ℃时,HNO_2 分解:

$$2HNO_2 \underset{冷}{\overset{热}{\rightleftharpoons}} N_2O_3 + H_2O \underset{冷}{\overset{热}{\rightleftharpoons}} NO \uparrow + NO_2 \uparrow + H_2O$$

中间产物 N_2O_3 在水溶液中呈浅蓝色,N_2O_3 不稳定,进一步分解为棕色的 NO_2 和无色的 NO。利用该性质可以鉴定 NO_2^-。

HNO_2 及其盐既有氧化性又有还原性,但以氧化性为主。亚硝酸盐溶液只有在酸性介质中才显示氧化性。当与 $KMnO_4$,H_2O_2 等强氧化剂反应时,可以被氧化为 NO_3^-:

$$5NO_2^- + 2MnO_4^- + 6H^+ = 5NO_3^- + 2Mn^{2+} + 3H_2O$$

当与 KI,H_2S 等还原剂反应时,还原产物主要为 NO:

$$2NO_2^- + 2I^- + 4H^+ = 2NO \uparrow + I_2 + 2H_2O$$

NO_2^- 与 $FeSO_4$ 在 HAc 溶液中能生成棕色的$[Fe(NO)]SO_4$ 溶液,利用此反应可以鉴定 NO_2^- 的存在。

$$NO_2^- + Fe^{2+} + 2HAc = NO + Fe^{3+} + 2Ac^- + H_2O$$

$$NO + Fe^{2+} = [Fe(NO)]^{2+}$$

5. 磷酸为非挥发性的中强酸,它可以形成三种不同类型的盐,其中磷酸二氢盐是易溶于水的,其余两种磷酸盐除了钾、钠和铵的磷酸盐以外,一般都难溶于水,但均溶于盐酸。碱金属的磷酸盐如 Na_3PO_4,Na_2HPO_4,NaH_2PO_4 在水溶液中呈现不同的 pH 值,Na_3PO_4 溶液和 Na_2HPO_4 溶液均显碱性,前者碱度稍大,而 NaH_2PO_4 显弱酸性。

在各种磷酸盐溶液中,加入 $AgNO_3$ 溶液,均可得到黄色的 Ag_3PO_4 沉淀。

磷酸的各种钙盐在水中的溶解度不同:$Ca(H_2PO_4)_2$ 易溶于水,$Ca_3(PO_4)_2$ 和 $CaHPO_4$ 难溶于水,但可溶于盐酸。

PO_4^{3-} 在 HNO_3 介质中与过量的钼酸铵反应可生成黄色难溶的磷钼酸铵,以此可鉴定 PO_4^{3-},即

$$PO_4^{3-} + 3NH_4^+ + 12MoO_4^{2-} + 24H^+ = (NH_4)_3PO_4 \cdot 12MoO_3 \cdot 6H_2O \downarrow + 6H_2O$$

【仪器与试剂】

仪器：点滴板、烧杯、玻璃棒、滴管、酒精灯、表面皿、试管、试管夹、铁圈、铁架台、石棉网、离心试管、离心机。

实验所用试剂如下：

固体：$FeSO_4 \cdot 7H_2O$、$PbCO_3$、锌粉、硫代乙酰胺。

酸：H_2SO_4(2 mol/L、1∶1、浓)、HCl(2 mol/L、6 mol/L)、HNO_3(2 mol/L、6 mol/L)、HAc(2 mol/L)。

碱：NaOH(2 mol/L、6 mol/L)、$NH_3 \cdot H_2O$(2 mol/L、6 mol/L)。

盐：$FeCl_3$(0.1 mol/L)、$Pb(NO_3)_2$(0.1 mol/L)、$NaNO_3$(0.1 mol/L)、KI(0.1 mol/L)、$AgNO_3$(0.1 mol/L)、Na_3PO_4(0.1 mol/L)、Na_2HPO_4(0.1 mol/L)、NaH_2PO_4(0.1 mol/L)、$Na_2S_2O_3$(0.1 mol/L)、Na_2SO_3(0.1 mol/L)、$MnSO_4$(0.1 mol/L)、$CdCl_2$(0.1 mol/L)、$BaCl_2$(0.1 mol/L)、Na_2S(0.1 mol/L)、$K_4[Fe(CN)_6]$(0.1 mol/L)、$NaNO_2$(0.1 mol/L、1 mol/L)、NH_4Cl(0.1 mol/L、饱和)、$ZnSO_4$(0.1 mol/L、饱和)、$KMnO_4$(0.01 mol/L)。

其他：钼酸铵(0.1 mol/L)、$Na_2[Fe(CN)_5NO]$(1%)、碘水、淀粉溶液(1%)、H_2O_2(3%)、蓝色石蕊试纸。

【实验内容】

1. 过氧化氢的性质

(1)给定试剂：3% H_2O_2、2 mol/L H_2SO_4、0.01 mol/L $KMnO_4$ 溶液、0.1 mol/L KI 溶液和1% 淀粉溶液，设计实验证明 H_2O_2 在酸性介质中分别与 $KMnO_4$、KI 反应[1]的产物。观察现象，写出实验试剂用量、详细步骤、现象及反应式。

(2)给定试剂：3% H_2O_2、2 mol/L H_2SO_4、2 mol/L NaOH 溶液和0.1 mol/L $MnSO_4$ 溶液，设计实验验证 H_2O_2 能将 Mn^{2+} 氧化成 MnO_2，然后再用生成的 MnO_2[2] 与 H_2O_2 反应可产生 Mn^{2+}。观察现象，写出实验试剂用量、详细步骤、现象及反应式。

(3)给定试剂：3% H_2O_2，0.1 mol/L $Pb(NO_3)_2$ 溶液和0.1 mol/L Na_2S 溶液，设计实验验证 H_2O_2 可以将黑色的 PbS 氧化成白色的 $PbSO_4$，写出反应式。

根据上述实验结果，总结归纳 H_2O_2 的主要性质及反应介质对其性质的影响。

2. 硫化氢及金属硫化物的性质

(1)硫化氢的性质：用硫代乙酰胺水解液代替 H_2S 水溶液[3]，分别与 $KMnO_4$、$FeCl_3$ 反应。根据实验现象说明 H_2S 具有何性质，写出实验步骤、现象及反应式。

(2)金属硫化物的溶解性：在 3 个离心试管中分别加入 0.1 mol/L $ZnSO_4$、0.1 mol/L $CdCl_2$ 和0.1 mol/L $CuSO_4$ 溶液各 10 滴，再分别加入数滴硫代乙酰胺水解液，观察是否有沉淀析出，记录沉淀的颜色。离心沉降，弃去上层的清液，在沉淀中分别加入数滴 2 mol/L HCl，观察沉淀是否溶解。

将不溶解的沉淀再离心沉降，弃去上层的清液，在沉淀中加入数滴 6 mol/L HCl，观察沉淀是否溶解。

将仍不溶解的沉淀再次离心沉降，弃去上层的清液，用少量蒸馏水洗涤沉淀 2 次，然后在沉淀中加入数滴 6 mol/L HNO_3，观察沉淀是否溶解。

将实验结果记录于表 8－1 中，并写出相关反应式。

表 8－1　金属硫化物的溶解性

金属硫化物	颜色	溶解性		
		2 mol/L HCl	6 mol/L HCl	6 mol/L HNO_3
ZnS				
CdS				
CuS				

3. 硫代硫酸及其盐的性质

(1)在试管中加入 10 滴 0.1 mol/L $Na_2S_2O_3$ 溶液，再加入 2 滴 2 mol/L HCl，静置片刻，观察现象，并用蓝色石蕊试纸检验放出的气体。解释实验现象并写出反应式。

(2)在试管中加入 5 滴碘水，逐滴加入 0.1 mol/L $Na_2S_2O_3$ 溶液，观察碘水的颜色变化，解释实验现象并写出反应式。

(3)在试管中加入 5 滴 0.1 mol/L $Na_2S_2O_3$ 溶液，逐滴加入新制备的氯水，并用 0.1 mol/L $BaCl_2$溶液验证 $Na_2S_2O_3$ 的氧化产物，写出相关反应式。

根据上述实验结果，总结归纳硫代硫酸及其盐的主要性质。

4. 亚硝酸及其盐的性质

(1)在试管中加入 1 mol/L $NaNO_2$ 溶液和 1∶1H_2SO_4 各 5 滴，振荡混合，观察溶液颜色变化和液面上方气体的颜色，解释现象并写出反应式。

(2)在试管中加入 0.01 mol/L $KMnO_4$ 溶液 5 滴，再加入 2 滴 2 mol/L H_2SO_4 酸化，然后逐滴加入 0.1 mol/L $NaNO_2$ 溶液，观察实验现象，写出反应式。

(3)设计实验，验证 $NaNO_2$ 与 KI 的反应产物，观察现象并写出反应式。

根据上述实验结果，总结归纳亚硝酸及其盐的主要性质。

5. 磷酸盐的性质

(1)磷酸盐的酸碱性：

用 pH 试纸分别测定 0.1 mol/L Na_3PO_4 溶液、0.1 mol/L Na_2HPO_4 溶液和 0.1 mol/L NaH_2PO_4 溶液的 pH 值，以确定其酸碱性。

在 3 支试管中分别加入 0.1 mol/L Na_3PO_4 溶液、0.1 mol/L Na_2HPO_4 溶液和 0.1 mol/L NaH_2PO_4 溶液各 5 滴，再各加入 2 滴 0.1 mol/L $AgNO_3$ 溶液，观察是否有沉淀产生，并用 pH 试纸分别测定反应溶液的酸碱性有何变化？解释现象并写出反应式。

(2)磷酸盐的溶解性：

在 3 支试管中分别加入 0.1 mol/L Na_3PO_4 溶液、0.1 mol/L Na_2HPO_4 溶液和 0.1 mol/L NaH_2PO_4 溶液各 5 滴，各加入 10 滴 0.1 mol/L $CaCl_2$ 溶液，观察这三种钙磷酸盐在水中的溶解性。然后再滴入 2 mol/L $NH_3 \cdot H_2O$ 各 5 滴，观察有何变化？最后再各滴入 2 mol/L HCl 数滴，又有何现象发生？解释现象并写出反应式。

根据实验结果，比较磷酸盐的酸碱性及溶解性，说明三种磷酸盐之间相互转化的条件。

6. 离子的分离和鉴定

(1) S^{2-}，SO_3^{2-}，$S_2O_3^{2-}$，NO_3^-，NO_2^-，PO_4^{3-} 的鉴定

S^{2-}的鉴定：在点滴板的井穴内加入 1 滴 0.1 mol/L Na_2S 溶液，再加入 1 滴 1% $Na_2[Fe(CN)_5NO]$ 溶液，若有紫红色出现，表示有 S^{2-}存在。

SO_3^{2-} 的鉴定:在点滴板的井穴内加入 2 滴饱和 $ZnSO_4$ 溶液,再加入 0.1 mol/L $K_4[Fe(CN)_6]$和 1% $Na_2[Fe(CN)_5NO]$ 各 1 滴,并用 2 mol/L $NH_3 \cdot H_2O$ 调节溶液呈中性,最后滴加 1 滴 0.1 mol/L Na_2SO_3 溶液,若有红色沉淀出现,表示有 SO_3^{2-} 存在。

$S_2O_3^{2-}$ 的鉴定:在点滴板的井穴内加入 1 滴 0.1 mol/L $Na_2S_2O_3$ 溶液,再加入 2 滴 0.1 mol/L $AgNO_3$ 溶液,若有沉淀生成,沉淀的颜色由白→黄→棕→黑,表示有 $S_2O_3^{2-}$ 存在。

NO_2^- 的鉴定:在试管中加入 5 滴 0.1 mol/L $NaNO_2$ 溶液,再滴入 5 滴 2 mol/L HAc 酸化,加入 3 ~5 粒 $FeSO_4 \cdot 7H_2O$ 晶体,振荡,若溶液呈棕色,表示有 NO_2^- 存在。

NO_3^- 的鉴定:在试管中加入 5 滴 0.1 mol/L $NaNO_3$ 溶液,再加入 3 ~5 粒 $FeSO_4 \cdot 7H_2O$ 晶体,震荡溶解后,斜持试管,沿试管内壁慢慢加入浓 H_2SO_4,仔细观察浓 H_2SO_4 和液面交界处,若有棕色环出现,表示有 NO_3^- 存在。

PO_4^{3-} 的鉴定:在试管中加入 2 滴 0.1 mol/L Na_3PO_4 溶液,再加入 5 滴浓 HNO_3 和 10 滴钼酸铵试剂[5],在 40 ~50 ℃水浴中加热片刻,若有黄色沉淀产生,表示有 PO_4^{3-} 存在。

(2)S^{2-},SO_3^{2-},$S_2O_3^{2-}$ 混合离子的分离和鉴定

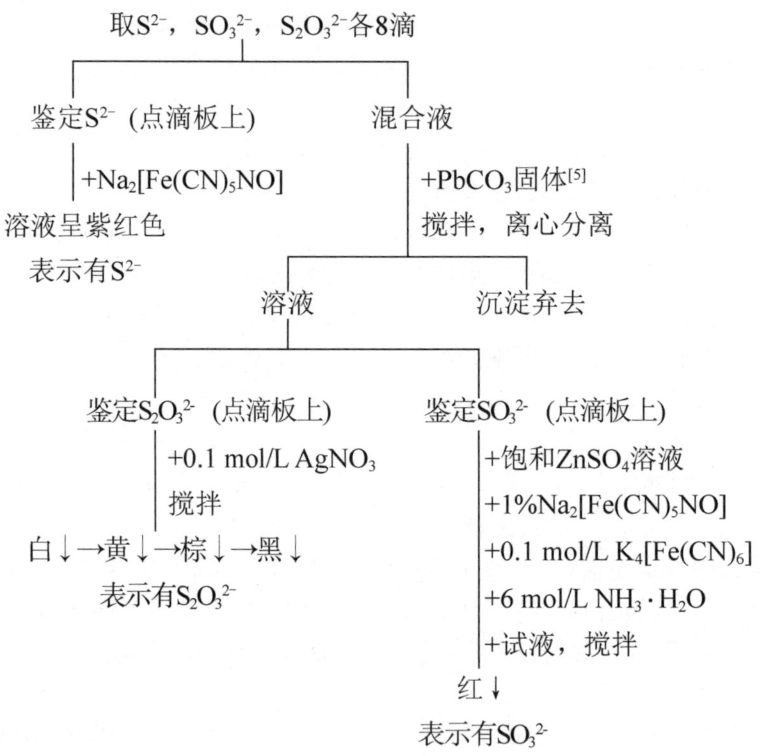

【注意事项】

1. 在 $KMnO_4$ 溶液中应先加入酸性介质后再加入 H_2O_2。

2. MnO_2 需经蒸馏水洗涤,离心沉降后使用。

3. H_2S 具有臭味和毒性,由硫代乙酰胺(CH_3CSNH_2)水解液替代 H_2S 饱和水溶液,以降低环境污染。

4. 试验 CuS 的酸溶性时,若溶解现象不明显可微热处理。

5. 钼酸铵应稍过量,否则实验现象不明显。

6. S^{2-}对 SO_3^{2-},$S_2O_3^{2-}$ 鉴定有干扰,必须重复使用 $PbCO_3$ 固体处理 S^{2-}使其完全除去。

当加入 $PbCO_3$ 固体后不再有黑色的 PbS 生成，即白色的 $PbCO_3$ 不再变黑，表示 S^{2-} 已完全除尽。

7. 注意本实验废液的分类回收。

【思考题】

1. 选择酸作氧化还原反应介质时一般不用 HCl 或 HNO_3，为什么？何种情况可选用 HCl 或 HNO_3？

2. H_2O_2 能否将 Br^- 氧化成 Br_2？又能否将 Br_2 还原为 Br^-？

3. 某学生将少量 $AgNO_3$ 溶液滴入 $Na_2S_2O_3$ 溶液中，出现白色沉淀，震荡后沉淀马上消失，溶液又呈无色透明，为什么？

4. 不溶于 HCl 的金属硫化物中，继续加浓 HNO_3，是否必须用少量蒸馏水洗涤沉淀，为什么？

5. 酸性介质中，NO_2^- 与 $FeSO_4$ 反应产生棕色，那么在 NO_3^- 与 NO_2^- 混合液中，将怎样鉴定出 NO_3^-？

6. 现有四瓶未贴标签的固体化合物：Na_2S，$NaHSO_3$，$NaHSO_4$ 和 $Na_2S_2O_3$，设计实验方案将它们加以鉴别。

【预习内容】

1. 氧、硫、氮、磷重要化合物的性质。

2. 氧、硫、氮、磷相关离子的分离与鉴定方法。

实验九　p 区重要金属化合物的性质

【实验目的】

1. 掌握锡、铅、锑、铋氢氧化物的酸碱性。

2. 掌握锡、铅、锑、铋硫化物的性质。

3. 掌握铅盐的难溶性及 Sn(Ⅱ)的还原性和 Pb(Ⅳ)，Bi(Ⅴ)的氧化性。

4. 掌握 Sn^{2+}，Pb^{2+}，Sb^{3+}，Bi^{3+} 的分离和鉴定方法。

【实验原理】

锡、铅、锑、铋是 p 区重要的金属元素。

锡和铅原子的价层电子构型为 ns^2np^2，它们能形成氧化态为 +2 和 +4 的化合物。Sn(Ⅱ)和 Pb(Ⅱ)盐具有较强的水解作用，例如：

$$SnCl_2 + H_2O = Sn(OH)Cl\downarrow + HCl$$

所以在配制溶液时必须将 Sn(Ⅱ)和 Pb(Ⅱ)盐溶解在相应的酸液中以抑制其水解。

$Sn(OH)_2$ 和 $Pb(OH)_2$ 均为两性氢氧化物，既可溶于酸又可溶于碱溶液中：

$$Sn(OH)_2 + 2H^+ = Sn^{2+} + 2H_2O$$

$$Sn(OH)_2 + 2OH^- = [Sn(OH)_4]^{2-}$$

$$Pb(OH)_2 + 2H^+ = Pb^{2+} + 2H_2O$$

$$Pb(OH)_2 + OH^- = [Pb(OH)_3]^-$$

Sn(Ⅱ)较 Pb(Ⅱ)还原性强，易被空气中的氧所氧化，所以配制溶液时应加入 Sn 粒以防止氧化。

Sn(Ⅱ)具有还原性,在碱性介质中还原性更强。

酸性介质中:$Sn^{2+} + 4Cl^- + 2HgCl_2 = [SnCl_6]^{2-} + Hg_2Cl_2 \downarrow$ 白色

$$Sn^{2+}(\text{过量}) + 4Cl^- + Hg_2Cl_2 = [SnCl_6]^{2-} + 2Hg \downarrow \text{黑色}$$

此反应可用于 Sn^{2+} 的鉴定。

碱性介质中:$3[Sn(OH)_4]^{2-} + 2Bi^{3+} + 6OH^- = 3[Sn(OH)_6]^{2-} + 2Bi \downarrow$

析出的金属铋为黑色粉末状,此反应可用于 Bi^{3+} 的鉴定。

Pb(Ⅳ)的氧化物 PbO_2 是常用的氧化剂,在酸性介质中可与 Mn^{2+},Cl^- 等弱还原剂发生反应,即

$$5PbO_2 + 2Mn^{2+} + 5SO_4^{2-} + 4H^+ = 5PbSO_4 + 2MnO_4^- + 2H_2O$$

$$PbO_2 + 4HCl(\text{浓}) = PbCl_2 + Cl_2 \uparrow + 2H_2O$$

铅盐中 $Pb(NO_3)_2$ 和 $Pb(Ac)_2$ 除易溶外,一般都难溶于水,且具有特征颜色。分析化学上常以此作为 Pb^{2+} 鉴定和分离的依据,即

Pb^{2+} +
- $2Cl^- \rightarrow PbCl_2 \downarrow$ (白) 微溶于冷水,易溶于热水、浓HCl和NH_4Ac溶液
- $2I^- \rightarrow PbI_2 \downarrow$ (黄) 溶于浓KI溶液
- $CrO_4^{2-} \rightarrow PbCrO_4 \downarrow$ (黄) 溶于稀HNO_3、浓HCl和浓NaOH溶液
- $SO_4^{2-} \rightarrow PbCrO_4 \downarrow$ (白) 溶于热水、浓H_2SO_4和饱和NH_4Ac溶液
- $CO_4^{2-} \rightarrow PbCrO_3 \downarrow$ (白) 溶于烯酸

Pb^{2+} 溶液中加入 CrO_4^{2-} 生成黄色沉淀常用于 Pb^{2+} 的鉴定反应。

锑和铋是周期表中第ⅤA 族元素,其原子的价层电子构型为 ns^2np^3,它们能形成氧化态为 +3 和 +5 的化合物。

Sb(Ⅲ)和 Bi(Ⅲ)盐也具有水解作用,例如:

$$BiCl_3 + H_2O = BiOCl \downarrow + 2HCl$$

$Sb(OH)_3$ 为两性氢氧化物,既溶于酸又溶于碱:

$$Sb(OH)_3 + 3H^+ = Sb^{3+} + 3H_2O$$

$$Sb(OH)_3 + 3OH^- = [Sb(OH)_6]^{3-}$$

Sb(Ⅲ)既具氧化性又具还原性,但均较弱。Sb^{3+} 可以被 Sn 还原为黑色的单质 Sb:

$$2Sb^{3+} + 3Sn = 2Sb \downarrow + 3Sn^{2+}$$

此反应可用于 Sb^{3+} 的鉴定。

Sb^{3+} 碱性介质中与 $[Ag(NH_3)_2]^+$ 作用,析出黑色单质银:

$$[Sb(OH)_4]^- + 2[Ag(NH_3)_2]^+ + 2OH^- = [Sb(OH)_6]^- + 2Ag \downarrow + 4NH_3$$

此反应也可用于 Sb^{3+} 的鉴定。

$Bi(OH)_3$ 具有碱性,溶于酸而不溶于碱:

$$Bi(OH)_3 + 3H^+ = Bi^{3+} + 3H_2O$$

Bi(Ⅲ)既具氧化性又具还原性,在碱性介质中可被强氧化剂氧化:

$$Bi(OH)_3 + Cl_2 + Na^+ + 3OH^- = NaBiO_3 \downarrow + 2Cl^- + 3H_2O$$

Bi_2O_3 需在强碱性介质中用强氧化剂如 Na_2O_2,Cl_2 等才可被氧化:

$$Bi_2O_3 + 2Na_2O_2 = 2NaBiO_3 + Na_2O$$

Bi(Ⅴ)化合物具强氧化性,在酸性介质中可与 Mn^{2+},Cl^- 等弱还原剂发生反应:

$$5NaBiO_3 + 2Mn^{2+} + 14H^+ = 5Bi^{3+} + 2MnO_4^- + 7H_2O + 5Na^+$$

锡、铅、锑、铋的硫化物都具有特征颜色:

硫化物	SnS	SnS_2	PbS	Sb_2S_3	Sb_2S_5	Bi_2S_3
颜色	棕色	黄色	黑色	橙色	橙红色	黑色

锡、铅、锑、铋的硫化物都不溶于水或非氧化性酸,可溶于浓盐酸和稀硝酸:

$$PbS + 4HCl(浓) = H_2[PbCl_4] + H_2S$$

$$3PbS + 8HNO_3 = 3Pb(NO_3)_2 + 2NO\uparrow + 3S\downarrow + 4H_2O$$

锡、铅、锑、铋硫化物的酸碱性与相应的氧化物相似,凡两性或两性偏酸性的硫化物可溶于碱金属硫化物如 Na_2S 或 $(NH_4)_2S$ 中生成相应的硫代酸盐:

$$SnS_2 + Na_2S = Na_2SnS_3$$

$$Sb_2S_3 + 3Na_2S = 2Na_3SbS_3$$

SnS 可溶于多硫化钠 Na_2S_2 溶液中:

$$SnS_2 + Na_2S = Na_2SnS_3$$

硫代酸盐均只能存在于中性或碱性介质中,遇酸则生成不稳定的硫代酸,随即分解为相应的硫化物和硫化氢:

$$2Na_3SbS_3 + 6HCl = Sb_2S_3\downarrow + 6NaCl + 3H_2S\uparrow$$

【仪器与试剂】

仪器:点滴板、烧杯、玻璃棒、滴管、酒精灯、表面皿、试管、试管夹、铁圈、铁架台、石棉网、离心试管、离心机。

实验所用试剂如下:

固体:$NaBiO_3$、Bi_2O_3、Na_2O_2、PbO_2、硫代乙酰胺、锡箔。

酸:H_2SO_4(2 mol/L)、HCl(2 mol/L、6 mol/L、浓)、HNO_3(2 mol/L、6 mol/L)。

碱:NaOH(2 mol/L、6 mol/L)、$NH_3\cdot H_2O$(2 mol/L、6 mol/L)。

盐:$SnCl_2$(0.1 mol/L)、$Pb(NO_3)_2$(0.1 mol/L)、$SnCl_4$(0.1 mol/L)、$SbCl_3$(0.1 mol/L)、$Bi(NO_3)_2$(0.1 mol/L)、$HgCl_2$(0.1 mol/L)、K_2CrO_4(0.1 mol/L)、K_2CrO_4(0.1 mol/L)、$MnSO_4$(0.1 mol/L)、Na_2S(0.1 mol/L、0.5 mol/L)、NH_4Ac(饱和)、KI(0.1 mol/L、2 mol/L)。

其他:1% 淀粉溶液、KI-淀粉试纸。

【实验内容】

1. $Sn(OH)_2$、$Pb(OH)_2$、$Sb(OH)_3$、$Bi(OH)_3$ 的酸碱性[1]

给定试剂:0.1 mol/L $SnCl_2$ 溶液、0.1 mol/L $Pb(NO_3)_2$ 溶液、0.1 mol/L $SbCl_3$ 溶液、0.1 mol/L $Bi(NO_3)_2$ 溶液、2 mol/L NaOH 溶液、6 mol/L NaOH 溶液、2 mol/L HNO_3 和 2 mol/L HCl,设计完成下述实验并写出相关反应式:

(1)制备 $Sn(OH)_2$,$Pb(OH)_2$,$Sb(OH)_3$,$Bi(OH)_3$,观察其颜色及在水中的溶解性,将产物及观察结果填入表 8-2 中第 2,3 行。

(2)将所制备的氢氧化物各分为2份,分别进行酸碱性检验,观察其在酸或碱溶液中是否溶解,将产物及观察结果填入表8-2中第4~7行。

(3)根据实验结果对其酸碱性做出结论,填入表8-2中第8行。

表8-2 $Sn(OH)_2$,$Pb(OH)_2$,$Sb(OH)_3$,$Bi(OH)_3$的酸碱性

实验项目		Sn^{2+}	Pb^{2+}	Sb^{3+}	Bi^{3+}
$M(OH)_n$ 制备	产物				
	现象				
$M(OH)_n + H^+$	产物				
	现象				
$M(OH)_n + OH^-$[2]	产物				
	现象				
酸碱性结论					

2. Sn(Ⅱ)的还原性与Pb(Ⅳ)的氧化性

(1)在试管中加入5滴0.1 mol/L $HgCl_2$溶液,逐滴加入0.1 mol/L $SnCl_2$溶液,观察现象[3](注意沉淀颜色的变化)并写出反应式。

(2)在试管中加入少量PbO_2固体试剂,再加入数滴浓HCl,观察现象,并检验气体为何产物并写出反应式。

3. Sb(Ⅲ)的氧化还原性

(1)在一小片光亮的Sn片或Sn箔上滴加1滴0.1 mol/L $SbCl_3$溶液,观察Sn片或Sn箔颜色的变化并写出反应式。

(2)在试管中加入5滴0.1 mol/L $SbCl_3$溶液,逐滴加入6 mol/L NaOH溶液,直至生成的沉淀有溶解为止。在另一支试管中加入5滴0.1 mol/L $AgNO_3$溶液,逐滴加入2 mol/L $NH_3 \cdot H_2O$,直至生成的沉淀有溶解为止。将两支试管中的溶液混合,观察现象并写出反应式。

4. Bi(Ⅲ)的还原性与Bi(Ⅴ)的氧化性

(1)在试管中加入5滴0.1 mol/L $Bi(NO_3)_2$溶液,再分别加入6 mol/L NaOH溶液和氯水各数滴,水浴加热,观察棕黄色沉淀生成并写出反应式。

(2)将上面的沉淀进行离心分离并洗涤,在沉淀中加入数滴浓HCl,观察现象,并检验气体为何产物并写出反应式。

(3)在试管中加入2滴0.1 mol/L $MnSO_4$溶液,加入2滴6 mol/L HNO_3酸化,然后加入少量$NaBiO_3$固体试剂,观察溶液颜色的变化并写出反应式。

5. Sn,Pb,Sb,Bi硫化物的性质

(1)分别制取少量SnS,SnS_2,PbS,Sb_2S_3,Bi_2S_3沉淀[4],观察颜色。离心分离后,将沉淀进行下列溶解性实验,将实验结果填入表8-3中,并写出反应式。

(2)根据实验结果,比较SnS和SnS_2,Sb_2S_3和Bi_2S_3的酸碱性。

表 8-3　Sn,Pb,Sb,Bi 硫化物的性质

硫化物		SnS	SnS_2	PbS	Sb_2S_3	Bi_2S_3
颜色						
+2 mol/L HCl	产物					
	现象					
+浓 HCl 产物	产物					
	现象					
+2 mol/L HNO_3	产物					
	现象					
+0.5 mol/L Na_2S[5]	产物					
	现象					

6. 难溶铅盐的溶解性

制取少量 $PbCl_2$,$PbCrO_4$,$PbSO_4$,PbI_2 沉淀,观察颜色。离心分离后,将沉淀进行下列溶解性实验[6],将实验结果填入表 8-4 中,并写出反应式。

表 8-4　难溶铅盐的溶解性

难溶盐	颜色	试剂	产物及现象
$PbCl_2$		+热 H_2O	
		+浓 HCl	
$PbCrO_4$		+6 mol/L HNO_3	
		+6 mol/L NaOH 溶液	
$PbSO_4$		+饱和 NH_4Ac 溶液	
PbI_2		+2 mol/L KI 溶液	
$PbCO_3$		+2 mol/L HCl	

7. 离子的分离与鉴定

(1)离子的鉴定

Sn^{2+}的鉴定:在点滴板的井穴内滴入 1 滴 0.1 mol/L $SnCl_2$ 溶液,再滴入 1 滴 0.1 mol/L $HgCl_2$ 溶液,有白色沉淀生成,继而逐渐变灰黑色,表示有 Sn^{2+}。

Pb^{2+}的鉴定:在点滴板的井穴内滴入 1 滴 0.1 mol/L $Pb(NO_3)_2$ 溶液,再滴入 2 滴 0.1 mol/L K_2CrO_4 溶液,有黄色沉淀生成,加入数滴 6 mol/L NaOH 溶液,黄色沉淀溶解,表示有 Pb^{2+}。

Sb^{3+}的鉴定:在一小片光亮的 Sn 箔上滴加 1 滴 0.1 mol/L $SbCl_3$ 溶液,观察到 Sn 箔变黑,表示有 Sb^{3+}。

Bi^{3+}的鉴定:在点滴板的井穴内滴入 1 滴 0.1 mol/L $SnCl_2$ 溶液,再滴入 3 滴 6 mol/L NaOH 溶液,混合均匀后,滴入 1 滴 0.1 mol/L $Bi(NO_3)_2$ 溶液,有黑色沉淀生成,表示有 Bi^{3+}。

(2) Sb^{3+}、Bi^{3+}混合离子的分离和鉴定

在离心式管中加入10滴 Sb^{3+} 和 Bi^{3+} 混合液,再加入数滴6 mol/L NaOH 溶液(稍过量),振荡试管,离心沉降。

取上层清液,加入2滴2 mol/L H_2SO_4 酸化后,在Sn箔上滴加1滴此溶液,若Sn箔变黑,表示有 Sb^{3+}。

在沉淀中加入2滴2 mol/L NaOH 溶液,再加入1滴0.1 mol/L $SnCl_2$ 溶液,若有黑色沉淀析出,表示有 Bi^{3+}。

【注意事项】

1. 本实验所用的有关Pb、Sb的试剂都有毒,实验时应尽量少取,实验后的废液注意倒入分类回收容器中。

2. NaOH 必须逐滴加入,并不断振荡试管。

3. $SnCl_2$ 溶液用量的多少对反应产物及现象有影响,如现象不明显,可放置一段时间再观察。

4. 制得的硫化物沉淀应尽量少,且需加热,放置陈化一段时间再使用较好。

5. Na_2S 放置一段时间后,常含有 Na_2S_x,对检验SnS的溶解性有影响,需用新配置的 Na_2S 溶液。

6. 制得的硫化物沉淀应尽量少,加入溶解试剂时要搅拌或振荡试管。

【思考题】

1. 实验室中配制 $SnCl_2$ 溶液时,为什么既要加HCl又要加Sn粒?

2. 如何配制 $SbCl_3$, $Pb(NO_3)_2$, $Bi(NO_3)_3$ 溶液?

3. 选用最简便的方法对下列三组物质分别进行鉴别:

$BaSO_4$ 和 $PbSO_4$; $BaCrO_4$ 和 $PbCrO_4$; $SnCl_2$ 和 $SnCl_4$

4. PbS能否被 H_2O_2 氧化为 $PbSO_4$? 如能进行,写出反应式,并说明这一反应有何实际意义?

5. 如何分离混合溶液中的 Sn^{2+} 和 Pb^{2+}?

6. 设计实验,证明 Pb_3O_4 中含有Pb(Ⅱ)与Pb(Ⅳ)?

【预习内容】

锡、铅、锑、铋重要化合物的相关理论知识。

实验十　d区重要金属化合物的性质(一)

【实验目的】

1. 掌握铬、锰主要化合物的性质及应用

2. 掌握铬、锰重要氧化态之间的转化反应及其条件。

3. 掌握 Cr^{3+}, Mn^{2+} 的分离和鉴定方法。

【实验原理】

1. 铬盐和亚铬盐是Cr(Ⅲ)的主要存在形式。向 $CrCl_3$ 溶液中加入NaOH溶液,产生具有两性的氢氧化物 $Cr(OH)_3$ 沉淀,$Cr(OH)_3$ 可与过量的NaOH反应生成 CrO_2^-:

$$Cr^{3+} + 3OH^- = Cr(OH)_3\downarrow \text{(灰绿色)}$$

$$Cr(OH)_3 + OH^- \longrightarrow CrO_2^-（亮绿色）+ 2H_2O$$

CrO_2^- 在碱性介质中有较强的还原性，易被 H_2O_2、氯水等氧化成黄色的 CrO_4^{2-}：

$$2CrO_2^- + 3H_2O_2 + 2OH^- \longrightarrow 2CrO_4^{2-} + 4H_2O$$

在酸性介质中，Cr^{3+} 表现出较大的氧化还原稳定性，不易被氧化，也不易被还原，只有强氧化剂如 MnO_4^-，$S_2O_8^{2-}$ 等才能将其氧化为橙色的 $Cr_2O_7^{2-}$：

$$10Cr^{3+} + 6MnO_4^- + 11H_2O \longrightarrow 5Cr_2O_7^{2-} + 6Mn^{2+} + 22H^+$$

$$2Cr^{3+} + 3S_2O_8^{2-} + 7H_2O \longrightarrow Cr_2O_7^{2-} + 6SO_4^{2-} + 14H^+$$

CrO_4^{2-} 和 $Cr_2O_7^{2-}$ 在水溶液中存在下列平衡：

$$2CrO_4^{2-} + 2H^+ \underset{OH^-}{\overset{H^+}{\rightleftharpoons}} Cr_2O_7^{2-} + H_2O$$

加酸或加碱可使 CrO_4^{2-} 和 $Cr_2O_7^{2-}$ 互相转化，若向溶液中加入酸，则平衡向右移动，主要以 $Cr_2O_7^{2-}$ 形式存在；若向溶液中加入碱溶液，则平衡向左移动，主要以 CrO_4^{2-} 形式存在。若向溶液中加入 Ba^{2+}，Pb^{2+} 或 Ag^+，因铬酸盐比重铬酸盐有较小的溶度积，能使平衡向生成铬酸盐的方向移动：

$$2Ba^{2+} + Cr_2O_7^{2-} + H_2O \longrightarrow 2BaCrO_4\downarrow（柠檬黄）+ 2H^+$$

$$4Ag^+ + Cr_2O_7^{2-} + H_2O \longrightarrow 2Ag_2CrO_4\downarrow（砖红色）+ 2H^+$$

$$2Pb^{2+} + Cr_2O_7^{2-} + H_2O \longrightarrow 2PbCrO_4\downarrow（铬黄色）+ 2H^+$$

$Cr_2O_7^{2-}$ 具有强氧化性，酸性介质中易被还原为 Cr^{3+}：

$$Cr_2O_7^{2-} + 3SO_3^{2-} + 8H^+ \longrightarrow 2Cr^{3+} + 3SO_4^{2-} + 4H_2O$$

酸性介质中，$Cr_2O_7^{2-}$ 与 H_2O_2 反应可生成蓝色的过氧化铬 $CrO(O_2)_2$：

$$Cr_2O_7^{2-} + 4H_2O_2 + 2H^+ \longrightarrow 2CrO(O_2)_2 + 5H_2O$$

蓝色 $CrO(O_2)_2$ 在空气中不稳定，易分解，但在有机试剂乙醚或戊醇中比较稳定，此反应常用于 Cr^{3+}，$Cr_2O_7^{2-}$ 和 H_2O_2 的鉴定。

酸性条件下 $Cr_2O_7^{2-}$ 的强氧化性还可以氧化乙醇：

$$2Cr_2O_7^{2-} + 3C_2H_5OH + 16H^+ \longrightarrow 4Cr^{3+} + 3CH_3COOH + 11H_2O$$

根据此反应的颜色变化，检查酒后呼出的气体或血液中的酒精量，可以判断是否酒后驾车或酒精中毒。

2. 白色的 $Mn(OH)_2$ 可由 Mn^{2+} 在无氧条件下遇碱制得。$Mn(OH)_2$ 是中强碱，具有还原性，易被空气中的 O_2 氧化，逐渐变成棕褐色的 MnO_2 的水合物 $MnO(OH)_2$：

$$Mn^{2+} + 2OH^- \longrightarrow Mn(OH)_2\downarrow$$

$$2Mn(OH)_2 + O_2 \longrightarrow 2MnO(OH)_2\downarrow$$

Mn^{2+} 在中性或弱酸性介质中，可与 MnO_4^- 反应生成棕色的 MnO_2 沉淀：

$$3Mn^{2+} + 2MnO_4^- + 2H_2O \longrightarrow 5MnO_2\downarrow + 4H^+$$

Mn^{2+} 在酸性介质中相当稳定，只有在强酸性条件下，被强氧化剂如 PbO_2，$NaBiO_3$ 等氧化生成紫红色的 MnO_4^-：

$$2Mn^{2+} + 5PbO_2 + 4H^+ \longrightarrow 2MnO_4^- + 5Pb^{2+} + 2H_2O$$

$$2Mn^{2+} + 5NaBiO_3 + 14H^+ \longrightarrow 2MnO_4^- + 5Na^+ + 5Bi^{3+} + 7H_2O$$

此性质常用于 Mn^{2+} 的鉴定。

MnO_4^- 具强氧化性,它的还原产物与溶液的酸碱性有关,在酸性、中性或碱性介质中,分别被还原为 Mn^{2+},MnO_2 和 MnO_4^{2-}:

$$2MnO_4^- + 5SO_3^{2-} + 6H^+ = 2Mn^{2+} + 5SO_4^{2-} + 3H_2O$$

$$2MnO_4^- + 3SO_3^{2-} + H_2O = 2MnO_2\downarrow + 3SO_4^{2-} + 2OH^-$$

$$2MnO_4^- + SO_3^{2-} + 2OH^- = 2MnO_4^{2-} + SO_4^{2-} + H_2O$$

在强碱性介质中,MnO_4^- 与 MnO_2 反应能生成绿色的 MnO_4^{2-}:

$$2MnO_4^- + MnO_2 + 4OH^- = 3MnO_4^{2-} + 2H_2O$$

MnO_4^{2-} 能稳定存在于强碱性溶液中,而在中性甚至微碱性溶液中易发生歧化反应。

【仪器与试剂】

仪器:点滴板、烧杯、玻璃棒、滴管、酒精灯、表面皿、试管、试管夹、铁圈、铁架台、石棉网、离心试管、离心机。

实验所用试剂如下:

固体:MnO_2、$NaBiO_3$。

酸: H_2SO_4(2 mol/L)、HCl(2 mol/L、6 mol/L、浓)、HNO_3(6 mol/L)。

碱:NaOH(2 mol/L、6 mol/L、40%)。

盐: $CrCl_3$(0.1 mol/L)、$K_2Cr_2O_7$(0.1 mol/L)、Na_2SO_3(1 mol/L)、$MnSO_4$(0.1 mol/L)、$KMnO_4$(0.01 mol/L)。

其他:H_2O_2(3%)、乙醚。

【实验内容】

1.铬、锰氢氧化物的性质

给定下列试剂:$CrCl_3$(0.1 mol/L)[1]、$MnSO_4$(0.1 mol/L)、NaOH(2 mol/L,40%)、HCl(2 mol/L)。设计完成下述实验并写出相关反应式:

(1)制备少量 $Cr(OH)_3$,$Mn(OH)_2$[2],观察其颜色和溶解性,将产物及观察结果填入表 8-5 中第 2,3 行。

(2)将所制备的氢氧化物各分为 3 份,对其中 2 份分别进行酸碱性检验,观察其在酸或碱溶液中是否溶解,将产物、观察结果及结论分别填入表 8-5 中第 4~8 行。

(3)将第 3 份试液振荡、空气中放置片刻,观察现象,将产物、观察结果及结论(是否可被空气中的 O_2 所氧化)分别填入表 8-5 中第 9~11 行。

表 8-5 铬、锰氢氧化物的性质

实验项目		Cr^{3+}	Mn^{2+}
$M^{n+} + OH^-$	产物		
	现象		
$M(OH)_n + H^+$	产物		
	现象		
$M(OH)_n + OH^-$	产物		
	现象		

表 8-5(续)

实验项目		Cr^{3+}	Mn^{2+}
酸碱性结论			
$M(OH)_n + O_2$	产物		
	现象		
空气中的稳定性结论			

2. 铬重要氧化态之间的转化

选择合适的试剂及介质,设计实验,实现下列铬的氧化态间转化。观察现象,写出相关反应式,根据实验结果总结铬重要化合物的主要性质。

$$\begin{array}{ccc} Cr_2O_7^{2-} & \rightleftharpoons & CrO_4^{2-} \\ \downarrow [3] & & \uparrow \\ Cr^{3+} & \rightleftharpoons & CrO_2^{-} \end{array}$$

3. 锰重要氧化态之间的转化

选择合适的试剂及介质,设计实验,实现下列锰的氧化态间转化。观察现象,写出相关反应式,根据实验结果总结锰重要化合物的主要性质。

$$\begin{array}{ccc} [4]\ MnO_4^{-} & \rightleftharpoons & Mn^{2+} \\ \upharpoonleft\downharpoonright & \searrow & \upharpoonleft\downharpoonright \\ [5]\ MnO_4^{2-} & \rightleftharpoons & MnO_2 \end{array}$$

4. Cr^{3+},Mn^{2+} 的分离和鉴定

(1) Cr^{3+},Mn^{2+} 的鉴定

Cr^{3+} 的鉴定:在试管中加入 2 滴 0.1 mol/L $CrCl_3$ 溶液和 2 滴 6 mol/L NaOH 溶液,振荡,待 Cr^{3+} 转化为 CrO_2^- 后,再加入 2 滴 6 mol/L NaOH 溶液,然后加入 3 滴 3% H_2O_2,微热至溶液呈浅黄色。待试管冷却后,加入 10 滴乙醚,再慢慢滴入数滴 6 mol/L HNO_3 酸化[6],振荡试管,在乙醚层出现深蓝色,表示 Cr^{3+} 存在。

Mn^{2+} 的鉴定:在试管中加入 2 滴 0.1 mol/L $MnSO_4$ 溶液[7],再加入 5 滴 6 mol/L HNO_3,然后加入少量 $NaBiO_3$ 固体,振荡试管,离心沉降,上层清液呈紫色,表示有 Mn^{2+} 存在。

(2) Cr^{3+},Mn^{2+} 混合液的分离和鉴定

领取 Cr^{3+},Mn^{2+} 混合液一份,先设计分离鉴定图示方案,然后进行分离和鉴定。写出详细实验步骤、实验现象和有关反应式。

【注意事项】

1. 铬的化合物均有毒,Cr(Ⅵ)毒性最大,不仅对消化道和皮肤有强刺激性,而且有致癌作用,Cr(Ⅲ)次之,能导致蛋白凝聚,Cr(Ⅱ)和金属 Cr 毒性较小。实验时取用量要少,实验后倒入废液分类回收容器内。

2. $Mn(OH)_2$ 易被空气中的 O_2 氧化而呈棕色,在制备 $Mn(OH)_2$ 时,应先将 $MnSO_4$ 和 NaOH 溶液分别煮沸 1~2 min,把溶液中的 O_2 赶尽,然后将两种溶液混合,才能制得白色 $Mn(OH)_2$ 沉淀。

3. $Cr_2O_7^{2-} \rightarrow Cr^{3+}$ 转化反应中,$K_2Cr_2O_7$ 量要少,如用浓 HCl 为还原剂需加热。

4. MnO_4^- 向其他价态转化时,注意介质的选择和加入顺序,否则影响实验结果。

5. MnO_4^{2-} 的制备:在 1mL 0.01 mol/L $KMnO_4$ 溶液中,加入 0.5 mL 40% NaOH,然后加入少量 MnO_2 固体,微热,离心分离,绿色上清液即为 MnO_4^{2-}。

6. 加入的 HNO_3 既要中和过量的碱,又要使 CrO_4^{2-} 转化为 $Cr_2O_7^{2-}$,所以 HNO_3 用量要控制在稍过量即可。

7. 为了得到明显的实验效果,必须严格控制 $MnSO_4$ 的用量,必须在强酸性条件下,加入少量 $MnSO_4$ 才能使实验现象明显,否则过量的 Mn^{2+} 会使 MnO_4^- 还原,使实验失败。

【思考题】

1. 为什么 Cr^{3+} 在水溶液中可呈不同的颜色(紫色、蓝绿色或绿色等)?

2. 查找下述转化反应中,最后得到蓝绿色溶液的原因:

$$Cr^{3+} \xrightarrow{NaOH + H_2O_2} CrO_4^{2-} \xrightarrow{H_2SO_4} Cr_2O_7^{2-}$$

3. 选用何种氧化剂可将 Cr^{3+} 直接氧化为 $Cr_2O_7^{2-}$?

4. $KMnO_4$ 的还原产物和介质有关,所以在检验 $KMnO_4$ 氧化性时,应先加介质,后加还原剂。为什么?在碱性介质中 MnO_4^- 还原为 MnO_4^{2-} 而使溶液呈绿色,但有时却得到棕色沉淀,为什么?如何避免这一现象发生?

5. 在 Cr^{3+} 鉴定中为何要加乙醚?在鉴定中为何要先加热,而在加乙醚前又要把溶液冷却?

6. 有一浅紫色晶体:

(1)取少量晶体溶于水中,溶液呈浅紫色。

(2)滴加 NaOH 溶液,先沉淀后溶解。

(3)将上述溶液滴加 3% H_2O_2,加热得黄色溶液。

(4)在黄色溶液中加浓 HCl,加热得绿色溶液并有气体产生,此气体能使 KI-淀粉试纸变蓝。

(5)取浅紫色原溶液,加少许 $FeSO_4 \cdot 7H_2O$ 晶体,沿试管壁滴加浓硫酸,液层中出现深棕色。

试确定此晶体的分子式,并写出各步实验的反应式。

【预习内容】

铬、锰重要化合物的相关理论知识。

实验十一　d 区重要金属化合物的性质(二)

【实验目的】

1. 掌握铁、钴、镍氢氧化物的酸碱性及氧化还原性。

2. 掌握铁、钴、镍配合物的生成及主要性质。

3. 掌握 Fe^{3+},Co^{2+},Ni^{2+} 的分离和鉴定方法。

【实验原理】

1. 铁、钴、镍氢氧化物的性质

白色的 $Fe(OH)_2$、粉红色的 $Co(OH)_2$ 和绿色的 $Ni(OH)_2$ 可由 Fe^{2+},Co^{2+} 和 Ni^{2+} 分别与 NaOH 溶液反应制得。$Fe(OH)_2$ 不稳定,能被空气中的氧迅速氧化成红棕色 $Fe(OH)_3$:

$$4Fe(OH)_2 + O_2 + 2H_2O = 4Fe(OH)_3 \downarrow$$

$Co(OH)_2$ 可被空气中的氧缓慢地氧化成褐色 $Co(OH)_3$；$Ni(OH)_2$ 与空气中的氧不起作用。若用强氧化剂如溴水等，$Co(OH)_2$ 和 $Ni(OH)_2$ 可迅速被氧化成棕色 $Co(OH)_3$ 和黑色 $Ni(OH)_3$：

$$2Co(OH)_2 + Br_2 + 2OH^- = 2Co(OH)_3 \downarrow + 2Br^-$$

$$2Ni(OH)_2 + Br_2 + 2OH^- = 2Ni(OH)_3 \downarrow + 2Br^-$$

向 $Fe(OH)_3$，$Co(OH)_3$，$Ni(OH)_3$ 沉淀中加酸均可使沉淀溶解，$Fe(OH)_3$ 与酸反应只生成 Fe^{3+}，$Co(OH)_3$ 和 $Ni(OH)_3$ 与酸反应时，则生成 Co^{2+} 和 Ni^{2+}：

$$Fe(OH)_3 + 3H^+ = Fe^{3+} + 3H_2O$$

$$4Co(OH)_3 + 8H^+ = 4Co^{2+} + O_2 \uparrow + 10H_2O$$

$$4Ni(OH)_3 + 8H^+ = 4Ni^{2+} + O_2 \uparrow + 10H_2O$$

$Co(OH)_3$ 和 $Ni(OH)_3$ 与浓 HCl 反应时，生成 Co^{2+} 和 Ni^{2+} 且都能放出氯气：

$$2Co(OH)_3 + 6HCl = 2CoCl_2 + Cl_2 \uparrow + 6H_2O$$

$$2Ni(OH)_3 + 6HCl = 2NiCl_2 + Cl_2 \uparrow + 6H_2O$$

由此可以得出 +2 价铁、钴、镍氢氧化物的还原性及 +3 价铁、钴、镍氢氧化物的氧化性的变化规律。

水溶液中的 Fe^{2+} 和 Fe^{3+} 均易发生水解，Fe^{3+} 的水解生成大而密实的絮状体，可被用于水处理作絮凝剂。

2. 铁、钴、镍配合物的性质

铁、钴、镍均能形成多种配合物，常见的有 $K_4[Fe(CN)_6]$，$K_3[Fe(CN)_6]$，$[Co(NH_3)_6]Cl_3$，$K_3[Co(NO_2)_6]$，$[Ni(NH_3)_4]SO_4$ 等。

Fe^{2+}，Fe^{3+} 与 $NH_3 \cdot H_2O$ 反应不会形成氨配合物，而是生成相应的氢氧化物沉淀。

Co^{2+} 与过量的 $NH_3 \cdot H_2O$ 作用可形成土黄色的 $[Co(NH_3)_6]^{2+}$，$[Co(NH_3)_6]^{2+}$ 不稳定且具有较强的还原性，易被空气中的氧氧化成橙黄色的 $[Co(NH_3)_6]^{3+}$：

$$4[Co(NH_3)_6]^{2+} + O_2 + 2H_2O = 4[Co(NH_3)_6]^{3+} + 4OH^-$$

Ni^{2+} 与过量的 $NH_3 \cdot H_2O$ 作用可形成稳定的蓝紫色 $[Ni(NH_3)_6]^{2+}$。

Fe^{3+} 和 Fe^{2+} 有很稳定的铁氰配合物，在 Fe^{3+} 溶液中加入黄血盐 $K_4[Fe(CN)_6]$ 溶液，在 Fe^{2+} 溶液中加入赤血盐 $K_3[Fe(CN)_6]$ 溶液，均能产生蓝色的配合物沉淀：

$$Fe^{3+} + [Fe(CN)_6]^{4-} + K^+ + H_2O = KFe[Fe(CN)_6] \cdot H_2O \downarrow$$

$$Fe^{2+} + [Fe(CN)_6]^{3-} + K^+ + H_2O = KFe[Fe(CN)_6] \cdot H_2O \downarrow$$

常利用此反应鉴定 Fe^{3+} 和 Fe^{2+}。

Fe^{3+} 与 SCN^- 反应可形成血红色配合物 $[Fe(SCN)_n]^{3-n}$，此反应灵敏，常用于检出 Fe^{3+} 和比色测定 Fe^{3+} 含量：

$$Fe^{3+} + nSCN^- = [Fe(SCN)_n]^{3-n}$$

Co^{2+} 与 SCN^- 反应可形成不稳定的宝石蓝色配合物 $[Co(SCN)_4]^{2-}$，$[Co(SCN)_4]^{2-}$ 在水溶液中不稳定，但在丙酮、戊醇等有机溶剂中较稳定，且能使蓝色更为显著，此反应也常用于检出 Co^{2+}：

$$Co^{2+} + 4SCN^- = [Co(SCN)_4]^{2-}$$

Fe^{3+} 能与 F^- 形成比 $[Fe(SCN)]^{3-n}$ 更为稳定的无色配合物 $[FeF_6]^{3-}$，Co^{2+} 与 F^- 不能形成稳定的配合物，因此在鉴定 Co^{2+} 时，若溶液中混杂有 Fe^{3+}，可用 NaF 做掩蔽剂将 Fe^{3+} 掩

蔽起来。

Ni^{2+}在 pH =5 ~10 的氨性介质中,可以与二乙酰二肟发生反应,生成鲜红色的螯合物沉淀:

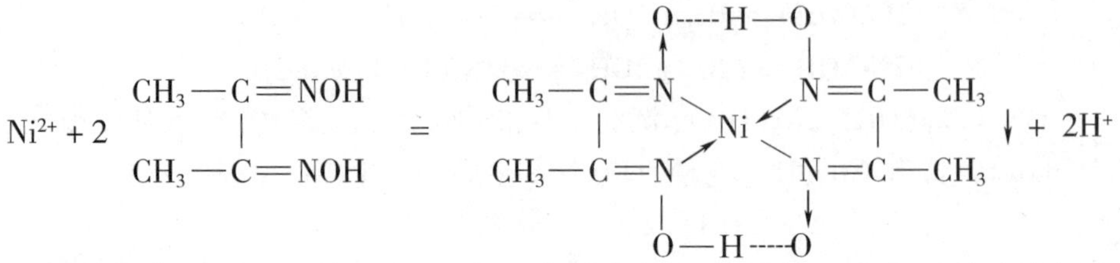

$$Ni^{2+} + 2\begin{array}{l} CH_3-C=NOH \\ \quad\quad\ | \\ CH_3-C=NOH \end{array} = \begin{array}{ccccc} & O\text{-----}H-O & & & \\ & \uparrow \qquad\quad | & & & \\ CH_3-C=N & \searrow\ \ \swarrow & N=C-CH_3 & & \\ \quad\quad\ | & Ni & | & & \\ CH_3-C=N & \nearrow\ \ \searrow & N=C-CH_3 & & \\ & | \qquad\quad \downarrow & & & \\ & O-H\text{-----}O & & & \end{array} \downarrow + 2H^+$$

此为鉴定Ni^{2+}的特征反应,生成的鲜红色螯合物沉淀可溶于强酸、强碱或浓氨水中。

【仪器与试剂】

仪器:点滴板、烧杯、玻璃棒、滴管、酒精灯、表面皿、试管、试管夹、铁圈、铁架台、石棉网、离心式管、离心机。

实验所用试剂如下:

固体:$FeSO_4 \cdot 7H_2O$。

酸:H_2SO_4(2 mol/L)、HCl(2 mol/L、浓)。

碱:NaOH(2 mol/L、40%)、$NH_3 \cdot H_2O$(2 mol/L、6 mol/L)。

盐:$FeCl_3$(0.1 mol/L)、$K_4[Fe(CN)_6]$(0.1 mol/L)、$K_3[Fe(CN)_6]$(0.1 mol/L)、NaF(0.1 mol/L)、KI(0.1 mol/L)、$CoCl_2$(0.1 mol/L)、$NiSO_4$(0.1 mol/L)、NH_4Cl(1 mol/L)、KSCN(0.1 mol/L、饱和)。

其他:溴水、1% 淀粉溶液、二乙酰二肟、丙酮、KI-淀粉试纸。

【实验内容】

1. +2 价铁、钴、镍氢氧化物的酸碱性及在空气中的稳定性

给定下列试剂:$FeSO_4 \cdot 7H_2O$[1],$CoCl_2$(0.1 mol/L), $NiSO_4$(0.1 mol/L),H_2SO_4(3 mol/L),NaOH(2 mol/L),NaOH(40%),HCl(2 mol/L)。设计完成下述实验并写出相关反应式:

(1)制备少量$Fe(OH)_2$[2],$Co(OH)_2$[3],$Ni(OH)_2$,观察其颜色和溶解性,将产物及观察结果填入表 8-6 中第 2,3 行。

(2)将所制备的氢氧化物各分为 3 份,对其中 2 份分别进行酸碱性试验,观察其在酸或碱溶液中是否溶解,将产物、观察结果及结论分别填入表 8-6 中第 4~8 行。

(3)将第 3 份试液充分振荡、空气中放置片刻,观察现象,将产物、观察结果及结论(是否可被空气中的 O_2 所氧化)分别填入表 8-6 中第 9~11 行。

(4)根据实验结果总结 +2 价铁、钴、镍氢氧化物的还原性递变顺序,将结论填入表 8-6 中第 12 行。

表 8-6　+2 价铁、钴、镍氢氧化物的性质

实验项目		Fe^{2+}	Co^{2+}	Ni^{2+}
$M(OH)_n$ 制备	产物			
	现象			
$M(OH)_n + H^+$	产物			
	现象			

表 8 - 6(续)

实验项目		Fe^{2+}	Co^{2+}	Ni^{2+}
$M(OH)_n + OH^-$	产物			
	现象			
酸碱性结论				
$M(OH)_n + O_2$	产物			
	现象			
空气中的稳定性结论				
还原性递变规律				

2. +3 价铁、钴、镍氢氧化物的氧化性

选择合适的试剂,设计制取少量 +3 价铁、钴、镍的氢氧化物,观察其颜色,并试验它们的氧化性,将观察到的现象、反应产物及结论填入表 8 - 7 中,并写出相关反应式。

表 8 - 7　+3 价铁、钴、镍氢氧化物的氧化性

实验项目		$Fe(OH)_3$	$Co(OH)_3$[4]	$Ni(OH)_3$
$M(OH)_3$ 制备		$Fe^{3+} + OH^-$	$Co(OH)_2 + Br_2$	$Ni(OH)_2 + Br_2$
$M(OH)_3$ 颜色				
$M(OH)_3$ + 浓 HCl	产物			
	现象			
氧化性递变规律				

3. 铁、钴、镍配合物的生成及主要性质

(1)铁、钴、镍的氨配合物

①在试管中加入 5 滴 0.1 mol/L $FeCl_3$ 溶液,滴加 1 滴 6 mol/L $NH_3 \cdot H_2O$,待产生沉淀后,再继续滴加数滴 6 mol/L $NH_3 \cdot H_2O$,观察沉淀是否溶解。写出反应方程式并加以解释。

②在试管中加入 5 滴 0.1 mol/L $CoCl_2$ 溶液和 2 滴 1 mol/L NH_4Cl 溶液,再滴加 10 滴 6 mol/L $NH_3 \cdot H_2O$[5],微热,观察 $[Co(NH_3)_6]^{2+}$ 溶液的颜色。静置片刻,观察颜色的变化,写出反应方程式并加以解释。

③在试管中加入 5 滴 0.1 mol/L $NiSO_4$ 溶液和 2 滴 1 mol/L NH_4Cl 溶液,再滴加数滴 6 mol/L $NH_3 \cdot H_2O$,观察 $[Ni(NH_3)_6]^{2+}$ 溶液的颜色。静置片刻,观察颜色是否发生变化,写出反应方程式并加以解释。

根据实验结果比较 $[Co(NH_3)_6]^{2+}$ 与 $[Ni(NH_3)_6]^{2+}$ 在空气中的稳定性。

(2)铁、钴的硫氰配合物

①在试管中加入 2 滴 0.1 mol/L $FeCl_3$ 溶液和 2 滴 0.1 mol/L KSCN 溶液,观察有何现象发生?若加入数滴 0.1 mol/L NaF 溶液,有何变化?解释现象并比较 $[Fe(SCN)_6]^{3-}$ 与 $[FeF_6]^{3-}$ 配离子的相对稳定性大小。

②在试管中加入 2 滴 0.1 mol/L $CoCl_2$ 溶液和 5 滴饱和 KSCN 溶液,再加入 10 滴丙酮,观察有何现象发生?

根据实验结果比较 $[Fe(SCN)_6]^{3-}$ 与 $[Co(SCN)_4]^{2-}$ 在水溶液中的稳定性。

4. 离子的分离和鉴定

(1) Fe^{2+}, Fe^{3+}, Co^{2+}, Ni^{2+} 的鉴定

Fe^{2+} 的鉴定：在点滴板的井穴内加入 1 滴 0.1 mol/L $K_3[Fe(CN)_6]$ 溶液，再加入 1 滴新制备的 $FeSO_4$ 溶液，有深蓝色 $KFe[Fe(CN)_6]$ 生成，表示有 Fe^{2+}。

Fe^{3+} 的鉴定：在点滴板的井穴内加入 1 滴 0.1 mol/L 的 $FeCl_3$ 溶液，再加入 1 滴 0.1 mol/L $K_4[Fe(CN)_6]$ 溶液，有深蓝色 $KFe[Fe(CN)_6]$ 生成，表示有 Fe^{3+}。

Co^{2+} 的鉴定：在试管中加入 2 滴 0.1 mol/L $CoCl_2$ 溶液和 5 滴饱和 KSCN 溶液，再加入 10 滴丙酮，有宝石蓝色 $[Co(SCN)_4]^{2-}$ 生成[6]，表示有 Co^{2+}。

Ni^{2+} 的鉴定：在点滴板的井穴内加入 1 滴 0.1 mol/L $NiSO_4$ 溶液，再加入 1 滴 2 mol/L $NH_3 \cdot H_2O$[7] 和 1 滴 1% 二乙酰二肟溶液，出现鲜红色，表示有 Ni^{2+}。

(2) Fe^{3+}, Cr^{3+}, Ni^{2+} 混合溶液的分离和鉴定

取一份 Fe^{3+}, Cr^{3+}, Ni^{2+} 混合溶液，先设计分离鉴定图示方案，然后进行分离和鉴定。写出详细实验步骤、实验现象和有关反应式。

【注意事项】

1. Fe^{2+} 溶液的配制：在试管中加入 1 mL 去离子水，再加入数滴 2 mol/L H_2SO_4，煮沸以赶去空气，待冷却后，加入少量 $FeSO_4 \cdot 7H_2O$ 晶体，使其溶解。

2. $Fe(OH)_2$ 的制备：在试管中加入 6 mol/L NaOH 溶液，煮沸以赶去空气，待冷却后，用滴管吸取 NaOH 溶液，插入盛有 $FeSO_4$ 溶液的试管底部，慢慢挤出 NaOH 溶液（注意整个过程操作都要避免将空气带入溶液）。观察到有白色的 $Fe(OH)_2$ 沉淀生成。

3. 在 $CoCl_2$ 溶液中逐滴加入 NaOH 时，可能有蓝色的 Co(OH)Cl 沉淀生成，加入过量的 NaOH 可得到粉红色的沉淀。

4. 用氧化剂 Br_2 氧化制得 $Co(OH)_3$、$Ni(OH)_3$ 后，加热至沸，离心分离后将沉淀洗涤 2～3 次。

5. $NH_3 \cdot H_2O$ 须过量，适量的 $NH_3 \cdot H_2O$ 与 $CoCl_2$ 或 $NiSO_4$ 溶液反应，只能得到相应的碱式盐沉淀，即蓝色的 Co(OH)Cl 沉淀或绿色的 $Ni_2(OH)_2SO_4$ 沉淀。

6. 所生成的配离子 $[Co(SCN)_4]^{2+}$ 被萃取到丙酮中呈现特征蓝色。鉴定 Co^{2+} 时，如果溶液中混有 Fe^{3+} 时，需加入 NH_4F 溶液，使生成无色 $[FeF_6]^{3-}$ 以消除 Fe^{3+} 的干扰。

7. 用二乙酰二肟鉴定 Ni^{2+} 时，需先加 $NH_3 \cdot H_2O$ 调节溶液的 pH 值在 5～10 之间。若酸度太高则不能形成螯合物，酸度太低则生成绿色的 $Ni(OH)_2$ 沉淀。

【思考题】

1. 用实验室提供的 $FeSO_4 \cdot 7H_2O$ 晶体配制 $FeSO_4$ 溶液时，为什么必须将蒸馏水先酸化并煮沸片刻再进行 $FeSO_4$ 溶液的配制？

2. 如果 $FeSO_4$ 溶液已有部分被氧化，则应如何处理才能得到较纯的 $FeSO_4 \cdot 7H_2O$ 晶体？

3. 选用合适的氧化剂，设计实验证明 Fe^{2+} 具有的还原性。

4. 为什么 Co(Ⅱ) 水溶液会现不同的颜色（粉红色、浅紫色或蓝紫色）？

5. 用氧化剂 Br_2 氧化制得 $Co(OH)_3$、$Ni(OH)_3$ 后，应把制得沉淀后的溶液加热至沸，为什么？离心分离后洗涤沉淀，洗去什么？如不这样做对其氧化性试验会带来哪些影响？

6. 怎样用实验证明 $Co(OH)_3$, $Ni(OH)_3$ 与浓 HCl 的反应产物？

7. $FeCl_3$ 溶液呈黄色,与什么物质作用时呈现下列现象并写出相关反应式:

(1)血红色;

(2)红棕色沉淀;

(3)先呈血红色溶液,后变为无色溶液;

(4)深蓝色沉淀。

【预习内容】

铁、钴、镍重要化合物的相关理论知识。

实验十二 ds 区重要金属化合物的性质

【实验目的】

1. 掌握 Cu,Ag,Zn,Cd,Hg 氢氧化物的性质。
2. 掌握 Cu,Ag,Zn,Cd,Hg 重要配合物的性质。
3. 掌握 Cu^{2+},Ag^{+},Zn^{2+},Cd^{2+},Hg^{2+} 的分离和鉴定方法。

【实验原理】

ds 区重要金属元素 Cu,Ag,Zn,Cd,Hg 的氢氧化物中,$Zn(OH)_2$ 为两性氢氧化物,既溶于酸又溶于碱。$Cu(OH)_2$ 为两性偏碱,易溶于酸,溶于强碱生成$[Cu(OH)_4]^{2-}$。$Cu(OH)_2$ 不太稳定,加热或放置太久会脱水变为黑色的 CuO。

$Cd(OH)_2$ 具有两性,易溶于酸,因其酸性很弱,难溶于强碱中,只能缓慢地溶于热、浓的强碱中。

AgOH,$Hg(OH)_2$,$Hg_2(OH)_2$ 都极不稳定,易脱水变为相应的氧化物 Ag_2O,HgO 和 Hg_2O,Hg_2O 也不稳定,易歧化为 HgO 和 Hg。Ag_2O,HgO 溶于酸,但不溶于碱。

Cu^{2+} 是弱氧化剂,在 Cu^{2+} 溶液中加入 KI,可使 Cu^{2+} 还原成亚铜,生成白色的 CuI 沉淀:

$$2Cu^{2+} + 4I^{-} = 2CuI\downarrow + I_2\downarrow$$

CuI 能溶于过量的 KI 中生成$[CuI_2]^{-}$配离子:

$$CuI\downarrow + I^{-} = [CuI_2]^{-}$$

将 $CuCl_2$ 溶液和铜屑混合,加入浓 HCl,加热生成$[CuI_2]^{-}$配离子:

$$Cu^{2+} + Cu + 4Cl^{-} = 2[CuCl_2]^{-}$$

生成的$[CuI_2]^{-}$和$[CuCl_2]^{-}$都不稳定,将溶液加水稀释后,又可得到白色的 CuI 和 CuCl 沉淀。

在铜盐溶液中,加入过量的 NaOH,再加入葡萄糖,则 Cu^{2+} 能还原成 Cu_2O 沉淀:

$$2Cu^{2+} + 4OH^{-} + C_6H_{12}O_6 = Cu_2O\downarrow + C_6H_{12}O_7 + 2H_2O$$

在银盐溶液中加入过量的 $NH_3 \cdot H_2O$,用甲醛或葡萄糖还原,便可制得银镜:

$$2Ag^{+} + 2NH_3 + H_2O = Ag_2O + 2NH_4^{+}$$

$$Ag_2O + 4NH_3 + H_2O = 2[Ag(NH_3)_2]^{+} + 2OH^{-}$$

$$2[Ag(NH_3)_2]^{+} + HCHO + 2OH^{-} = 2Ag\downarrow + HCOONH_4 + 3NH_3 + H_2O$$

此反应可用于 Ag^{+} 的鉴定。

Cu^{2+},Ag^{+},Zn^{2+},Cd^{2+} 与过量的氨水反应时,分别生成相应氨配合物。但 Hg^{2+} 和 Hg_2^{2+}

与过量 $NH_3 \cdot H_2O$ 反应时,若没有大量的 NH_4^+ 存在,将不能生成氨配离子:

$$HgCl_2 + 2NH_3 \xlongequal{} HgNH_2Cl\downarrow(白色) + NH_4Cl$$

$$Hg_2Cl_2 + 2NH_3 \xlongequal{} HgNH_2Cl\downarrow(白色) + Hg\downarrow(黑色) + NH_4Cl$$

$$2Hg(NO_3)_2 + 4NH_3 + H_2O \xlongequal{} HgO \cdot HgNH_2NO_3\downarrow(白色) + 3NH_4NO_3$$

$$2Hg_2(NO_3)_2 + 4NH_3 + H_2O \xlongequal{} HgO \cdot HgNH_2NO_3\downarrow(白色) + 2Hg\downarrow(黑色) + 3NH_4NO_3$$

Hg^{2+} 和 Hg_2^{2+} 与 I^- 作用,分别生成难溶于水的 HgI_2 和 Hg_2I_2 沉淀。橙色的 HgI_2 易溶于过量的 KI 中生成 $[HgI_4]^{2-}$:

$$HgI_2 + 2KI \xlongequal{} K_2[HgI_4]$$

$[HgI_4]^{2-}$ 的强碱性溶液称为奈斯勒试剂,用于鉴定 NH_4^+。

黄绿色的 Hg_2I_2 与过量的 KI 反应时,发生歧化反应生成 $[HgI_4]^{2-}$ 和 Hg:

$$Hg_2I_2 + 2KI \xlongequal{} K_2[HgI_4] + Hg\downarrow$$

【仪器与试剂】

仪器:点滴板、烧杯、玻璃棒、滴管、酒精灯、表面皿、试管、试管夹、铁圈、铁架台、石棉网、离心试管、离心机。

实验所用试剂如下:

固体:NaCl、硫代乙酰胺、铜屑。

酸:H_2SO_4(2 mol/L)、HCl(2 mol/L、6 mol/L、浓)、HNO_3(2 mol/L、6 mol/L)、HAc(2 mol/L、6 mol/L)。

碱:NaOH(2 mol/L、6 mol/L)、$NH_3 \cdot H_2O$(2 mol/L、6 mol/L)。

盐:$K_4[Fe(CN)_6]$(0.1 mol/L)、$FeCl_3$(0.1 mol/L)、$Hg(NO_3)_2$(0.1 mol/L)、$Hg_2(NO_3)_2$(0.1 mol/L)、KBr(0.1 mol/L)、$AgNO_3$(0.1 mol/L)、$HgCl_2$(0.1 mol/L)、$CuSO_4$(0.1 mol/L)、$ZnSO_4$(0.1 mol/L)、NaCl(0.1 mol/L)、$Na_2S_2O_3$(0.1 mol/L)、$CdSO_4$(0.1 mol/L)、$SnCl_2$(0.1 mol/L)、$CuCl_2$(1 mol/L)、$CoCl_2$(1 mol/L)、NH_4Cl(1 mol/L)、KI(0.1 mol/L、2 mol/L)、KSCN(1 mol/L)。

其他:2% 甲醛溶液、10% 葡萄糖溶液、二苯硫腙溶液。

【实验内容】

1. Cu,Ag,Zn,Cd,Hg[1]氢氧化物的生成与性质

分别取 0.1 mol/L $CuSO_4$ 溶液、0.1 mol/L $ZnSO_4$ 溶液、0.1 mol/L $CdSO_4$ 溶液、0.1 mol/L $AgNO_3$ 溶液、0.1 mol/L $Hg(NO_3)_2$ 溶液和 0.1 mol/L $Hg_2(NO_3)_2$ 溶液,制备相应的氢氧化物,观察它们的颜色,并试验其酸碱性及热稳定性。将实验结果填入表 8-8 中并写出相关反应式。

表 8-8 Cu,Ag,Zn,Cd,Hg 氢氧化物的性质

实验项目		Cu^{2+}	Ag^+	Zn^{2+}	Cd^{2+}	Hg^{2+}	Hg_2^{2+}
$M(OH)_n$ 制备	产物						
	现象						
$M(OH)_n + H^+$	产物						
	现象						

表 8-8(续)

实验项目		Cu^{2+}	Ag^{+}	Zn^{2+}	Cd^{2+}	Hg^{2+}	Hg_2^{2+}
$M(OH)_n+OH^-$	产物						
	现象						
酸碱性结论							
加热	产物						
	现象						
热稳定性结论[2]							

2. Cu,Ag,Zn,Cd,Hg 的氨配合物

在 5 支试管中,分别加入 2 滴 0.1 mol/L $CuSO_4$ 溶液、0.1 mol/L $ZnSO_4$ 溶液、0.1 mol/L $CdSO_4$ 溶液、0.1 mol/L $AgNO_3$ 溶液、0.1 mol/L $Hg(NO_3)_2$ 溶液、0.1 mol/L $Hg_2(NO_3)_2$ 溶液,再分别逐滴加入数滴 6 mol/L $NH_3 \cdot H_2O$ 至沉淀生成,观察并记录沉淀的颜色。继续加入过量的 $NH_3 \cdot H_2O$,若沉淀溶解,再加入 2 滴 2 mol/L NaOH 溶液,观察沉淀是否再次产生。将实验结果填入下表并写出反应式。

表 8-9　Cu,Ag,Zn,Cd,Hg 氨配合物

实验项目		$CuSO_4$	$AgNO_3$	$ZnSO_4$	$CdSO_4$	$Hg(NO_3)_2$	$Hg_2(NO_3)_2$
适量氨水	产物						
	现象						
过量氨水	产物						
	现象						
NaOH 溶液	产物						
	现象						

3. Ag,Hg,Cu 的其他配合物[3]

(1)Ag 的配合物

给定试剂:0.1 mol/L $AgNO_3$ 溶液、0.1 mol/L NaCl 溶液、0.1 mol/L KBr 溶液、0.1 mol/L KI 溶液、0.1 mol/L $Na_2S_2O_3$ 溶液、2 mol/L $NH_3 \cdot H_2O$,进行下列实验:

①比较 AgCl,AgBr,AgI 溶解度的大小。

②比较 Ag^+ 与 $NH_3 \cdot H_2O$ 和 $Na_2S_2O_3$ 生成的配合物的稳定性的大小。

(2)Hg 的配合物

①在试管中加入 1 滴 0.1 mol/L $Hg(NO_3)_2$ 溶液,再加入 1 滴 0.1 mol/L KI 溶液,观察沉淀的颜色。继续加入数滴 0.1 mol/L KI 溶液至沉淀溶解[4]。然后向溶解后的溶液中加入数滴 2 mol/L NaOH 溶液使溶液呈碱性,再加入数滴 0.1 mol/L NH_4Cl 溶液,观察现象并写出反应式。

②在试管中加入 2 滴 0.1 mol/L $Hg_2(NO_3)_2$ 溶液,再加入 1 滴 0.1 mol/L KI 溶液,观察沉淀的颜色。继续加入数滴 0.1 mol/L KI 溶液至沉淀溶解。然后向溶解后的溶液中加入

数滴 2 mol/L NaOH 溶液使溶液呈碱性,再加入数滴 0.1 mol/L NH_4Cl 溶液,观察现象并写出反应式。

③在试管中加入 2 滴 0.1 mol/L $Hg(NO_3)_2$ 溶液,逐滴加入 1 mol/L KSCN 溶液,观察沉淀的生成与溶解并写出反应式。将溶液分成两份,分别加入数滴 0.1 mol/L $ZnSO_4$ 溶液和 0.1 mol/L $CoCl_2$ 溶液,并用玻璃棒摩擦试管壁,观察白色 $Zn[Hg(SCN)_4]$ 和蓝色 $Co[Hg(SCN)_4]$ 沉淀的生成。

(3)Cu(Ⅰ)的配合物

在试管中加入 10 滴 0.1 mol/L $CuCl_2$ 溶液,加入少量铜屑和 10 滴浓 HCl,加热至沸腾。待溶液呈棕黄色后,停止加热。将溶液倒入盛有水的小烧杯中,观察到白色沉淀生成,解释现象并说明 Cu^+ 配合物的生成条件,写出反应式。

4. Cu^{2+},Ag^+ 的氧化性

(1)CuI 的生成:在 0.1 mol/L $CuSO_4$ 溶液中加入 0.1 mol/L KI 溶液,观察现象,用实验验证反应产物,写出反应式。

(2)CuCl 的生成:在 1 mol/L $CuCl_2$ 溶液中加入少量固体 NaCl 和铜屑[5],加热至沸腾,当溶液变成土黄色时停止加热,将溶液迅速倒入盛有 20 mL 蒸馏水的小烧杯中,静置沉降,用倾析法分出溶液。将沉淀 CuCl 分成两份,分别加入 2 mol/L $NH_3 \cdot H_2O$ 和浓 HCl,观察现象并写出反应式。

(3)银镜反应[6]:在干燥的试管中加入 2 滴 0.1 mol/L $AgNO_3$ 溶液,逐滴加入 2 mol/L $NH_3 \cdot H_2O$ 至生成的沉淀刚好溶解,加入 10 滴 10% 葡萄糖,微热,观察沉淀的生成。

5. Cu^{2+},Ag^+,Zn^{2+},Cd^{2+},Hg^{2+} 的分离与鉴定

(1)Cu^{2+},Ag_{2+},Zn^{2+},Cd^{2+},Hg^{2+} 的鉴定

Cu^{2+} 的鉴定:在点滴板的井穴内加入 1 滴 0.1 mol/L $CuSO_4$ 溶液,再加 1 滴 6 mol/L HAc 溶液酸化,再滴入 1 滴 0.1 mol/L $K_4[Fe(CN)_6]$ 溶液,出现红棕色沉淀,表示有 Cu^{2+} 存在。

Ag^+ 的鉴定:①在试管中加入 5 滴 0.1 mol/L $AgNO_3$ 溶液,再滴加 5 滴 2 mol/L HCl,有白色沉淀产生,在沉淀中滴加 6 mol/L 氨水至沉淀完全溶解。此溶液再用 6 mol/L HNO_3 溶液酸化,产生白色沉淀,表示有 Ag^+ 存在。②参见“银镜反应”。

Zn^{2+} 的鉴定:在试管中加入 5 滴 0.1 mol/L $ZnSO_4$ 溶液,逐滴加入 6 mol/L NaOH 溶液直至生成的沉淀溶解,再加入 2 滴二苯硫腙溶液,水浴加热片刻,溶液出现粉红色,表示有 Zn^{2+} 存在。

Cd^{2+} 的鉴定:在点滴板的井穴内滴入 1 滴 0.1 mol/L $Cd(NO_3)_2$ 溶液,再滴入 1 滴硫代乙酰胺水解液,出现黄色沉淀,表示有 Cd^{2+} 存在。

Hg^{2+} 的鉴定:在试管中加入 5 滴 0.1 mol/L $Hg(NO_3)_2$ 溶液,再逐滴加入 0.1 mol/L $SnCl_2$ 溶液,边滴加边振荡试管,观察到先有白色沉淀生成,继续滴加 $SnCl_2$ 溶液,继而有黑色沉淀生成,表示有 Hg^{2+} 存在。

(2)Cu^{2+},Ag^+,Zn^{2+},Cd^{2+},Hg^{2+} 混合液的分离与鉴定

取一份 Cu^{2+},Ag^+,Zn^{2+},Cd^{2+},Hg^{2+} 混合液,先设计分离鉴定图示方案,然后进行分离与鉴定试验。写出详细实验步骤、实验现象和有关反应式。

【注意事项】

1. 注意 Cu,Ag,Zn,Cd,Hg 实验废液的分类回收。

2. 验证 $Cu(OH)_2$ 脱水性时,应将制得的 $Cu(OH)_2$ 沉淀加热或放置一段时间。

3. 试验铜、银、汞的配合性时,应严格控制配位剂的浓度和用量。

4. Hg(Ⅱ)与过量的 KI 反应可生成无色的$[HgI_4]^{2-}$,但有时可能会得到黄色溶液,原因是由 KI 溶液中的 I_3^- 引起的。

5. 铜屑需先用稀 HCl 浸泡片刻,洗净后在使用。

6. 制备银镜的试管必须洗涤干净,镀在试管上的银镜可用 2 mol/L HNO_3 溶解后再分类回收。

【思考题】

1. 选用何种试剂将下列固体溶解:

$Cu(OH)_2$　　CuS　　AgBr　　AgI

2. 将 KI 溶液加入 $CuSO_4$ 溶液中,是否能得到 CuI_2 沉淀? CuI 为什么既可溶于浓 KI 溶液,又可溶于 KSCN 溶液? CuI 是否溶于浓 HCl,为什么?

3. 进行银镜反应时,为什么要把 Ag^+ 变成 $[Ag(NH_3)_2]^+$? 镀在试管上的银如何洗掉?

4. 使用汞时应注意什么? 为什么储存汞时要用水封?

5. 用平衡原理预测往硝酸亚汞溶液中通入硫化氢气体后,生成的沉淀为何物? 并加以解释。

6. 试用两种方法鉴别:$Hg(NO_3)_2$,$Hg_2(NO_3)_2$ 和 $AgNO_3$ 溶液。

7. 有三位同学分别采用了三种方法分离 Zn^{2+},Cd^{2+},Hg^{2+}:

甲同学:用过量的 NaOH 溶液将 Zn^{2+} 分离,然后在沉淀中加入过量的 $NH_3 \cdot H_2O$,将 Cd^{2+} 和 Hg^{2+} 分离。

乙同学:用过量的 $NH_3 \cdot H_2O$ 溶液将 Hg^{2+} 分离,然后在沉淀中加入过量的 NaOH,将 Cd^{2+} 和 Zn^{2+} 分离。

丙同学:将混合溶液酸化后通入 H_2S 气体,将 Zn^{2+} 分离,然后在沉淀中加入 HNO_3,将 Cd^{2+} 和 Hg^{2+} 分离。

这三种方法是否都合理? 为什么? 你将采用何种方法?

【预习内容】

铜、银、锌、镉、汞重要化合物的相关理论知识。

实验十三　常见无机阴离子的分离与鉴定

【实验目的】

1. 掌握常见阴离子的性质和鉴定反应。

2. 掌握阴离子分离与鉴定的一般原则及常见阴离子分离与鉴定的原理和方法。

3. 进一步培养观察实验和分析现象中所遇到的问题的能力。

【实验原理】

在元素周期表中,形成阴离子的元素虽然有限,但是同一元素常常不止形成一种阴离子,多数是由两种或两种以上元素构成。许多非金属元素可以形成简单或复杂的阴离子,

如 S^{2-},Cl^-,NO_3^- 和 SO_4^{2-} 等;一些金属元素也可以以复杂阴离子的形式存在,如 VO_3^-,CrO_4^{2-},$Al(OH)_4^-$ 等,因此阴离子的总数很多。但常见的阴离子在实验中并不是很多,主要有 Cl^-,Br^-,I^-,S^{2-},SO_3^{2-},$S_2O_3^{2-}$,SO_4^{2-},NO_3^-,NO_2^-,PO_4^{3-},CO_3^{2-} 等十几种阴离子。

有些阴离子具有氧化性,有些具有还原性,彼此间易发生氧化还原反应,因此许多阴离子不能同时共存。有些阴离子只在碱性溶液中存在或共存,一旦溶液被酸化,它们就会分解或相互间发生反应。酸性条件下易分解的阴离子有 NO_2^-,SO_3^{2-},$S_2O_3^{2-}$,S^{2-},CO_3^{2-} 等;酸性条件下具氧化性的阴离子 MnO_4^-,NO_3^- 等,可与具还原性阴离子 I^-,SO_3^{2-},S^{2-} 等发生氧化还原反应;还有些阴离子易被空气中的氧所氧化,如 NO_2^-,SO_3^{2-} 等易被空气氧化成 NO_3^-,SO_4^{2-} 等。

在阴离子的鉴定分析中,主要采用分别分析方法。只有在某些阴离子发生相互干扰的情况下,才采取适当的分离手段。但采用分别分析方法,并不是要针对所研究的全部离子逐一进行检验,而是先通过初步检验,用消去法排除肯定不存在的阴离子,然后对可能存在的阴离子再逐个加以确定。

常见未知混合阴离子的分离与鉴定方法如下:

1. 初步检验,确定范围,将未知混合阴离子鉴定转为已知混合阴离子鉴定。

(1)与稀 H_2SO_4 作用

用 pH 试纸测试未知试液的酸碱性,如果试液呈中性或碱性,则取试液数滴,加入稀 H_2SO_4(可水浴加热),若有气泡产生,则表示可能含有 CO_3^{2-},SO_3^{2-},$S_2O_3^{2-}$,S^{2-},NO_2^- 等离子。再进一步根据气体性质,初步判断试液中含有什么阴离子。

CO_2:无色无味,使 $Ba(OH)_2$ 溶液变浑浊,可能有 CO_3^{2-} 存在。

SO_2:有刺激性气味,可使湿润的品红试纸褪色,可能有 SO_3^{2-} 或 $S_2O_3^{2-}$ 存在。

H_2S:臭鸡蛋气味,能使湿润的 $Pb(Ac)_2$ 试纸变黑,可能有 S^{2-} 存在。

NO_2:红棕色气体,能使湿润的 KI 淀粉试纸变蓝 ,可能有 NO_2^- 存在 。

(2)氧化性阴离子检验

试液用 H_2SO_4 酸化后,加入 KI 溶液,NO_2^- 能将 I^- 氧化为 I_2,加入淀粉溶液后,溶液显蓝色。

(3)还原性阴离子检验

试液用 H_2SO_4 酸化后,加入紫红色的 $KMnO_4$ 溶液,若紫红色褪去,则表示可能有 SO_3^{2-},$S_2O_3^{2-}$, S^{2-},Cl^-,Br^-,I^-,NO_2^- 存在。

试液用 H_2SO_4 酸化,加入碘-淀粉溶液,SO_3^{2-}, $S_2O_3^{2-}$, S^{2-} 能使碘-淀粉溶液的紫色褪去。

(4)钡组阴离子的检验

如果试液呈中性或弱碱性,加入 $BaCl_2$,若有白色沉淀产生,则表示可能含有 CO_3^{2-},SO_3^{2-}, SO_4^{2-}, $S_2O_3^{2-}$ 等离子。

(5)银组阴离子的检验

向试液中加入 $AgNO_3$ 溶液,然后加稀 HNO_3,若生成黑色 Ag_2S 沉淀、白色 AgCl 沉淀、淡黄色 AgBr 沉淀、黄色 AgI 沉淀,表示 S^{2-},Cl^-,Br^-,I^- 可能存在。如果生成的白色沉淀,很快变为黄色、棕色、褐色,最后变为黑色,表示有 $S_2O_3^{2-}$ 存在。

常见阴离子的初步检验列表见表 8-10。

表 8-10　常见阴离子的初步检验

实验项目	操作步骤	现象	判断
酸碱性测试	pH 试纸	$pH<2$	不可能有 $S_2O_3^{2-}$, CO_3^{2-}, S^{2-}, SO_3^{2-}, NO_2^-
		$pH<2$ 且无臭味	不可能含有 S^{2-}, SO_3^{2-}, NO_2^-
挥发性实验	+稀 H_2SO_4 或稀 HCl	臭鸡蛋气味，湿润的试纸变黑	含有 S^{2-}
		刺激性气味，$K_2Cr_2O_7$ 溶液变绿	可能含有 SO_3^{2-}, $S_2O_3^{2-}$
		红棕色气体，与 KI 作用析出 I_2	含有 NO_2^-
		使 $Ca(OH)_2$ 变浑浊	含有 CO_3^{2-}
$BaCl_2$ 实验	在中性或弱碱性介质中与 $BaCl_2$ 作用	有白色沉淀生成	可能含 SO_3^{2-}, SO_4^{2-}, PO_4^{3-}, CO_3^{2-}, $S_2O_3^{2-}$
		+稀 HCl 沉淀不溶	可能含 SO_4^{2-}
$AgNO_3$ 实验	$+AgNO_3$ 后有沉淀产生 $+HNO_3$	沉淀不溶解	可能含 Cl^-, Br^-, I^-, S^{2-}, $S_2O_3^{2-}$
		沉淀溶解	可能含 SO_4^{2-}, SO_3^{2-}, NO_2^-, PO_4^{3-}, CO_3^{2-}
氧化性实验	$+H_2SO_4+KI-$淀粉	蓝色	可能含 NO_2^-
还原性实验	$+H_2SO_4+KMnO_4$	$KMnO_4$，紫色褪去	可能含 Br^-, I^-, S^{2-}, SO_3^{2-}, $S_2O_3^{2-}$, Cl^-, NO_2^-
	$+H_2SO_4+I_2-$淀粉	蓝色褪去	可能含 S^{2-}, SO_3^{2-}, $S_2O_3^{2-}$

经初步检验，确定可能含有的阴离子。

2. 已知混合阴离子的分离与鉴定方法

(1) 在混合阴离子溶液中，如果某个离子在鉴定时不受其他离子的干扰，则可直接取试液进行该离子的个别鉴定，而不需要进行系统分析。若存在干扰离子，可通过简单方法消除，应尽量创造条件进行个别鉴定。

(2) 如果溶液中阴离子间的干扰无法用简单方法消除，则需要根据具体情况确定合理的分离方案，进行系统分析。

例 1：已知混合阴离子 SO_4^{2-}, NO_3^-, Cl^-, CO_3^{2-} 的分离与鉴定

分析：SO_4^{2-}, NO_3^-, Cl^-, CO_3^{2-} 混合离子内无相互干扰阴离子，所以可直接进行个别鉴定。

SO_4^{2-}, NO_3^-, Cl^-, CO_3^{2-}

—稀HCl，$BaCl_2$→ $BaSO_4$↓（白色），表示有 SO_4^{2-}

—稀HCl→ 无色CO_2 ↓ 产生，使饱和 $Ca(OH)_2$变浑，表示有 CO_3^{2-}

—$FeSO_4$, H_2SO_4→ $[Fe(NO)_3]^{2+}$，溶液与浓 H_2SO_4交界有棕色环，表示有 NO_3^-

—稀HNO_3, $AgNO_3$→ AgCl↓（白），不溶于稀 HNO_3，表示有 Cl^-

例2:未知混合阴离子中可能含有 Cl^-,Br^-,I^-,S^{2-},SO_3^{2-},$S_2O_3^{2-}$,SO_4^{2-},NO_3^-,NO_2^-,PO_4^{3-},CO_3^{2-} 中的部分阴离子,经初步检验结果如下:

①试液呈酸性时无气体产生;

②酸性溶液中加 $BaCl_2$ 溶液无沉淀产生;

③加入稀硝酸溶液和 $AgNO_3$溶液产生黄色沉淀;

④酸性溶液中加入 $KMnO_4$,紫色褪去,加 I_2-淀粉溶液,蓝色不褪去;

⑤与 KI 无反应。

由以上初步实验结果,推测哪些阴离子可能存在。说明理由,拟出进一步验证的步骤简表,如表8-11所示。

表8-11 初步检验列表

实验项目	操作步骤		实验现象	判断
挥发性实验	+2 mol/L H_2SO_4		无气体产生	不存在 S^{2-},SO_3^{2-},$S2O_3^{2-}$,NO_2^-,CO_3^{2-}
氧化性阴离子实验	+2mol/L H_2SO_4 +KI-淀粉溶液		无反应	不存在 NO_2^-
还原性阴离子实验	+2mol/L H_2SO_4	+0.01mol/L $KMnO_4$	褪色	可能有 Cl^-,Br^-,I^-,S^{2-},SO_3^{2-},$S_2O_3^{2-}$,NO_2^-,
		+I_2-淀粉溶液	不褪色	不存在 S^{2-},SO_3^{2-},$S_2O_3^{2-}$
$BaCl_2$ 实验	+2mol/L HCl+$BaCl_2$		无沉淀产生	不存在 SO_4^{2-}
$AgNO_3$ 实验	+2mol/L HNO_3 +$AgNO_3$		黄色沉淀	不存在 S^{2-},$S_2O_3^{2-}$ 可能含有 I^-,Cl^-,Br^-

初步检验结论:未知混合离子可能含有 I^-,Cl^-,Br^-,NO_3^-,PO_4^{3-}。

进一步确证性检验方案:

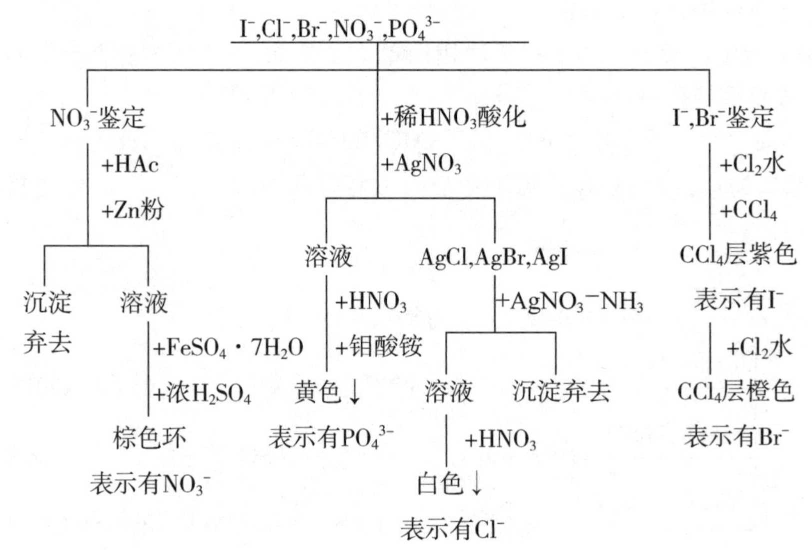

【仪器与试剂】

仪器：点滴板、烧杯、玻璃棒、滴管、酒精灯、表面皿、试管、试管夹、铁圈、铁架台、石棉网、离心试管、离心机。

实验所用试剂如下：

固体：Zn 粉、$FeSO_4 \cdot 7H_2O$、$PbCO_3$、硫代乙酰胺、MnO_2。

酸：H_2SO_4（2 mol/L、1∶1、浓）、HCl（2 mol/L、6 mol/L）、HNO_3（2 mol/L、6 mol/L）、HAc（2 mol/L）、HAc（6 mol/L）。

碱：NaOH（2 mol/L、6 mol/L、40%）、$NH_3 \cdot H_2O$（2 mol/L、6 mol/L）。

盐：$FeCl_3$（0.1 mol/L）、$PbNO_3$（0.1 mo/L）、$NaNO_3$（0.1 mol/L）、KI（0.1 mol/L）、$AgNO_3$（0.1 mol/L）、Na_3PO_4（0.1 mol/L）、$Na_2S_2O_3$（0.1 mol/L）、Na_2SO_3（0.1 mol/L）、$MnSO_4$（0.1 mol/L）、$BaCl_2$（0.1 mol/L）、Na_2S（0.1 mol/L）、$NaNO_2$（0.1 mol/L、1 mol/L）、NH_4Cl（0.1 mol/L、饱和）、$ZnSO_4$（0.1 mol/L、饱和）、$KMnO_4$（0.01 mol/L）、$Ca(OH)_2$（饱和）。

其他：$AgNO_3-NH_3$ 溶液、$Na_2[Fe(CN)_5NO]$（新配 1%）、品红溶液（0.1%）、钼酸铵（0.1 mol/L）、1% $Na_2[Fe(CN)_5NO]$、碘水、氯水、1% 淀粉溶液、H_2O_2（3%）、奈斯勒试剂、CCl_4、pH 试纸、碘化钾－淀粉试纸、$Pb(Ac)_2$ 试纸、红色石蕊试纸。

【实验内容】

1. 已知阴离子混合溶液的分离与鉴定

（1）设计合理的分离鉴定方案，分离与鉴定 CO_3^{2-}，SO_4^{2-}，NO_3^-，PO_4^{3-} 混合阴离子。

（2）设计合理的分离鉴定方案，分离与鉴定 S^{2-}，SO_3^{2-}，$S_2O_3^{2-}$，CO_3^{2-} 混合阴离子。

2. 未知阴离子混合溶液的分离与鉴定

领取一份可能含有 Cl^-，Br^-，I^-，S^{2-}，SO_3^{2-}，$S_2O_3^{2-}$，SO_4^{2-}，NO_3^-，NO_2^-，PO_4^{3-} 中的部分或全部阴离子的混合溶液，按照下列方法进行分析试验，以确定未知溶液中存在的阴离子。

（1）初步检验，将实验结果填入表 8－12 中。

表 8－12　实验结果

阴离子	pH 测试	挥发性试验	$BaCl_2$ 试验	$AgNO_3$ 试验	氧化性试验	还原性试验[3]		综合判断
						I_2 淀粉	酸性 $KMnO_4$	
Cl^-								
Br^-								
I^-								
S^{2-}								
SO_3^{2-}								
$S_2O_3^{2-}$			[1]	[2]				
SO_4^{2-}								

表 8 - 12(续)

阴离子	pH 测试	挥发性试验	$BaCl_2$ 试验	$AgNO_3$ 试验	氧化性试验	还原性试验[3]		综合判断
						I_2 淀粉	酸性 $KMnO_4$	
NO_3^-								
NO_2^-								
PO_4^{3-}								
CO_3^{2-}								

(2)根据初步检验结果,设计合理的分离鉴定方案,对可能存在的阴离子进行分离与鉴定,以进一步确证混合溶液中存在的阴离子。

(3)用流程图表示操作步骤,记录实验现象,写出相关反应式及结论。

【注意事项】

1. 在观察 BaS_2O_3 沉淀时,如果没有沉淀,应用玻璃棒摩擦试管壁,加速沉淀的生成。

2. 注意观察 $Ag_2S_2O_3$ 在空气中氧化分解的颜色变化。

3. 在还原性试验时一定要注意,加的氧化剂 $KMnO_4$ 和 I_2 淀粉的量一定要少,因为阴离子的浓度很低。如果氧化剂的用量较大时,氧化剂的颜色变化是不容易看到的。

【思考题】

1. 通过初步试验,为何仍不能作出那几种阴离子是否存在的肯定性判断?

2. 在氧化性、还原性实验中,稀 HNO_3、稀 HCl 和 浓 H_2SO_4 是否可以代替稀 H_2SO_4 酸化试液,为什么?

3. 某中性溶液中含有 Ba^{2+} 及 Ag^+,什么阴离子可能存在?

4. 阴离子混合溶液的分析,为何一般采用分别分析法?

5. 鉴定 SO_3^{2-} 和 $S_2O_3^{2-}$ 时,如何排除 S^{2-} 的干扰?

6. 鉴定 NO_3^- 时,如何排除 NO_2^-、Br^- 和 I^- 的干扰?

7. 某未知阴离子混合溶液经初步试验结果如下:

(1)酸化时无气体产生;

(2)加入 $BaCl_2$ 时有白色沉淀析出,再加 HCl 后又溶解;

(3)加入 $AgNO_3$ 有黄色沉淀析出,再加 HNO_3 后发生部分沉淀溶解;

(4)试液能使 $KMnO_4$ 紫色褪去,但与 KI、碘 - 淀粉试液无反应。

试指出:哪些离子肯定不存在?哪些离子肯定存在?哪些离子可能存在?

实验十四　常见无机阳离子的分离与鉴定

【实验目的】

1. 巩固和进一步掌握一些金属元素及其化合物的化学性质。

2. 掌握常见阳离子混合液的分离和检出的方法以及巩固检出离子的操作。

3. 培养观察实验和分析现象中所遇到的问题的能力。

【实验原理】

金属元素较多，因而由它们形成的阳离子的种类也较多，最常见的阳离子有二十多种，例如 Ag^{+}，Hg_2^{2+}，Hg^{2+}，Pb^{2+}，Bi^{3+}，Cu^{2+}，Cd^{2+}，As(Ⅲ，Ⅴ)，Sb(Ⅲ，Ⅴ)，Sn(Ⅱ，Ⅳ)，Al^{3+}，Cr^{3+}，Fe^{3+}，Fe^{2+}，Mn^{2+}，Zn^{2+}，Co^{2+}，Ni^{2+}，Ba^{2+}，Ca^{2+}，Mg^{2+}，K^{+}，Na^{+}，NH_4^{+} 等。

在阳离子的鉴定反应中，容易发生相互干扰，所以很少采用个别检出的方法，通常采用阳离子的系统分析法。所谓阳离子的系统分析法是指利用阳离子的某些共同特征，将阳离子先分成几组，然后再根据阳离子的个别特性加以检出。凡能使一组阳离子在适当的反应条件下生成沉淀而与其他组阳离子分离的试剂称为组试剂，利用不同的组试剂把阳离子逐组分离再进行检出。

1. 已知混合阳离子的分析

根据阳离子化合物的溶解性、溶液的酸碱性以及相关配合物的生成等，选取合适的试剂作消去试验。结合观察试液的颜色和 pH 的测试值，消去不可能存在的离子，初步确定试样的组成，并对可能存在的阳离子进一步确证试验。

2. 未知混合阳离子的分析

对于给定范围的混合阳离子，可通过各种消去反应，消去不可能存在的离子：

(1) 观察溶液颜色，初步判断某些有色阳离子是否存在。

(2) 测试 pH 值，消去此条件下可能生成沉淀的阳离子。

(3) 依次用 HCl，H_2SO_4，NaOH，$NH_3 \cdot H_2O$，H_2S 等组试剂进行消去实验。

(4) 对未消去的离子选择合适的方法加以确证，若有其他干扰离子存在，则需进行分离或掩蔽。

3. 常见阳离子的系统分析

(1) 硫化氢系统分析

硫化氢系统分析法，主要依据各阳离子硫化物以及它们的氯化物、碳酸盐和氢氧化物的溶解度不同，按照一定顺序加入组试剂，将常见阳离子分成五组。然后在各组内根据各个阳离子的特性进一步分离和鉴定。

常见阳离子的硫化氢系统分析法分组列表见表 8－13。

表 8－13　常见阳离子的硫化氢系统分析法分组列表

组别	组试剂	阳离子
氯化物组	稀 HCl	Ag^{+}，Hg_2^{2+}，Pb^{2+}
硫化氢组	H_2S	Pb^{2+}，Cu^{2+}，Cd^{2+}，Hg^{2+}，Bi^{3+}，Sn(Ⅱ，Ⅳ)，As(Ⅲ，Ⅴ)，Sb(Ⅲ，Ⅴ)
硫化铵组	$(NH_4)_2S$	Fe^{3+}，Fe^{2+}，Mn^{2+}，Zn^{2+}，Co^{2+}，Ni^{2+}，Al^{3+}，Cr^{3+}
碳酸铵组	$(NH_4)_2CO_3$	Ba^{2+}，Ca^{2+}
易溶组		Mg^{2+}，K^{+}，Na^{+}，NH_4^{+}

硫化氢系统分析的优点是系统严谨，分离比较完全，能较好地与离子特性及溶液中离子平衡等理论相结合，但其缺点是硫化氢气体有毒，会污染空气，污染环境。

常见阳离子的硫化氢系统分组流程:

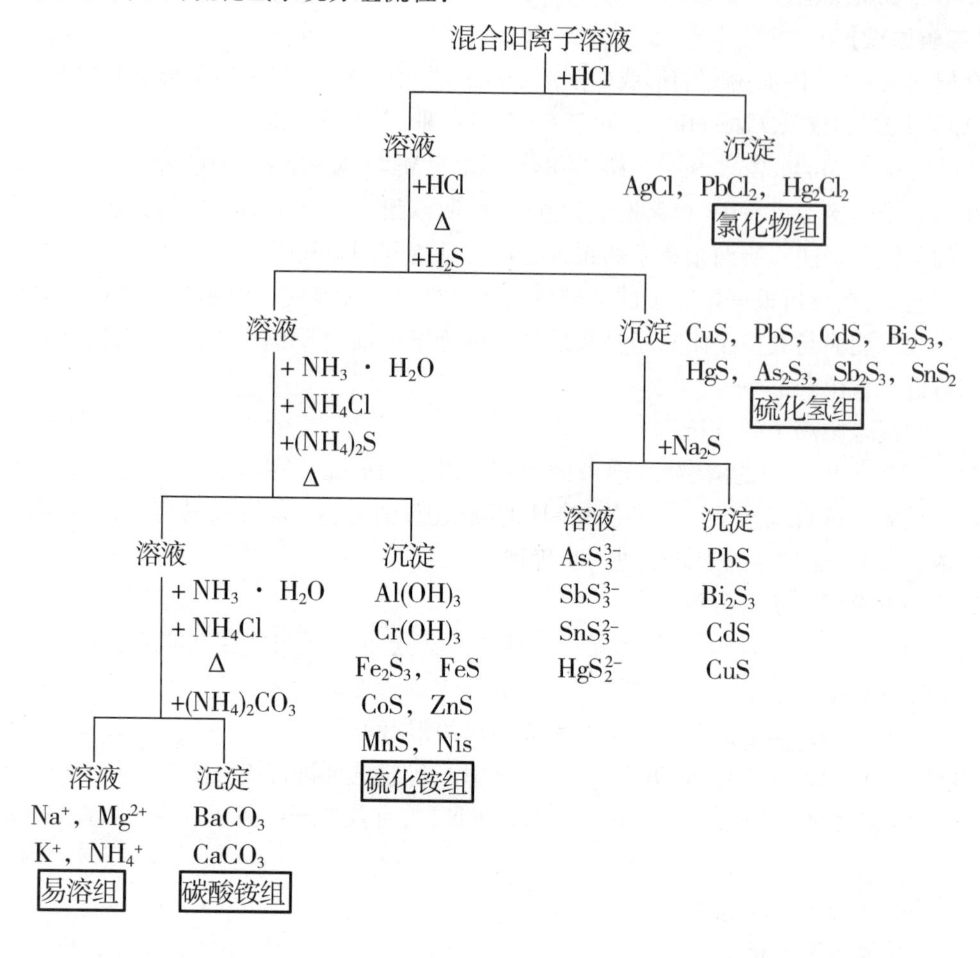

(2)两酸两碱系统分析

两酸两碱系统分析法主要以最普通的两酸(HCl,H_2SO_4)和两碱($NaOH,NH_3 \cdot H_2O$)作组试剂,根据各离子氯化物、硫酸盐、氢氧化物的溶解度不同,将阳离子分为六组,然后在各组内根据它们的差异性进一步分离和鉴定。两酸两碱系统系统分析的优点是避免了有毒的硫化氢,而应用的是最普通最常见的两酸两碱,但由于分离系统中用的较多的是氢氧化物沉淀,而氢氧化物沉淀不容易分离,并且由于两性及生成配合物的性质,以及共沉淀等原因,使组与组的分离条件不易控制。

常见阳离子的两酸两碱系统分析法分组列表见表8-14。

表8-14　常见阳离子的两酸两碱系统分析法分组列表

组号	组名	阳离子
第一组	氯化物组	Ag^+,Hg_2^{2+},Pb^{2+}
第二组	硫酸盐组	Ba^{2+},Ca^{2+},Pb^{2+}
第三组	氨合物组	$Zn^{2+},Co^{2+},Ni^{2+},Cu^{2+},Cd^{2+}$
第四组	易溶组	Mg^{2+},K^+,Na^+,NH_4^+
第五组	两性组	Al^{3+},Cr^{3+},Sn(Ⅱ,Ⅳ),Sb(Ⅲ,Ⅴ)
第六组	氢氧化物组	$Fe^{3+},Fe^{2+},Mn^{2+},Bi^{3+},Hg^{2+}$

利用两酸两碱系统分析法进行分离与鉴定混合阳离子时,应按照一定的顺序加入组试剂,将离子和沉淀分组后,再进行组内阳离子的分离鉴定,直至鉴定时相互不发生干扰为止。

常见阳离子的两酸两碱系统分组流程:

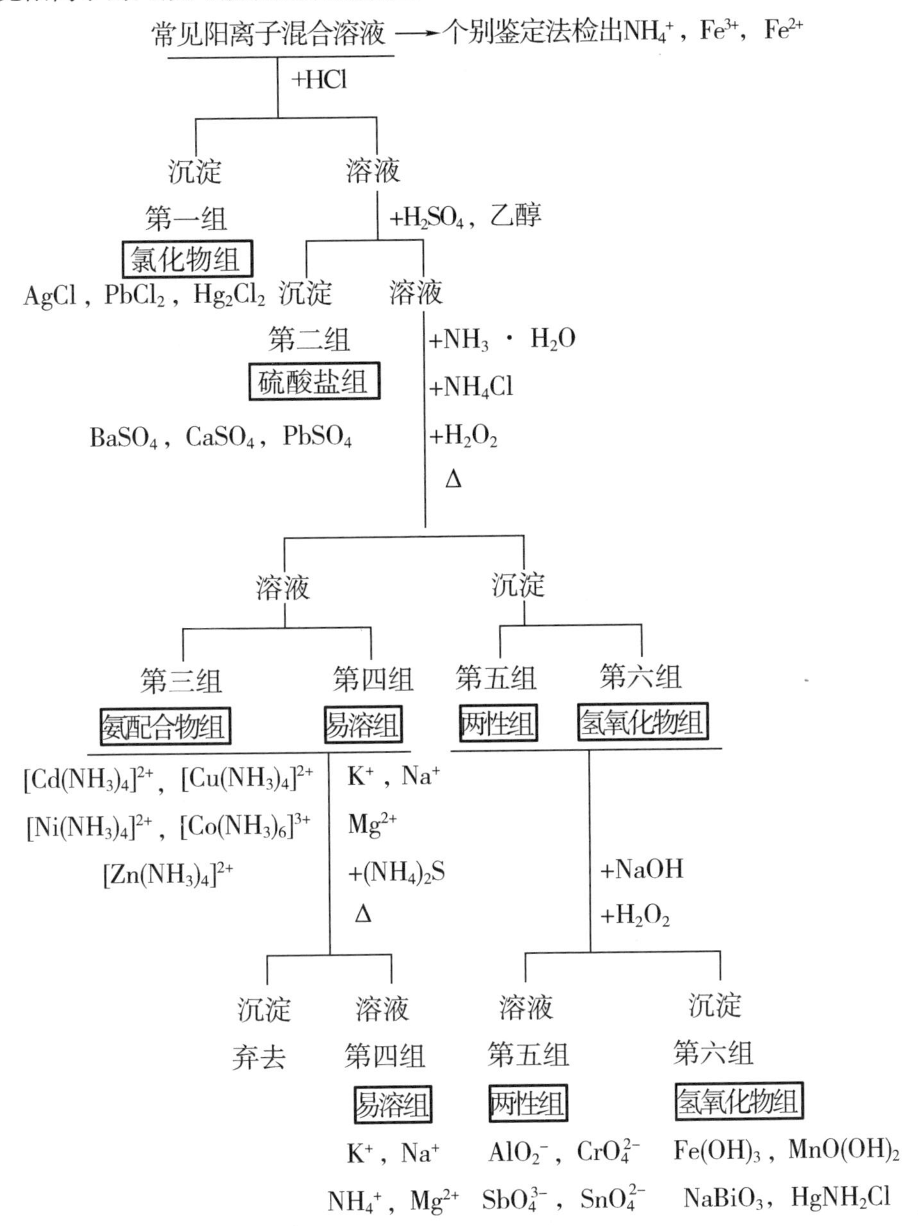

4. 各组阳离子的分离与鉴定

(1)第一组:氯化物组阳离子

氯化物组阳离子包括 Ag^+, Hg_2^{2+}, Pb^{2+},它们的氯化物难溶于水,其中 $PbCl_2$ 可溶于 NH_4Ac 和热水中,而 AgCl 可溶于氨水中,因此检出这三种离子时,可先把这些离子沉淀为氯化物,然后再进行鉴定反应。

取分析试液,加入 6 mol/L HCl 至沉淀完全,离心分离。沉淀用 1 mol/L HCl 数滴洗涤后按下列方法,分别鉴定 Pb^{2+}, Ag^+, Hg_2^{2+} 的存在(离心液中含二~六组阳离子,应保留)。

Pb^{2+}的鉴定:将上面得到的沉淀加入5滴3mol/L NH_4Ac,在水浴中加热搅拌,趁热离心分离,在离心液中加入2~3滴$K_2Cr_2O_7$或K_2CrO_4,黄色沉淀表示有Pb^{2+}存在。沉淀用数滴3 mol/L NH_4Ac加热洗涤除去Pb^{2+},离心分离后,保留沉淀作Ag^+和Hg_2^{2+}的鉴定。

Ag^+和Hg_2^{2+}的分离和鉴定:将试验(1)中保留的沉淀,滴加5~6滴6 mol/L $NH_3 \cdot H_2O$,不断搅拌,沉淀变为灰黑色,表示有Hg_2^{2+}存在:

$$Hg_2Cl_2 + 2NH_3 = HgNH_2Cl\downarrow + Hg\downarrow + NH_4^+Cl^-$$

离心分离后,在离心液中滴加HNO_3酸化,如有白色沉淀产生,表示有Ag^+存在:

$$AgCl + 2NH_3 = [Ag(NH_3)_2]^+ + Cl^-$$

$$[Ag(NH_3)_2]^+ + Cl^- + 2H^+ = AgCl\downarrow + 2NH_4^+$$

(2)第二组:硫酸盐组阳离子

硫酸盐组阳离子包括Ba^{2+},Ca^{2+},Pb^{2+},它们的硫酸盐都难溶于水,但在水中的溶解度差异较大,在溶液中生成沉淀的情况也不同。Ba^{2+}能立即析出$BaSO_4$沉淀,Pb^{2+}缓慢地生成$PbSO_4$沉淀,$CaSO_4$的溶解度稍大,Ca^{2+}只有在浓Na_2SO_4溶液中才生成$CaSO_4$沉淀,但加入乙醇后其溶解度显著降低。

用饱和Na_2CO_3溶液加热处理这些硫酸盐时可发生下列转化:

$$MSO_4 + CO_3^{2-} = MCO_3 + SO_4^{2-}$$

虽然$BaSO_4$的溶解度小于$BaCO_3$,但用饱和Na_2CO_3溶液反复加热处理,大部分$BaSO_4$也可转化为$BaCO_3$。这三种碳酸盐都能溶于HAc溶液中。

硫酸盐组阳离子与可溶性草酸盐如$(NH_4)_2C_2O_4$作用生成白色沉淀,其中BaC_2O_4的溶解度较大,能溶于HAc溶液中,$PbSO_4$能溶于饱和NH_4Ac溶液中,利用这一性质,可将Pb^{2+}与Ba^{2+},Ca^{2+}分离。

硫酸盐组阳离子与三、四、五、六组阳离子的分离:

将分离第一组后保留的溶液(含二~六组阳离子),置于水浴中加热,然后逐滴加入1 mol/L H_2SO_4至沉淀完全后,再过量加入数滴,加入95%乙醇4~5滴,冷却静置3~5 min,离心分离(离心液中含三~六组阳离子,切记保留)。沉淀用硫酸和乙醇的混合液(10滴1 mol/L H_2SO_4加入乙醇3,4滴)洗涤1~2次后,弃去洗涤液。在沉淀中加入3 mol/L NH_4Ac溶液7~8滴,加热搅拌,离心分离,离心液按第一组鉴定Pb^{2+}的方法鉴定Pb^{2+}的存在。沉淀物中加入10滴饱和Na_2CO_3溶液,置于沸水浴中加热搅拌1~2 min,离心分离,弃去离心液,沉淀再用饱和Na_2CO_3溶液同样处理2次后,用约10滴去离子水洗涤一次,弃去洗涤液。沉淀用HAc溶液数滴,溶解后加入$NH_3 \cdot H_2O$调节溶液的pH=4~5,再加入0.1 mol/L $K_2Cr_2O_7$溶液2~3滴,加热搅拌,生成黄色沉淀,表示Ba^{2+}存在。

离心分离后,在离心液中加入饱和$(NH_4)_2C_2O_4$溶液2~3滴,温热,若有白色沉淀慢慢生成,表示有Ca^{2+}存在。

(3)第三组:氨合物组阳离子

氨合物组阳离子包括Cu^{2+},Cd^{2+},Zn^{2+},Co^{2+},Ni^{2+},它们和过量的氨水都能生成相应的氨配合物,故第三组被称为氨合物组。Fe^{3+},Al^{3+},Mn^{2+},Cr^{3+},Bi^{3+},Sb^{3+},Sn^{2+},Sn^{4+}等离子因在过量$NH_3 \cdot H_2O$中可生成氢氧化物沉淀而与氨合物组阳离子分离。由于$Al(OH)_3$是典型的两性氢氧化物,能部分溶解在过量$NH_3 \cdot H_2O$中,因此加入铵盐如NH_4Cl能使OH^-的浓度降低,可以防止$Al(OH)_3$的溶解。但是由于降低了OH^-的浓度,Mn^{2+}形成氢氧化物沉淀不完全，若在溶液中加入 H_2O_2，则 Mn^{2+} 可被氧化而生成溶解度较小的 $MnO(OH)_2$ 棕色沉淀。

因此氨合物组阳离子的分离条件为：在适量 NH_4Cl 存在的条件下，加入过量 $NH_3 \cdot H_2O$ 和适量 H_2O_2，本组阳离子因形成氨合物而和其他阳离子分离。

氨合物组阳离子与四、五、六组阳离子的分离：

在分离硫酸盐组后保留的离心液（含三～六组阳离子）中，加入2滴3 mol/L NH_4Cl 和3～4滴3% H_2O_2，用浓 $NH_3 \cdot H_2O$ 碱化后，在水浴中加热，并不断搅拌，继续滴加浓氨水，直至沉淀完全后再过量4～5滴，在水浴上继续加热约1 min，取出冷却后离心分离，（沉淀中含五、六组阳离子，应予保留）。

离心液（含三、四组阳离子）按下列方法鉴定 Cu^{2+}，Co^{2+}，Ni^{2+}，Zn^{2+}，Cd^{2+} 离子：

Cu^{2+} 的鉴定：取离心液2～3滴，加入 HAc 溶液酸化后，加入 $K_4[Fe(CN)_6]$ 溶液1～2滴，生成红棕色沉淀，表示有 Cu^{2+} 存在。

Co^{2+} 的鉴定：取离心液2～3滴，用稀 HCl 酸化，饱和 KSCN 溶液2～3滴，丙酮5～6滴，搅拌后，有机层显蓝色，表示有 Co^{2+} 存在。

Ni^{2+} 的鉴定：取离心液2滴，加二乙酰二肟溶液1滴，丙酮2滴，搅拌后，出现鲜红色沉淀，表示有 Ni^{2+} 存在。

Zn^{2+}，Cd^{2+} 的分离和鉴定：取离心液15滴，在沸水浴中加热近沸，加入 $(NH_4)_2S$ 溶液5～6滴，搅拌，加热至沉淀凝聚再继续加热3～4 min，离心分离（离心液中含第四组阳离子，切记保留）。

沉淀用0.1 mol/L NH_4Cl 溶液数滴洗涤2次，离心分离，弃去洗涤液，在沉淀中加入2 mol/L HCl 4～5滴，充分搅拌片刻（哪些硫化物可以溶解?），离心分离，将离心液在沸水浴中加热，除尽 H_2S 后，用6 mol/L NaOH 溶液碱化并过量2～3滴，搅拌，离心分离。

在试管中加入离心液5滴，再加入二苯硫腙10滴，振荡试管，水溶液呈粉红色，表示有 Zn^{2+} 存在。沉淀用去蒸馏水洗涤1～2次后，离心分离，弃去洗涤液，沉淀中加入2 mol/L HCl 3～4滴，搅拌溶解，然后加入等体积的饱和 H_2S 水溶液，如有黄色沉淀生成，表示有 Cd^{2+} 存在。

（4）第四组：易溶组阳离子

易溶组阳离子包括 NH_4^+，K^+，Na^+，Mg^{2+}，它们的盐大多数易溶于水，没有一种共同的试剂可以作为组试剂。易溶组阳离子间的相互干扰较少，因此可采用分别分析的方法进行个别鉴定。由于在系统分析过程中，多次加入氨水和铵盐，故需用原始试液鉴定 NH_4^+ 的存在，检出 NH_4^+ 后再分别鉴定 K^+，Na^+，Mg^{2+}。

NH_4^+ 的鉴定：奈斯勒试剂变红棕色 。

K^+ 的鉴定：取上述溶液3～4滴，加入4～5滴 $Na_3[Co(NO_2)_6]$ 溶液，用玻璃棒搅拌并摩擦试管内壁片刻，如有黄色沉淀产生，表示有 K^+ 存在。

Na^+ 的鉴定：取上述溶液3～4滴，加入6 mol/L HAc 溶液1滴和醋酸铀酰锌溶液7～8滴，用玻璃棒摩擦试管内壁，如有黄色沉淀生成，表示有 Na^+ 存在。

Mg^{2+} 的鉴定：取上述溶液1～2滴，加入6 mol/L NaOH 溶液和镁试剂各1～2滴，搅拌均匀，如有天蓝色沉淀生成，表示有 Mg^{2+} 存在。

(5)第五组(两性组)和第六组(氢氧化物组)阳离子

两性组阳离子包括 Al,Cr,Sb,Sn 元素的离子,氢氧化物组阳离子包括 Fe,Mn,Bi,Hg 元素的离子。这两组离子存在于分离氨合物组和易溶组阳离子后的沉淀中,利用 Al,Cr,Sb,Sn 的氢氧化物的两性性质,用过量 NaOH 溶液将这两组阳离子进行分离。

两性组和氢氧化物组阳离子的分离:

在分离氨合物组和易溶组阳离子后保留的沉淀中各加入 3 ~4 滴 3% H_2O_2 和 6 mol/L NaOH 溶液,搅拌,在沸水浴中加热并搅拌 3 ~5 min,使 CrO_2^- 氧化为 CrO_4^{2-},并分解过量的 H_2O_2,离心分离,离心液用作鉴定两性组阳离子用,沉淀用作鉴定氢氧化物组阳离子用。

Cr^{3+} 的鉴定:取离心液 2 滴,加入乙醚 5 滴,逐滴加入浓 HNO_3 酸化,滴加 2 ~3 滴 3% H_2O_2,振荡试管,乙醚层出现蓝色,表示有 Cr^{3+} 存在。

Al^{3+},Sb(Ⅴ)和 Sn(Ⅳ)的分离与鉴定:将剩余离心液用 3 mol/L H_2SO_4 酸化,然后用 6 mol/L $NH_3 \cdot H_2O$ 碱化并过量几滴,振荡,离心分离,弃去离心液。沉淀用数滴 0.1 mol/L NH_4Cl 洗涤后,加入 3 mol/L NH_4Cl 及浓 $NH_3 \cdot H_2O$ 各 2 滴,再加入 $(NH_4)_2S$ 溶液 7 ~8 滴,在水浴中加热至沉淀凝聚,离心分离。

沉淀用数滴 0.1 mol/L NH_4Cl 溶液洗涤 1 ~2 次后,加入 H_2SO_4 2 ~3 滴,加热使沉淀溶解,然后加入 6 mol/L $NH_3 \cdot H_2O$ 数滴,铝试剂溶液 2 滴,搅拌,在沸水浴中加热 1 ~2 min,如有红色絮状沉淀出现,表示有 Al^{3+} 存在。

离心液用 HCl 逐滴中和至呈酸性后,离心分离,弃去离心液。在沉淀中加入 15 滴浓 HCl,在沸水浴中加热并充分搅拌,以除尽 H_2S,离心分离,弃去不溶物(可能为硫),离心液用作 Sb(Ⅴ)和 Sn(Ⅳ)离子的鉴定。

Sn(Ⅳ)离子的鉴定:取上述离心液 10 滴,加入 Al 片或少许 Mg 粉,在水浴中加热使之溶解完全后,再加入 1 滴浓 HCl,加 2 滴 $HgCl_2$,搅拌,若有白色或灰黑色沉淀析出,表示有 Sn(Ⅳ)离子存在。

Sb(Ⅴ)离子的鉴定:取上述离心液 1 滴,滴于光亮的锡箔上放置约 2 ~3 min,如锡箔上出现黑色斑点,表示有 Sb(Ⅴ)离子存在。

氢氧化物组阳离子的鉴定:

在第六组沉淀中,加入 3 mol/L H_2SO_4 10 滴和 3% H_2O_2 2 ~3 滴,加热并充分搅拌 3 ~5 min,以溶解沉淀和分解过量的 H_2O_2。离心分离,弃去不溶物,离心液供 Mn^{2+},Bi^{3+},Hg^{2+} 和 Fe^{3+} 的鉴定。

Mn^{2+} 的鉴定:取离心液 2 滴,加入 HNO_3 数滴,加入少量 $NaBiO_3$ 固体,搅拌,离心沉降,如溶液呈现紫红色,表示有 Mn^{2+} 存在。

Bi^{3+} 的鉴定:取离心液 2 滴,加 2 mol/L NaOH 碱化,再加入新配制的亚锡酸钠溶液数滴,若有黑色沉淀产生,表示有 Bi^{3+} 存在。

Hg^{2+} 的鉴定:取离心液 2 滴,加入 0.1 mol/L $SnCl_2$ 数滴,有白色沉淀或灰黑色沉淀析出,表示有 Hg^{2+} 存在。

Fe^{3+} 的鉴定:取离心液 1 滴,加入 1 滴 0.1 mol/L KSCN 溶液,如溶液显红色,表示有 Fe^{3+} 存在。

【仪器与试剂】

仪器:点滴板、烧杯、玻璃棒、滴管、酒精灯、表面皿、试管、试管夹、铁圈、铁架台、石棉网、离心试管、离心机。

实验所用试剂如下：

固体：$FeSO_4 \cdot 7H_2O$、K_2CrO_4、$PbCO_3$、$NaBiO_3$、MnO_2、Sn 箔、硫代乙酰胺。

酸：H_2SO_4(2 mol/L、1∶1、浓)、HCl(2 mol/L、6 mol/L)、HNO_3(2 mol/L、6 mol/L)、HAc(2 mol/L)、HAc(6 mol/L)。

碱：NaOH(2 mol/L、6 mol/L)、$NH_3 \cdot H_2O$(2 mol/L、6 mol/L、浓)。

盐：$FeCl_3$(0.1 mol/L)、$MgCl_2$(0.1 mol/L)、$Pb(NO_3)_2$(0.1 mol/L)、$NaNO_3$(0.1 mol/L)、KI(0.1 mol/L)、$CaCl_2$(0.1 mol/L)、KCl(0.1 mol/L)、$AgNO_3$(0.1 mol/L)、NaCl(0.1 mol/L)、$Na_2S_2O_3$(0.1 mol/L)、Na_2SO_3(0.1 mol/L)、$MnSO_4$(0.1 mol/L)、$K_2Cr_2O_7$(0.1 mol/L)、$SnCl_2$(0.1mol/L)、$CdCl_2$(0.1 mol/L)、$Cd(NO_3)_2$(0.1 mol/L)、$BaCl_2$(0.1 mol/L)、Na_2S(0.1 mol/L)、$K_4[Fe(CN)_6]$(0.1mol/L)、$HgCl_2$(0.1 mol/L)、$CuCl_2$(0.1 mol/L)、$CuSO_4$(0.1 mol/L)、$Al(NO_3)_3$(0.1 mol/L)、$AlCl_3$(0.1 mol/L)、$NaNO_2$(0.1 mol/L、1 mol/L)、NH_4Cl(0.1 mol/L、饱和)、NH_4Ac(3 mol/L)、KSCN(0.1 mol/L、饱和)、$ZnSO_4$(0.1 mol/L、饱和)、$KMnO_4$(0.01 mol/L)。

其他：二苯硫腙、碘水、氯水、1% 淀粉溶液、H_2O_2(3%)、奈斯勒试剂、镁试剂、0.1% 铝试剂、乙醇(95%)、丙酮、乙醚、二乙酰二肟、pH 试纸、红色石蕊试纸。

【实验内容】

1. 已知混合阳离子的分离与鉴定

在以下几组混合阳离子中任选两组，设计合理的分离鉴定方案，选择恰当的试剂进行分离与鉴定。用流程图表示操作步骤，记录实验现象并写出相关的反应式。

A 组：Ni^{2+}，Co^{2+}，Fe^{3+}，Al^{3+}

B 组：Ag^{+}，Cu^{2+}，Zn^{2+}，Hg^{2+}

C 组：Al^{3+}，Fe^{3+}，Cu^{2+}，Ba^{2+}

D 组：Hg_2^{2+}，Mn^{2+}，Cr^{3+}，Bi^{3+}

E 组：NH_4^{+}，Pb^{2+}，Ba^{2+}，Zn^{2+}，Hg^{2+}

2. 未知混合阳离子的分离与鉴定

领取一份可能含有 Pb^{2+}，Mn^{2+}，Ag^{+}，NH_4^{+}，Cu^{2+}，Bi^{3+}，Zn^{2+}，Al^{3+}，Fe^{3+}，Co^{2+} 中部分阳离子的混合溶液进行分离与鉴定：

(1)定性分析，拟定分析方案。

(2)按拟定的分析方案，先进行消去实验，初步推断未知溶液组成。

(3)设计合理的确证实验方案，对可能存在的离子进行分离与鉴定。

记录实验操作步骤及实验现象，得出鉴定结论，并写出相关的反应式。

【注意事项】

1. 进行未知混合离子的分离与鉴定时，应注意干扰离子的存在。

2. 对未知混合离子的分析，必须逐一分离成单个离子后，再利用阳离子的特征反应进行鉴定，防止漏检。

【思考题】

1. 在未知溶液分析中，当由碳酸盐制备铬酸盐沉淀时，为什么须用醋酸溶液去溶解碳酸盐沉淀，而不用强酸如盐酸去溶解？

2. HgS 的沉淀一步中为什么选用 H_2SO_4 溶液酸化而不用 HCl？

3. 汞盐和亚汞盐的性质有何不同？通过实验你可以得到几种区别它们的方法？

4. 若测试未知溶液显碱性,则那些阳离子可能不存在？

5. 在进行混合离子的鉴定时,为何要先鉴定出 NH_4^+？

6. Zn^{2+},Cd^{2+} 共存时,如何分离鉴定？

【预习内容】

查阅文献,找出镁试剂和铝试剂的结构式及鉴定镁离子、铝离子的方程式。

第9章　综合性实验

实验十五　去离子水的制备(离子交换法)

【实验目的】

1. 掌握离子交换法制备去离子水的原理和操作方法。

2. 掌握离子交换树脂的使用方法。

3. 掌握去离子水的概念和水的纯度检测方法。

【实验原理】

自来水中常含有 Na^+,Ca^{2+},Mg^{2+} 等阳离子以及 Cl^-,SO_4^{2-} 等阴离子,还溶有某些气体和有机物等杂质,某些行业或科学研究等不同的领域对使用水的水质各有一定的要求。为了除去水中杂质,通常采用蒸馏法或离子交换法等手段对水进行纯化,经过离子交换树脂处理后的水被称为去离子水。去离子水的纯度很高,常温下测定其电导率可达到 4 μS/cm。

本实验采用离子交换法由自来水制备去离子水。离子交换树脂是人工合成的高分子化合物,它一般不会受酸、碱、有机溶剂和弱氧化剂的影响。当离子交换树脂与水接触时,可吸附并交换溶解在水中的阳离子和阴离子。阳离子交换树脂含有酸性的活性基团,酸性的活性基团上的 H^+ 可以与水中的阳离子杂质进行交换;阴离子交换树脂含有碱性的活性基团,碱性的活性基团上的 OH^- 可以与水中的阴离子杂质进行交换。

由自来水制备去离子水通常使用强酸性阳离子交换树脂(如 RSO_3H)和强碱性阴离子交换树脂(如 $RN(CH_3)_3OH$)。自来水先流经强酸性阳离子交换树脂柱,水中的阳离子杂质如 Na^+,Ca^{2+},Mg^{2+} 等被阳离子交换树脂交换吸附:

$$RSO_3H + Na^+ = RSO_3Na + H^+$$

$$2RSO_3H + Ca^{2+} = (RSO_3)_2Ca + 2H^+$$

$$2RSO_3H + Mg^{2+} = (RSO_3)_2Mg + 2H^+$$

由阳离子交换柱底部流出的水,其中的 Na^+,Ca^{2+},Mg^{2+} 含量显著减少,水具有了酸性。然后含有阴离子杂质的酸性水再流经强碱性阴离子交换树脂柱,水中的阴离子杂质如 Cl^-,SO_4^{2-} 等被阴离子交换树脂交换吸附:

$$RN(CH_3)_3OH + Cl^- = RN(CH_3)_3Cl + OH^-$$

$$2RN(CH_3)_3OH + SO_4^{2-} = [RN(CH_3)_3]_2SO_4 + 2OH^-$$

由阴离子交换柱底部流出的水,其中的 Cl^-,SO_4^{2-} 等含量显著减少,交换出的 H^+ 和 OH^- 中和:

$$H^+ + OH^- = H_2O$$

从而达到净化水的目的。

为了进一步提高水质,可在阴离子交换树脂柱后再串接一个阴、阳离子交换树脂混合柱,也可再串接一套阳、阴离子交换柱,其作用相当于多级交换,更彻底除去水中的杂质离子。

交换后水质的纯度与使用的离子交换树脂的量以及水流经离子交换树脂的流速有关,离子交换树脂的量越多,水流越慢,交换后的水的纯度越高。

由于水的纯度越高,所含的杂质离子就越少,电阻也就越大,其电导率越小。因而可通过测定水的电导率来确定水的纯度。各种水的电导率范围如下:

水样	自来水	蒸馏水	去离子水	纯水（理论值）
电导率 μS/cm	50~500	1~50	0.8~4	0.055

制备的去离子水的要求为:电导率≤5μS/cm,定性检验无 Ca^{2+},Mg^{2+},SO_4^{2-} 和 Cl^- 等杂质离子。

离子交换失效后的阳离子交换树脂可用 HCl 溶液进行再生处理,阴离子树脂可用 NaOH 溶液进行再生处理。混合离子交换树脂可用饱和 NaCl 溶液进行重力分选,以分离阴、阳离子树脂,再分别进行再生处理。

重力分选的原理是依据强碱性阴离子树脂与强酸性阴离子树脂的密度不同。强碱性阴离子树脂的密度为1.06~1.1,强酸性阳离子树脂的密度为1.24~1.92,所以将混合离子交换树脂浸入密度为1.2的饱和 NaCl 溶液中,强酸性阳离子交换树脂会沉在溶液的底部,而强碱性阴离子交换树脂则浮在液面上,从而将两者分开。

【仪器与试剂】

仪器:电导率仪、离子交换柱、烧杯、玻璃棒、滴管、量筒、酒精灯、试管、离心式管、离心机、电导率仪、离子交换柱、螺旋夹、玻璃导管。

试剂:HCl(2 mol/L)、HNO_3(2 mol/L)、NaOH(2 mol/L、6 mol/L)、$NH_3 \cdot H_2O$(2 mol/L)、$AgNO_3$(0.1 mol/L)、$BaCl_2$(0.1 mol/L)、铬黑T指示剂、钙指示剂、$(NH_4)_2C_2O_4$(饱和)、732#强酸性阳离子交换树脂、717#强碱性阴离子交换树脂。

其他:精密 pH 试纸、玻璃纤维、铁丝、乳胶管、滤纸、硫酸纸。

【实验内容】

1. 离子交换装置的安装

离子交换装置由三根离子交换柱[1]、玻璃管、乳胶管和螺旋夹串联组成。第一根离子交换柱中装入732#强酸性阳离子交换树脂,第二根离子交换柱中装入717#强碱性阴离子交换树脂。第三根离子交换柱中装入混合离子交换树脂[2]。每根离子交换柱的底部松散地垫有玻璃纤维,离子交换柱的出液口分别用乳胶管连接,并用螺旋夹夹住。装置如图9-1所示。

向离子交换柱中注入少量去离子水,将离子交换树脂[3]分别装入交换柱内。阳离子交换树脂、阴离子交换树脂与混合离子交换树脂分别填装交换柱容积的2/3。在装填过程中一定要将离子交换树脂装填密实,不能让交换柱内树脂之间出现空洞或者气泡,若出现空洞或者气泡可以拿玻璃棒伸入树脂内部捣实[4]。最后加去离子水封住离子交换树脂,避免

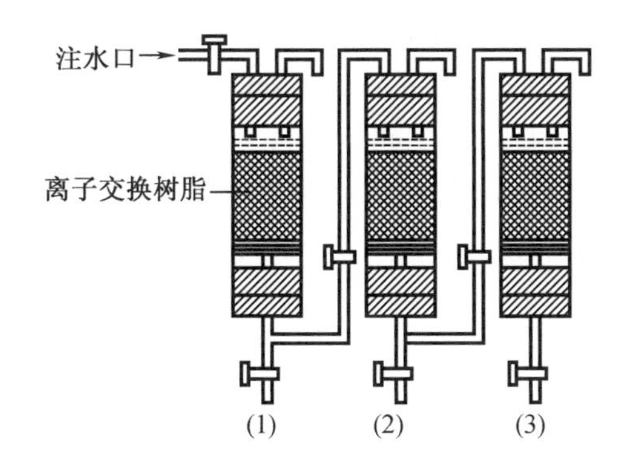

图9－1 离子交换装置

(1)阳离子交换柱;(2)阴离子交换柱;(3)混合离子交换柱

树脂接触空气。

离子交换装置的流程为自来水→阳离子交换柱→阴离子交换柱→混合离子交换柱→去离子水。

2. 去离子水的制备

将自来水开关打开,调节各交换柱间的螺旋夹,调节入水量,使水流速为每分钟约30滴左右,开始流出的50 mL水弃去不用。然后再次调节螺旋夹,控制流速为每分钟15～20滴[5]。分别用烧杯接取自来水样、阳离子交换柱流出的水样、阴离子交换柱流出的水样和混合离子交换柱流出的水样各50 mL。

3. 水质的检验

(1)电导率的测定

在4个50 mL烧杯中,分别盛入四种水样各30 mL左右。选择合适的电导率仪读数挡位,然后将电导电极[6]插入待测水样中(必须将电极全部浸入待测水样中),依次测定四种水样的电导率值,将测定值记录于表9－1中。

(2)离子的定性检验

Ca^{2+}的检验:取水样1 mL,加入1滴2 mol/L NaOH溶液,再加入1滴钙指示剂,观测溶液的颜色。若溶液变为红色,表示有Ca^{2+}存在。

Mg^{2+}的检验:取水样1 mL,加入1滴2 mol/L NaOH溶液,再加入1滴镁指示剂,观测溶液的颜色。若有天蓝色沉淀出现,表示有Mg^{2+}存在。

SO_4^{2-}的检验:取水样1 mL,加入2滴1 mol/L $BaCl_2$溶液,观察溶液是否浑浊。若有白色浑浊出现,表示有SO_4^{2-}存在。

Cl^-的检验:取水样1 mL,加入2滴2 mol/L HNO_3酸化,再加入2滴0.1 mol/L $AgNO_3$溶液,观察溶液是否变浑浊。若有白色浑浊出现,表示有Cl^-存在。

将检验结果填入表9－2中。

(3)水样pH值的测定

用精密pH试纸分别测定四种水样的pH值,将测定值记录于表9－3中。

4. 离子交换树脂的再生

(1)阳离子交换树脂的再生处理:将10 mL 2 mol/L HCl注入阳离子交换柱内,控制流速,使树脂上面始终有一层酸液,并以每秒1滴的流速让HCl流过树脂。当酸液降至接近树脂层时,注入蒸馏水洗涤阳离子交换树脂至流出液为中性为止。

(2)阴离子交换树脂的再生处理:用 2 mol/L NaOH 进行再生,具体操作同阳离子交换树脂的再生处理。

(3)混合离子交换树脂的再生处理:可将混合离子交换树脂集中起来,用饱和 NaCl 溶液进行重力分选,使阴离子交换树脂与阳离子交换树脂分开,然后再分别进行再生处理。

【数据记录】

1. 水样电导率的测定

表 9-1　去离子水电导率测定

水样	电导率 μS/cm
自来水	
阳离子交换柱流出水	
阴离子交换柱流出水	
去离子水	

2. 水样中离子的定性检验

表 9-2　水样定性检验

水样	Ca^{2+}	Mg^{2+}	SO_4^{2-}	Cl^-
自来水				
阳离子交换柱流出水				
阴离子交换柱流出水				
去离子水				

3. 水样 pH 值的测定

表 9-3　水样 pH 测定

水样	pH 值
自来水	
阳离子交换柱流出水	
阴离子交换柱流出水	
去离子水	

【注意事项】

1. 离子交换柱用已拆除尖嘴的碱式滴定管。

2. 混合离子交换树脂的制备:阳离子交换树脂和阴离子交换树脂的质量比为 1∶1,混合均匀。

3. 离子交换树脂需提前进行预处理:

阳离子交换树脂预处理：用 2 mol/L 的 HCl 溶液浸泡 1 天。倾去酸液，再用 2 mol/L 的 HCl 浸泡并搅拌 5 min，待树脂沉降后倾去酸液。用蒸馏水搅拌洗涤树脂，倾去上层溶液，将水尽量倒净。重复洗涤至接近中性。

阴离子交换树脂预处理：用 2 mol/L 的 NaOH 溶液浸泡 1 天。倾去碱液，再用 2 mol/L 的 NaOH 溶液浸泡并搅拌 5 min，待树脂沉降后倾去碱液。用蒸馏水搅拌洗涤，树脂沉降后，倾去上层溶液，将水尽量倒净。重复洗涤至接近中性。

4. 装柱时树脂层中不能有气泡，否则会造成水或溶液断路和树脂层的紊乱。因此，在装柱的操作过程中，必须使树脂一直浸泡在水或溶液中。

5. 在离子交换柱中的液体流出时，树脂上方应保持一定高度的液层，切勿使液层下降到树脂面以下，否则，再加液体时，树脂层就会出现气泡。

6. 每次测定前，电极需用待测水样仔细冲洗，并用滤纸吸干。

【思考题】

1. 蒸馏水和去离子水都是纯水，两者有何不同？

2. 为什么经过阳离子交换树脂处理后的自来水，电导率比原来大？电导率数值越大，水样的纯度是否越高？

3. 制备去离子水为何需先经过阳离子交换树脂处理，后经过阴离子交换树脂处理？反过来如何？

4. 实验中为什么阴离子树脂的用量要多于阳离子树脂？

5. 试简述定性检验水中是否含有少量 Ca^{2+}，Mg^{2+}，SO_4^{2-}，Cl^- 的原理。

6. 离子交换法制取去离子水的质量与哪些操作因素有关？

【预习内容】

1. 离子交换树脂制备纯水的基本原理。

2. 电导率仪测定水纯度的原理。

实验十六　试剂级氯化钠的制备及纯度鉴定

【实验目的】

1. 掌握通过沉淀反应提纯氯化钠的原理。

2. 掌握分离提纯无物质过程中定性检验某种物质是否已除去的方法。

3. 掌握溶解、沉淀、过滤、减压过滤、蒸发浓缩、结晶、干燥等基本操作。

【实验原理】

较高纯度的 NaCl 可由粗食盐提纯制备。粗食盐中含有如泥沙等不溶性杂质和 K^+，Ca^{2+}，Mg^{2+}，Fe^{3+}，CO_3^{2-}，SO_4^{2-} 等可溶性杂质。不溶性杂质可用溶解和过滤的方法除去，可溶性杂质需要选择适当的试剂使可溶性杂质离子生成难溶的化合物沉淀而被除去。由粗食盐制备试剂级 NaCl 的实验过程如下：

(1) 将粗食盐溶解，在溶液中加入过量的 $BaCl_2$ 溶液，将溶液中的 SO_4^{2-} 转化为难溶的 $BaSO_4$ 沉淀，过滤，除去难溶化合物 $BaSO_4$ 沉淀：

$$Ba^{2+} + SO_4^{2-} \xlongequal{\quad} BaSO_4 \downarrow$$

(2) 在滤液中加入 NaOH 溶液和 Na_2CO_3 溶液，与 Ca^{2+}，Ba^{2+}，Fe^{3+}，Mg^{2+} 反应生成碳酸

盐沉淀:

$$Ca^{2+} + CO_3^{2-} = CaCO_3 \downarrow$$

$$Ba^{2+} + CO_3^{2-} = BaCO_3 \downarrow$$

$$Fe^{3+} + 3OH^- = Fe(OH)_3 \downarrow$$

$$2Mg^{2+} + 2OH^- + CO_3^{2-} = Mg_2(OH)_2CO_3 \downarrow$$

过滤除去沉淀,从而除去 Ca^{2+},Ba^{2+},Fe^{3+},Mg^{2+} 等可溶性杂质。

(3)过滤后,Ca^{2+},Mg^{2+},Ba^{2+} 虽已除去,但又引入了 NaOH 和 Na_2CO_3 带来的杂质成分,利用 HCl 将溶液调至微酸性以中和 OH^- 和破坏 CO_3^{2-} 以去除杂质成分:

$$OH^- + H^+ = H_2O$$

$$CO_3^{2-} + 2H^+ = CO_2 \uparrow + H_2O$$

(4)其他少量的 K^+ 等可溶性杂质与沉淀剂不起作用,但它们的含量少而溶解度又大于 NaCl 的溶解度,因此在蒸发和浓缩过程中,NaCl 先结晶出来,K^+ 等可溶性的杂质仍然保留在母液中,过滤时与 NaCl 分离,除去。不同温度下 NaCl 与 KCl 的溶解度如表 9-4 所示。

表 9-4 不同温度下 NaCl 与 KCl 溶解度　　单位:g/100 g H_2O

温度℃	0	10	20	30	40	50	60	80	100
NaCl	35.7	35.8	35.9	36.1	36.4	36.7	37.1	38	39.2
KCl	28	31.2	34.2	37.2	40.1	42.9	45.8	51.3	56.3

制备的试剂级 NaCl 产品需进行纯度检验,确定产品的纯度等级。

【仪器与试剂】

仪器:台秤、烧杯、玻璃搅拌棒、量筒、漏斗、布氏漏斗、吸滤瓶、循环水真空泵、蒸发皿、试管、铁架台、铁圈、石棉网、温度计、酒精灯、离心机、离心式管、25 mL 比色管。

试剂:HCl(2 mol/L、6 mol/L)、NaOH(2 mol/L)、$BaCl_2$(0.1 mol/L 、1 mol/L)、镁试剂(1%)、Na_2CO_3(饱和)、KSCN(25%)、$(NH_4)_2C_2O_4$(0.5 mol/L)、乙醇(95%)、亚硝基钴酸钠(0.1 mol/L)、标准 Na_2SO_4(0.010 0 mg/mL)、粗食盐(s)。

其他:pH 试纸、滤纸、硫酸纸、火柴。

【实验内容】

1. 称量与溶解

在台秤上称取 8.0 g 粗食盐[1],放在 100 mL 烧杯中,加入 30 mL 蒸馏水,搅拌并在石棉网上加热使其溶解。

2. 除去杂质

(1)除去不溶性杂质和 SO_4^{2-}

继续加热溶液至沸腾时,边搅拌边逐滴加入 5 mL 1mol/L $BaCl_2$ 溶液至 $BaSO_4$ 沉淀完全,继续加热煮沸 5 min。

检验 $BaSO_4$ 沉淀是否完全:将烧杯从石棉网上取下,待沉淀沉降后,取少量上层清液于试管中,滴加数滴 2 mol/L HCl,再加数滴 1 mol/L $BaCl_2$ 溶液,观察澄清液中是否有混浊现象;如果无混浊现象,说明 SO_4^{2-} 已被沉淀完全,如果仍有混浊现象,则需继续滴加 $BaCl_2$ 溶液,直至检查上层清液加入 $BaCl_2$ 溶液后不再出现混浊现象为止。

待沉淀完全后,趁热过滤[2],滤液滤入干净的烧杯中。

(2)除去 Ca^{2+},Mg^{2+},Fe^{3+} 和过量的 Ba^{2+}

在滤液中加入 1 mL 1 mol/L NaOH 溶液和 3 mL 饱和 Na_2CO_3 溶液,加热溶液至沸腾时,取上层清液,向清液中滴加 1 mol/L Na_2CO_3 溶液至不再产生沉淀为止,继续加热煮沸 5 min。进行常压过滤,滤液转移至干净的蒸发皿中。

(3)除去 OH^- 和 CO_3^{2-}

在滤液中逐滴加入 2 mol/L HCl 数滴,充分搅拌后,用 pH 试纸检验溶液呈微酸性为止($pH \approx 4 \sim 5$),记录所用 HCl 的量。将蒸发皿放在石棉网上加热至微沸,然后再用 1 mol/L NaOH 溶液调节溶液的 $pH \approx 7$。

3. 蒸发、结晶

(1)蒸发浓缩

在石棉网上用小火加热蒸发浓缩,并不断搅拌至溶液呈黏稠状时,立即停止加热,切不可将溶液蒸干[3]。

(2)结晶、干燥

静置自然冷却至室温,减压过滤,NaCl 晶体用少量 95% 乙醇洗涤,继续减压过滤至尽量抽去 NaCl 结晶中的水分。

将 NaCl 结晶转移至蒸发皿中,在石棉网上小火加热烘炒并不断搅拌,直至不再有水蒸气逸出,继续烘炒 2 min。制得洁白而松散的 NaCl 试剂,自然冷却至室温,称重。

4. 产品纯度的检验

(1) 产品的定性检验

在台秤上分别称取粗食盐和制备的试剂级 NaCl 产品各 1 g,分别溶于 5 mL 蒸馏水中。将两种溶液均五等分于十支小试管中,组成五组比对液,定性检验溶液中的 SO_4^{2-},Ca^{2+},Fe^{3+},Mg^{2+} 和 K^+ 是否存在,对照检验产品的纯度,并记录检验结果和结论。

SO_4^{2-} 的检验:在第一组溶液中分别加入 2 滴 1 mol/L $BaCl_2$ 溶液,观察是否有 $BaSO_4$ 白色沉淀产生,检验 SO_4^{2-} 存在与否,将鉴定结果记录在表 9-5 中的第 2~3 行,并进行比较。

Ca^{2+} 的检验:在第二组溶液中分别加入 2 滴 0.5 mol/L $(NH_4)_2C_2O_4$ 溶液。观察是否有白色 CaC_2O_4 沉淀生成,检验 Ca^{2+} 存在与否。将鉴定结果记录在表 9-5 中的第 4~5 行,并进行比较。

Fe^{3+} 的检验:在第三组溶液中分别加入 2 滴 25% KSCN 溶液和 2 滴 2 mol/L HCl。观察溶液是否变为血红色,检验 Fe^{3+} 存在与否。将鉴定结果记录在表 9-5 中的第 6~7 行,并进行比较。

Mg^{2+} 的检验:在第四组溶液中分别加入 2~3 滴 2 mol/L NaOH 溶液,使溶液呈碱性(用 pH 试纸检验 $pH \approx 11$),再各加入 2~3 滴镁试剂。观察是否有蓝色沉淀生成,检验 Mg^{2+} 存在与否[4]。将鉴定结果记录在表 9-5 中的第 8~9 行,并进行比较。

K^+ 的检验:在第五组溶液中分别加入 2~3 滴 0.1 mol/L 亚硝基钴酸钠溶液,观察是否有亮黄色沉淀生成,检验 K^+ 存在与否[4]。将鉴定结果记录在表 9-5 中的第 10~11 行,并进行比较。

(2)限量分析(比浊法)

SO_4^{2-} 标准溶液的配制:准确量取 SO_4^{2-} 含量为 0.01 mg/mL 标准溶液 1.00 mL、2.00 mL 和 5.00 mL,分别置于三个洁净的 25 mL 比色管中,分别向比色管中加入 2 mol/L HCl 2 mL

和0.1 mol/L $BaCl_2$ 溶液3.0 mL,再加蒸馏水稀释至25 mL刻度,摇匀,配制成三个等级的 SO_4^{2-} 标准溶液,备用。

标准溶液所对应的NaCl试剂的等级规格如下。

符合一级(分析纯)标准:SO_4^{2-} 含量0.01 mg。

符合二级(化学纯)标准:SO_4^{2-} 含量0.02 mg。

符合三级(一般试剂)标准:SO_4^{2-} 含量0.05 mg。

称取1.0 g制备的试剂级NaCl产品,置于另一支洁净的25 mL比色管中,加入15.0 mL蒸馏水,振摇使其溶解。向比色管中加入2 mL 2 mol/L HCl和0.1 mol/L $BaCl_2$ 溶液3.0 mL,加蒸馏水稀释至刻度,摇匀后静置5 min。

用目视比浊法对产品溶液与标准溶液进行比浊对照,根据溶液产生浑浊的程度,确定产品中的杂质含量,以此判断出产品的等级。

【数据记录与处理】

1.数据记录

(1)粗食盐的质量________g。

(2)试剂级NaCl产品的产量________g。

(3)产品的外观描述____。

(4)产品的等级判断____。

(5)产品的定性检验列表如下。

表9-5 NaCl试剂产品定性检验

检验项目		现象	结论
SO_4^{2-}	粗食盐		
	NaCl试剂		
Ca^{2+}	粗食盐		
	NaCl试剂		
Fe^{3+}	粗食盐		
	NaCl试剂		
Mg^{2+}	粗食盐		
	NaCl试剂		
K^+	粗食盐		
	NaCl试剂		
产品定性检验结论			

2.数据处理

产率计算

$$产率=\frac{试剂级NaCl产品的产量(g)}{粗食盐的质量(g)}\times 100\%$$

【注意事项】

1.粗食盐颗粒需研磨后使用。

2. 加热 NaCl 溶液，趁热加入沉淀剂时，由于 NaCl 随水分蒸发达到过饱和状态时，上层有晶膜析出。过滤时用水洗涤沉淀及烧杯内壁，晶体颗粒又会溶解。

3. NaCl 溶液加热蒸发浓缩时切不可蒸干。

4. 镁试剂是一种有机染料，它在酸性溶液中呈黄色，在碱性溶液中呈红色或紫色，但被 $Mg(OH)_2$ 沉淀吸附后，则呈天蓝色，因此可以用来检验 Mg^{2+} 的存在。

【思考题】

1. 能否用重结晶的方法提纯氯化钠？

2. 能否用氯化钙代替毒性较大的氯化钡来除去食盐中的 SO_4^{2-}？

3. 试用沉淀溶解平衡原理，说明用碳酸钡除去食盐中 Ca^{2+} 和 SO_4^{2-} 的根据和条件。

4. 在除去过量的沉淀剂 NaOH，Na_2CO_3 时，需用 HCl 调节溶液呈微酸性（$pH \approx 6$），为什么？若酸度或碱度过大，有何影响？

5. 提纯后的食盐溶液浓缩时为什么不能蒸干？

6. 在检验 SO_4^{2-} 时，为什么要加入盐酸溶液？

【预习内容】

1. 沉淀溶解平衡原理。

2. 查阅 Ca，Mg，Ba 的碳酸盐和硫酸盐的溶度积及 $Mg(OH)_2$ 的容度积。

3. 限量分析之比浊法。

实验十七　硫酸亚铁铵的制备及纯度鉴定

【实验目的】

1. 学习复盐 $(NH_4)_2SO_4 \cdot FeSO_4 \cdot 6H_2O$ 的制备方法。

2. 熟练掌握加热、蒸发、结晶、减压过滤等基本操作。

3. 掌握目视比色法检验产品纯度的方法。

【实验原理】

复盐是由两种或两种以上的简单盐类所组成的同晶型化合物，在溶液中仍能电离为简单盐的离子。复盐硫酸亚铁铵又叫摩尔盐，是浅蓝绿色单斜晶体，在空气中比一般亚铁盐稳定，不易被氧化，所以是化学分析中常用的还原剂。它能溶于水，难溶于乙醇。

由于硫酸亚铁铵在水中的溶解度比组成它的每一组分 $FeSO_4$ 或 $(NH_4)_2SO_4$ 的溶解度都小，利用这一特点，可以通过蒸发浓缩 $FeSO_4$ 与 $(NH_4)_2SO_4$ 的浓混合溶液来制备硫酸亚铁铵晶体。硫酸亚铁、硫酸铵和硫酸亚铁铵在不同温度下的溶解度如表 9 - 6 所示。

表 9 - 6　三种盐不同温度下的溶解度　　g/100 g H_2O

盐	0 ℃	10 ℃	20 ℃	30 ℃	40 ℃	50 ℃
$FeSO_4 \cdot 7H_2O$	15.65	20.51	26.5	32.9	40.2	48.6
$(NH_4)_2SO_4$	70.6	73.0	75.4	78.0	81.0	88.0
$(NH_4)_2SO_4 \cdot FeSO_4 \cdot 6H_2O$	12.5	17.2	21.6	28.1	33.0	40.0

制备方法:将 $FeSO_4$ 和$(NH_4)_2SO_4$ 分别配制成饱和溶液(或浓溶液),然后混合在一起,经过加热浓缩、冷却结晶,便可制得溶解度较小的硫酸亚铁铵晶体:

$$FeSO_4 + (NH_4)_2SO_4 + 6H_2O \xlongequal{} (NH_4)_2SO_4 \cdot FeSO_4 \cdot 6H_2O$$

硫酸亚铁铵制备过程中的加热操作,会使 Fe^{2+} 在一定程度上被氧化。虽然保持反应体系酸性环境可以抑制 Fe^{2+} 被氧化,但不能完全阻止,所以产品的主要杂质是 Fe^{3+},可根据 Fe^{3+} 与 KSCN 形成血红色$[Fe(SCN)]^{2+}$ 颜色的深浅,用目视比色法来确定其含 Fe^{3+} 的含量:

$$Fe^{3+} + SCN^- \xlongequal{} [Fe(SCN)]^{2+}$$

当溶液红色较深时,表明产品中含 Fe^{3+} 较多,产品的等级较低。

目视比色法原理:用眼睛观察,比较溶液颜色的深浅程度,以确定物质含量的方法称为目视比色法。常用的目视比色法采用的是标准系列法。用一套由相同质料制成、形状大小相同的比色管,将一系列不同量的标准溶液依次加入比色管中,再加入等量的显色剂及相关试剂,并控制实验条件相同,最后稀释至同样的体积。这样便配制成一套颜色递变的标准色溶液。

将一定量被测样品放入另一支比色管中,在同样的条件下显色。若被测液与标准系列中某溶液的颜色深度相同,则说明这两支比色管中的杂质含量相同;如果被测溶液颜色深度介于相邻两个标准溶液之间,表明被测液中的杂质含量介于这两个标准溶液之间。

实验中将所制备的硫酸亚铁铵产品与 KSCN 溶液在比色管中配制成待测溶液,将待测溶液所呈现的红色与含一定量 Fe^{3+} 的标准溶液的红色进行比对,根据红色深浅程度相仿情况,即可判断待测溶液中杂质 Fe^{3+} 的含量,从而确定产品的等级。

【仪器与试剂】

仪器:铁架台、铁圈、石棉网、搅拌棒、药匙、坩埚钳、100 mL 烧杯 2 个、蒸发皿、表面皿、天秤、小镊子、剪刀、布氏漏斗、10 mL 量筒、比色管 4 个、酒精灯、吸滤瓶、1 mL 吸量管、洗耳球、循环水真空泵、玻棒。

试剂:KSCN(1 mol/L)、H_2SO_4(3 mol/L)、$FeSO_4 \cdot 7H_2O$(固)、$(NH_4)_2SO_4$(固)、Fe^{3+} 标准溶液(0.010 0 mol/L)、无水乙醇。

其他:滤纸、硫酸纸、pH 试纸、火柴。

【实验内容】

1. 配制饱和溶液

(1) $FeSO_4$ 浓溶液的配制[1]:称取 9.6 克 $FeSO_4 \cdot 7H_2O$ 晶体,在常温下用 17 mL 去离子水和 10 mL 3 mol/L H_2SO_4 溶解,配制成 $FeSO_4$ 浓溶液。

(2) $(NH_4)_2SO_4$ 浓溶液的配制:称取 4.3 克固体$(NH_4)_2SO_4$,在常温下用 6 mL 去离子水溶解,配制成$(NH_4)_2SO_4$ 浓溶液。

2. 制备硫酸亚铁铵

(1)向 $FeSO_4$ 浓溶液中加入$(NH_4)_2SO_4$ 浓溶液,并不断搅拌使溶液混合均匀,用 3 mol/LH_2SO_4 调节混合溶液的 pH = 1 ~ 2[2]。

(2)在石棉网上小火[3]加热蒸发,当溶液浓缩至表面刚出现极薄的晶膜时[4],停止加热。

(3)静置,自然冷却至室温,使硫酸亚铁铵晶体完全析出[5]。

(4)减压过滤,除去母液,最后用少量无水乙醇洗涤,抽干。

(5)将晶体取出,摊在两张滤纸之间,轻压吸干母液。观察晶体的颜色和形状,称重。

3. 产品等级鉴定

(1) Fe^{3+} 标准溶液的配制：用吸量管分别准确量取 Fe^{3+} 含量为 0.100 mg/mL 的标准溶液 0.50 mL，1.00 mL，2.00 mL，分别置于三个洁净的 25 mL 比色管中，各加入 1.0 mL 3 mol/L H_2SO_4 和 1.0 mL 1 mol/L KSCN 溶液，用去离子水稀释至 25 mL 刻度线，摇匀，配制成三个等级的含 Fe^{3+} 标准溶液。

(2) 在台秤上称取 1.0 g 制备的 $(NH_4)_2SO_4 \cdot FeSO_4 \cdot 6H_2O$ 产品，置于另一个洁净的 25 mL比色管中，加入 15 mL 去离子水，振摇至产品溶解。再加入 1.0 mL 3 mol/L H_2SO_4 和 1.0 mL 1mol/L KSCN 溶液，用去离子水稀释至 25 mL 刻度，摇匀。

(3) 将产品溶液与三种含 Fe^{3+} 的标准溶液进行目视比色鉴定，通过比对产品中含 Fe^{3+} 杂质的含量，确定产品的等级。

标准溶液所对应的硫酸亚铁铵的等级规格如下。

符合一级标准：Fe^{3+} 含量 0.05 mg。

符合二级标准：Fe^{3+} 含量 0.10 mg。

符合三级标准：Fe^{3+} 含量 0.20 mg。

【数据记录与处理】

1. 数据记录

(1) 产品外观描述____________________。

(2) 产品等级判断____________________。

(3) $(NH_4)_2SO_4 \cdot FeSO_4 \cdot 6H_2O$ 实际产量________ g。

2. 数据处理

(1) 计算 $(NH_4)_2SO_4 \cdot FeSO_4 \cdot 6H_2O$ 理论产量。

(2) 计算产率。

$$产率 = \frac{(NH_4)_2SO_4 \cdot FeSO_4 \cdot 6H_2O\ 实际产量(g)}{(NH_4)_2SO_4 \cdot FeSO_4 \cdot 6H_2O\ 理论产量(g)} \times 100\%$$

【注意事项】

1. 配制 $FeSO_4$ 溶液时，pH 必须控制在 1 ~ 2 之间。如果溶液的酸性减弱，则 Fe^{2+} 与水作用的程度将会增大，且酸度低时 Fe^{2+} 更易被氧化。

2. 饱和 $FeSO_4$ 溶液与饱和 $(NH_4)_2SO_4$ 混合时若溶液变黄，主要是酸度不够，操作时要注意调节溶液 pH 约为 1 ~ 2 之间，因为在酸性条件下 Fe^{2+} 相对稳定。

3. 硫酸亚铁铵的制备过程中，应小火加热，注意温度控制，既可防止 Fe^{2+} 被氧化为 Fe^{3+}，又可防止失去结晶水。

4. 蒸发浓缩过程无须搅拌，注意观察晶膜，一旦发现晶膜出现即停止加热。

5. 蒸发浓缩后的溶液，必须充分冷却后再减压过滤。否则硫酸亚铁铵晶体未完全结晶析出，导致产量降低。

【思考题】

1. 为什么硫酸亚铁铵在定量分析中可以用来配制亚铁离子的标准溶液？

2. 本实验利用什么原理来制备硫酸亚铁铵？

3. 蒸发浓缩至表面出现结晶薄膜后，为什么要缓慢冷却后再减压抽滤？

4. 洗涤晶体时为什么用无水乙醇而不用水洗涤晶体？

5. 在蒸发、浓缩过程中，若溶液变黄，是什么原因，如何处理？

6. 硫酸亚铁与硫酸亚铁铵有何不同?

【预习内容】

1. 无机制备实验基本操作:加热,蒸发,浓缩,结晶,减压过滤等。

2. 复盐的性质。

3. 目视比色法进行限量分析的原理和方法。

实验十八　由软锰矿制备高锰酸钾

【实验目的】

1. 掌握由软锰矿制备高锰酸钾的原理和方法。

2. 掌握锰的各种氧化态化合物之间相互转化的条件。

3. 进一步掌握碱熔、加热、浸取、过滤、蒸发、浓缩、结晶等操作规范。

【实验原理】

高锰酸钾是深紫色的针状晶体,是最常用的氧化剂之一。本实验是以主要成分为 MnO_2 的软锰矿为原料制备高锰酸钾。

将软锰矿与 KOH 和氧化剂 $KClO_3$ 混合后在碱性介质中共熔,即可制得墨绿色的 K_2MnO_4 熔体:

$$3MnO_2 + 6KOH + KClO_3 = 3K_2MnO_4 + KCl + 3H_2O$$

由于 K_2MnO_4 只有在强碱性溶液中才是稳定的($pH > 14$),当降低溶液的 pH 值时,MnO_4^{2-} 即发生歧化反应。所以将 K_2MnO_4 熔体溶于水后,向溶液中通入 CO_2 气体以降低溶液的 pH 值,使 K_2MnO_4 发生歧化反应,即可得到紫红色的 $KMnO_4$:

$$3MnO_4^{2-} + 2H_2O = 2MnO_4^- + MnO_2\downarrow + 4OH^-$$

根据平衡移动原理,向此溶液中加酸降低溶液的 pH 值,使反应有向生成 MnO_4^- 的方向进行。常用得方法是向溶液中加入弱酸如醋酸或通入 CO_2 气体,利于歧化反应完全:

$$3K_2MnO_4 + 4HAc = 2KMnO_4 + MnO_2\downarrow + 4KAc + 2H_2O$$

过滤除去 MnO_2 固体,溶液经过蒸发浓缩,即得 $KMnO_4$ 晶体。

还有一种方法是向 K_2MnO_4 溶液中直接加入氧化剂氯水,将其氧化成 $KMnO_4$:

$$2MnO_4^{2-} + Cl_2 = 2MnO_4^- + 2Cl^-$$

【仪器与试剂】

仪器:铁架台、铁圈、铁坩埚、坩埚钳、铁搅拌棒、砂芯漏斗、吸滤瓶、循环水真空泵、台秤、酒精灯、量筒、烧杯、玻璃搅拌棒、蒸发皿、石棉网。

试剂:H_2SO_4(2 mol/L)、固体 Na_2CO_3、固体 MnO_2(工业用)、固体 KOH、固体 $KClO_3$、4% KOH 溶液、HAc(2 mol/L)、氯水。

其他:pH 试纸、滤纸、硫酸纸。

【实验内容】

1. 熔融、氧化

称取 7 g 固体 KOH 和 4 g 固体 $KClO_3$,放入 60 mL 铁坩埚中,混合均匀,用坩埚钳将铁坩埚夹紧,固定在铁圈上,小火加热,用洁净的铁搅拌棒搅拌。待混合物熔融后,一边搅拌,一边将 5 g 软锰矿粉末分批加入[1],随着反应的进行,即可观察到熔融物黏度逐渐增大,继续不断用力搅拌，以防结块。如反应剧烈使熔融物溢出时，可将铁坩埚移离火源。在反应快要干涸时，应不断搅拌，使呈颗粒状，以不结成大块粘在坩埚壁上为宜。待反应物干涸后，加大火焰，在仍保持翻动下强热 5 ~ 10 min，即得墨绿色的 K_2MnO_4 熔体。

2. 浸取

待 K_2MnO_4 熔体冷却后，从坩埚内取出反应物，在研钵中研细，放入 250 mL 烧杯中，用 40 mL 蒸馏水分批浸取，并不断搅拌，加热以促进其溶解，静置片刻，将上层清液倾入另一个烧杯中。继续依次用 20 mL 蒸馏水和 20 mL 4% KOH 溶液重复浸取，合并三次浸取液，即得到墨绿色的 K_2MnO_4 溶液。

3. 锰酸钾的歧化

向 K_2MnO_4 溶液中慢慢逐滴加入 2 mol/L HAc，使 K_2MnO_4 歧化为 $KMnO_4$ 和 MnO_2 沉淀。用 pH 试纸测试溶液的 pH 值，当溶液的 pH 值达到 10 ~ 11 之间时，即停止滴加 HAc。加热，趁热用砂芯漏斗减压过滤，滤去 MnO_2 残渣。

此步还可采用电解的方法制取 $KMnO_4$ 晶体，自行设计实验方案，并对两种方法的实验结果进行比较。

4. 结晶

将滤液转移至蒸发皿内，用小火加热、蒸发浓缩至液面出现晶膜时，停止加热，静置自然冷却至室温。用砂芯漏斗减压过滤，将 $KMnO_4$ 晶体尽可能抽干。

5. 重结晶

按质量比 $KMnO_4$∶H_2O 为 1∶3 的比例，将制得的粗 $KMnO_4$ 晶体溶于蒸馏水中，用小火加热促进其溶解，趁热过滤，将滤液冷却以使其结晶，减压过滤，将 $KMnO_4$ 晶体尽可能抽干，并置于 80 ℃恒温烘箱中烘干[2]。冷却后称量，计算产率，记录产品的颜色和形状。

【数据记录与处理】

1. 数据记录

(1) $KMnO_4$ 产品的实际产量________ g。

(2) $KMnO_4$ 产品的外观描述____。

2. 数据处理

(1) 计算 $KMnO_4$ 的理论产量。

(2) 计算产率。

【注意事项】

1. 在制备 K_2MnO_4 的过程中，软锰矿粉末必须分批加入并不断搅拌。

2. $KMnO_4$ 产品烘干温度不能太高，切忌混有纸屑等易燃物。

【思考题】

1. KOH 溶解软锰矿时，应注意哪些安全问题？

2. 为什么碱熔融时不用瓷坩埚和玻璃棒搅拌？

3. 过滤 $KMnO_4$ 溶液为什么不能用滤纸？

4. 重结晶时，$KMnO_4$∶H_2O 为 1∶3 质量比如何确定的？

5. 由软锰矿制取高锰酸钾，还可以用哪些方法？

实验十九　由含碘废液或废渣制备碘化钾

【实验目的】

1. 掌握由含碘废液或废渣制备碘化钾的原理和方法。

2. 学习应用平衡原理解决实际问题。

【实验原理】

化学实验室分类回收含碘废液或废渣时,通常的方法是将含碘废液或废渣中的碘转化为碘离子,然后用沉淀法进行富集浓缩。

实验室中通常选用 Na_2SO_3 将废液或废渣中的 I_2 还原为 I^-:

$$Na_2SO_3 + I_2 + H_2O = 2NaI + H_2SO_4$$

再用 $CuSO_4$ 与 I^- 反应生成 CuI 沉淀进行富集浓缩:

$$2NaI + 2CuSO_4 + Na_2SO_3 + H_2O = 2CuI\downarrow + 2NaHSO_4 + Na_2SO_4$$

由富集的 CuI 制备 KI 可以用两种方法:

(1)将富集浓缩的 CuI 用浓 HNO_3 作氧化剂,使 I_2 析出:

$$2CuI + 8HNO_3 = 2Cu(NO_3)_2 + 4NO_2\uparrow + I_2 + 4H_2O$$

析出的 I_2 再用升华法进行提纯。

制备 KI 时,将提纯后的 I_2 与 Fe 粉反应生成 Fe_3I_8:

$$3Fe + 4I_2 = Fe_3I_8$$

Fe_3I_8 再与 K_2CO_3 反应生成 KI 和 Fe_3O_4:

$$Fe_3I_8 + 4K_2CO_3 = 8KI + 4CO_2\uparrow + Fe_3O_4$$

经过滤、加热蒸发浓缩、结晶,制得 KI 晶体。

(2)向富集后的 CuI 沉淀中加入稍过量的 KOH 溶液,可以直接制备 KI:

$$2CuI + 2KOH = Cu_2O\downarrow + 2KI + H_2O$$

过滤除去 Cu_2O 沉淀,在滤液中加入晶体碘至滤液呈浅棕色,除去过量的 KOH:

$$3I_2 + 6KOH = 5KI + KIO_3 + 3H_2O$$

然后再通入 H_2S 除去反应生成的 KIO_3:

$$KIO_3 + 3H_2S = KI + 3S\downarrow + 3H_2O$$

过滤、加热蒸发浓缩、结晶,制得 KI 晶体。

【仪器与试剂】

仪器:25 mL 移液管、250 mL 锥形瓶、吸滤瓶、布氏漏斗、真空泵、酸式滴定管、台秤、铁架台、洗耳球、烧杯、无嘴烧杯、酒精灯、表面皿、蒸发皿、玻璃棒、石棉网、量筒、500 mL 圆底烧瓶。

实验所用试剂如下:

固体:K_2CO_3、Na_2SO_3、$CuSO_4\cdot 5H_2O$、Fe 粉。

液体:KIO_3 标准溶液(0.200 0 mol/L)、$Na_2S_2O_3$ 标准溶液(0.100 0 mol/L)、KI(0.1 mol/L)、H_2SO_4(1 mol/L)、HNO_3(浓)、1%淀粉溶液、I_2 水。

其他:pH 试纸、滤纸。

【实验内容】

1. 含碘废液中碘含量的测定

准确量取含碘废液25.00 mL，置于250 mL锥形瓶中，用1 mol/L H_2SO_4 酸化后再过量5 mL，加20 mL蒸馏水，加热煮沸。稍冷，加入10.00 mL 0.200 mol/L KIO_3 标准溶液，小火加热煮沸，以除去 I_2。冷却后加入5 mL 0.1 mol/L KI溶液，产生的 I_2 用0.100 mol/L $Na_2S_2O_3$ 标准溶液滴定至溶液呈浅棕色。加入2滴1%淀粉溶液后溶液呈蓝色，继续用 $Na_2S_2O_3$ 标准溶液滴定至溶液蓝色刚好褪去，即为滴定终点。

2. 单质碘的提取

根据含碘废液中 I^- 的含量，计算出使500 mL上述含碘废液中的 I^- 完全沉淀为CuI所需的 Na_2SO_3 和 $CuSO_4 \cdot 5H_2O$ 的理论用量。

将固体 Na_2SO_3 溶解于含碘废液中，将 $CuSO_4 \cdot 5H_2O$ 配制成的 $CuSO_4$ 饱和溶液。在不断搅拌下，将制成的 $CuSO_4$ 饱和溶液逐滴加入含碘废液中。加热至60～70 ℃，静置沉降。取出少量上层清液，检查 I^- 是否沉淀完全，如果仍未沉淀完全，继续加入 Na_2SO_3 和 $CuSO_4$ 饱和溶液，直至 I^- 完全转化为CuI沉淀后，弃去上清液。

将沉淀转移至150 mL烧杯中，盖上表面皿，在不断搅拌下逐滴加入计算量的浓 HNO_3，待析出的 I_2 静置沉降后，用倾析法弃去上层清液，析出的固体 I_2 用少量蒸馏水洗涤。

3. 单质碘的升华

将洗净的固体 I_2 置于无嘴烧杯中，在烧杯上放置一个装有冷水的圆底烧瓶，装置如图5－35(b)所示。将装有固体 I_2 的烧杯置于水浴上加热，待升华的 I_2 全部凝结在烧瓶底部后，收集紫黑色针状晶体产物，称重。

4. KI的制备

将提纯后的 I_2 置于150 mL烧杯中，加入20 mL蒸馏水和过量的Fe粉（比计算的理论量多30%），不断搅拌，微热使 I_2 完全溶解，此时溶液呈黄绿色。将溶液倾入另一个150 mL烧杯中，再用少量蒸馏水洗涤Fe粉，洗涤液一起并入黄绿色溶液中。

向溶液中加入稍过量的 K_2CO_3（比计算的理论量多10%），加热煮沸，使 Fe_3O_4 析出，减压过滤，用少量蒸馏水洗涤 Fe_3O_4，如果滤液不澄清，再减压过滤一次。将滤液置于蒸发皿中，加热蒸发至溶液表面出现晶膜，停止加热，静置冷却至室温，减压过滤，抽干，称重。

5. KI纯度的鉴定

氧化性杂质的鉴定：在150 mL烧杯中加入1 g KI晶体产品，再加入20 mL蒸馏水，搅拌至KI晶体溶解，用1 mol/L H_2SO_4 酸化后加入2滴0.5%淀粉溶液，在5 min之内不产生蓝色，表示无氧化性离子杂质存在。

还原性杂质的鉴定：在上述无蓝色产生的溶液中加入1滴饱和 I_2 水，产生的蓝色不褪色，表示无还原性离子杂质存在。

6. KI含量的测定

自行设计测定方案，然后进行KI含量的测定，得出测定结果。

【数据计算及处理】

1. 含碘废液中 I^- 的浓度________ mol/L。

2. 处理500 mL含碘废液所需固体 Na_2SO_3 的量________ g。

3. 处理500 mL含碘废液所需 $CuSO_4 \cdot 5H_2O$ 晶体的量________ g。

4. 500 mL含碘废液可生成的CuI沉淀的量________ g。

5. 溶解生成的 CuI 沉淀所需浓 HNO_3 的量________ mL。

6. 析出 I_2 的量________ g。

7. 需加入过量 30% 的 Fe 粉的量________ g。

8. 生成 Fe_3I_8 的量________ g。

9. 需加入的过量 10% 的 K_2CO_3 的量________ g。

10. 制备的 KI 晶体的量________ g。

11. 产率计算:

$$I_2\text{ 的产率} = \frac{\text{升华后 } I_2 \text{ 的实际产量(g)}}{\text{可析出的 } I_2 \text{ 的理论产量(g)}} \times 100\%$$

$$\text{KI 的产率} = \frac{\text{制取的 KI 实际产量(g)}}{\text{可制取 KI 的理论产量(g)}} \times 100\%$$

【思考题】

1. 测定含碘废液中 I^-的含量时,是否可用 $Na_2S_2O_3$ 标准溶液直接与过量的 KIO_3 进行滴定,为什么?测定 I^- 浓度(mg/mL)应怎样计算?

2. 沉淀 500 mL 废液中的 I^-,需加入 Na_2SO_3 及 $CuSO_4 \cdot 5H_2O$ 各多少?为什么要先加入 Na_2SO_3 后加入 $CuSO_4$ 饱和溶液?

3. 用 $Na_2S_2O_3$ 标准溶液滴定时,滴定至终点后,为什么经过几分钟后溶液又会出现蓝色(用淀粉指示剂)?是否还需补加 $Na_2S_2O_3$ 标准溶液使蓝色褪色,为什么?

4. 如何提高 I_2 与 KI 的回收率?

实验二十　由含铬废液制备铁氧体

【实验目的】

1. 了解含铬废液对人体健康及生存环境的危害。

2. 掌握由含铬废液制备铁氧体的基本原理和方法。

3. 掌握目视比色法测定 Cr^{6+} 含量的方法。

【实验原理】

化学实验室分类回收的含铬废液中主要含有 Cr^{3+} 和 Cr^{6+},其中 Cr^{6+} 的毒性比 Cr^{3+} 大 100 倍左右。Cr^{6+} 能诱发皮肤溃疡、贫血、肾炎及神经炎等,铬在人体内长期积累有致癌作用。所以必须对这类废液进行合理的无害化处理,否则会对人类生存环境造成严重的污染。

处理含铬废液的方法很多,到目前为止有电解还原法、化学还原沉淀法、离子交换法、生物法、膜分离法、黄原酸酯法、光催化法、槽边循环化学漂洗法、水泥基固化法、黏土吸附法等,最常用的方法是化学还原沉淀法。根据化学实验废液中铬的浓度大、含量多的特点,可选用化学还原沉淀法中的铁氧体法来处理含铬废液,将铁氧体法处理重金属元素的方法用于处理实验室含铬废水。先通过计算和实验比较选定最佳的实验条件,再对实验室废液进行处理,最后得到回收产品含铬铁氧体。含铬铁氧体是一种磁性材料,可以用于电子工业。采用该方法处理含铬废液既环保又可废物利用。

铁氧体还原法:所谓铁氧体还原法是指具有磁性的 Fe_3O_4 中的部分 Fe^{2+} 和 Fe^{3+},被其他+2价或者+3价金属离子(如Cr^{3+},Mn^{2+}等)所取代而形成的以Fe为主体的复合氧化物。

铁氧体法处理含铬废液的基本原理:分类回收的含铬废液中的铬主要以$Cr_2O_7^{2-}$或CrO_4^{2-}形式存在,将含铬废液中的$Cr_2O_7^{2-}$或CrO_4^{2-}在酸性条件下与过量的还原剂$FeSO_4$作用,使其中的Cr^{6+}和Fe^{2+}发生氧化还原反应,此时Cr^{6+}被还原为Cr^{3+},而Fe^{2+}则被氧化为Fe^{3+}:

$$Cr_2O_7^{2-} + 6Fe^{2+} + 14H^+ = 2Cr^{3+} + 6Fe^{3+} + 7H_2O$$

反应后加入适量的碱溶液,调节溶液pH≈8~10,并控制适当的温度,再加入少量的H_2O_2使部分过量的Fe^{2+}氧化为Fe^{3+},使Cr^{3+},Fe^{3+},Fe^{2+}成适当比例并转为含铬铁氧体沉淀析出$Fe^{II}Fe^{III}[Fe^{III}_{1-x}Cr^{III}_x]O_4 \cdot yH_2O$沉淀经脱水处理得到符合铁氧体组成的产品。

处理后溶液中残留的$Cr_2O_7^{2-}$含量可采用目视比色法或分光光度法进行检验:处理后的溶液中残留的$Cr_2O_7^{2-}$在酸性介质中可与二苯基碳酰二肼作用产生红紫色络合物,该红紫色络合物的最大吸收波长为540 nm左右,摩尔吸光系数为$2.6 \times 10^4 \sim 4.17 \times 10^4$ L/mol/cm。显色温度以15 ℃为宜,过低温度显色速度慢,过高温度则络合物稳定性较差;显色时间为2~3 min,络合物可在1.5小时内稳定,根据颜色深浅进行比色,即可测定残留的$Cr_2O_7^{2-}$的含量。

Fe^{2+}投加量确定:Fe^{2+}的投加量由用来还原废液中Cr^{6+}和提供生成铁氧体所需要的Fe^{2+}两部分组成。由反应式可知:要还原废液中1 mol $Cr_2O_7^{2-}$需6 mol Fe^{2+},反应生成2 mol Cr^{3+}和6 mol Fe^{3+},形成铁氧体各自需要1 mol和3 mol的Fe^{2+}:

$$M(Cr_2O_7^{2-}):M(Fe^{2+}) = 1:(6+1+3) = 1:10$$

M代表物质的量(mol)。所以Fe^{2+}的理论投加量为$Cr_2O_7^{2-}$量的10倍。

【仪器与试剂】

仪器:台秤、50 mL碱式滴定管、50 mL容量瓶、25 mL移液管、5 mL吸量管、酒精灯、铁圈、铁架台、石棉网、漏斗、比色皿、25 mL比色管、烧杯(100 mL、250 mL、500 mL)、250 mL锥形瓶、玻璃搅拌棒、蒸发皿、试管、试管架、药匙、滴管、量筒(10 mL、50 mL、100 mL)、洗耳球、滴定管夹、布氏漏斗、吸滤瓶、循环水真空泵、100 ℃温度计、磁铁。

试剂:H_2SO_4(3 mol/L)、混合酸(H_2SO_4:H_3PO_4:H_2O=15:15:70)、NaOH(6 mol/L)、$BaCl_2$(0.1 mol/L)、H_2O_2(3%)、固体$FeSO_4 \cdot 7H_2O$、二苯基碳酰二肼(DPC)溶液、$(NH_4)_2Fe(SO_4)_2$标准溶液(0.050 0 mol/L)、标准$K_2Cr_2O_7$溶液、铬(Ⅵ)贮备液(0.1 mg Cr^{6+}/mL)、二苯胺黄酸钠$C_6H_5NHC_6H_4SO_3Na$指示剂(1%)、含铬废液。

其他:pH试纸、滤纸、硫酸纸、白纸。

【实验内容】

1. 含铬废液中铬的测定

用25 mL移液管量取25.00 mL含铬废液置于250 mL锥形瓶中,依次加入10 mL混合酸、30 mL去离子水和4滴二苯胺黄酸钠$C_6H_5NHC_6H_4SO_3Na$指示剂,摇匀。用标准$(NH_4)_2Fe(SO_4)_2$溶液滴定至溶液由红色变为绿色,即达到滴定终点。平行滴定三次,将数据记录于表9-7中,求出废液中$Cr_2O_7^{2-}$的浓度。

2. 含铬废液的处理

用量筒量取100 mL含铬废液,置于250 mL烧杯中。按$Cr_2O_7^{2-}$:$FeSO_4 \cdot 7H_2O$=1:10

的质量比算出所需 $FeSO_4 \cdot 7H_2O$ 的量，用台称量出所需的 $FeSO_4 \cdot 7H_2O$ 的质量，加到含铬废液中。搅拌溶解，不断搅拌下逐滴加入 3 mol/L H_2SO_4，直至溶液的 pH≈1，此时溶液显亮绿色。

向亮绿色溶液中逐滴加入 6 mol/L NaOH 溶液，调节溶液的 pH≈9。然后将溶液加热至 70 ℃左右，在不断搅拌下滴加 10 滴 3% H_2O_2 溶液。充分搅拌后静置自然冷却至室温，使 Cr^{3+}，Fe^{3+}，Fe^{2+} 成适当比例并转为氢氧化物沉淀共同析出。减压过滤分离沉淀和清液，清液转移至干燥的烧杯中。

沉淀用去离子水洗涤两次，然后将沉淀物转移至蒸发皿中，在石棉网上小火加热并搅拌，蒸发烘干至沉淀完全脱水，停止加热，待冷却至室温后，得到含铬铁氧体产品，称重。

3. 含铬铁氧体的磁性检验

将含铬铁氧体均匀地摊在一张硫酸纸上，磁铁用白纸紧紧包裹住，慢慢接触含铬铁氧体固体，检验铁氧体的磁性。

4. 残留 $Cr_2O_7^{2-}$ 含量的检验

含 $Cr_2O_7^{2-}$ 标准溶液的配制：用吸量管分别量取标准 $K_2Cr_2O_7$ 溶液 0.500 mL，1.00 mL，1.50 mL，2.00 mL，2.50 mL，分别置于 5 个 25 mL 比色管中，向每只比色管中分别加入 10 mL 去离子水和 1 mL 二苯基碳酰二肼溶液，再用去离子水稀释至刻度并摇匀，配制成系列浓度 $Cr_2O_7^{2-}$ 标准溶液。

清液中残留 $Cr_2O_7^{2-}$ 含量检验：向 25 mL 比色管中加入 1 mL 二苯基碳酰二肼溶液，再加入处理后的清液至刻度并摇匀。静置 10 min 后，与系列浓度含 $Cr_2O_7^{2-}$ 标准溶液进行目测比色，确定经过处理后废液中残留的 $Cr_2O_7^{2-}$ 的含量。

【数据记录与处理】

1. 含铬废液中 $Cr_2O_7^{2-}$ 的浓度

表 9－7　含铬废液中 $Cr_2O_7^{2-}$ 的浓度测定

	第一次	第二次	第三次
$(NH_4)_2Fe(SO_4)$ 体积/mL			
$Cr_2O_7^{2-}$ 浓度 mol/L			
$Cr_2O_7^{2-}$ 平均浓度 mol/L			

2. 系列浓度 $Cr_2O_7^{2-}$ 标准溶液的含量

表 9－8　系列浓度 $Cr_2O_7^{2-}$ 标准溶液的含量

标准 $K_2Cr_2O_7$ 溶液体积 mL	0.500 mL	1.00 mL	1.50 mL	2.00 mL	2.50 mL
系列 $Cr_2O_7^{2-}$ 溶液含量 mg/L					

3. $FeSO_4 \cdot 7H_2O$ 投加量________ g。

4. 制备的含铬铁氧体产品________ g。

5. 处理后废液中残留 $Cr_2O_7^{2-}$ 含量________ mg/L。

【思考题】

1. 本实验中各步发生了哪些化学反应?

2. 处理含铬废液时,为何不必精确量取含铬废液的体积?

3. 处理废水中,为什么加 $FeSO_4 \cdot 7H_2O$ 前要加酸调节 pH 到 1,而后为什么又要加碱调整 pH =9 左右? 如果 pH 控制不好,会有什么不良影响?

4. 如果加入 $FeSO_4 \cdot 7H_2O$ 晶体不够,会产生什么影响?

实验二十一　由蛋壳制备丙酸钙

【实验目的】

1. 掌握由鸡蛋壳制备丙酸钙的实验原理和方法。

2. 掌握高温煅烧的实验方法。

3. 掌握马弗炉和恒温干燥箱的使用。

【实验原理】

丙酸钙($Ca(CH_3CH_2COO)_2$)是一种新型食品添加剂,在食品工业中主要作为食品防腐剂使用,它不仅可延长食品的保鲜期,还可抑制食品产生黄曲霉、革兰阴性菌等生长。其防腐和灭菌作用良好,被广泛用于各类食品的防腐。作为食品添加剂丙酸钙在人体内通过代谢作用被吸收后,对人体无任何毒副作用,并且可提供人体必需的钙质。丙酸钙还可用于医药领域,对霉菌引起的皮肤病也有较好的医治作用。

人们日常生活中消耗的禽蛋量很大,产生的大量蛋壳垃圾在自然状态下很难被分解,对环境造成了很大污染及再利用资源的浪费。蛋壳中含有93% 的 $CaCO_3$、1% 的 $MgCO_3$、2.8% 的 $Mg_3(PO_4)_2$ 和 3.2% 的有机物等。$CaCO_3$ 是生产丙酸钙的主要原料,所以以蛋壳为主要原料,加入丙酸生产丙酸钙,既可避免再生资源的浪费,变废为宝,又可解决蛋壳垃圾对环境所造成的污染。

由蛋壳制备丙酸钙有如下两种方法。

第一种方法是将蛋壳经高温煅烧后制备 CaO:

$$CaCO_3 \xlongequal{} CaO + CO_2 \uparrow$$

由 CaO 与水反应生成 $Ca(OH)_2$:

$$CaO + H_2O \xlongequal{} Ca(OH)_2$$

在 $Ca(OH)_2$ 中加入丙酸进行中和反应,制备得到丙酸钙 $Ca(CH_3CH_2COO)_2$:

$$Ca(OH)_2 + 2CH_3CH_2COOH \xlongequal{} Ca(CH_3CH_2COO)_2 + 2H_2O$$

第二种方法是将蛋壳与丙酸直接反应制备丙酸钙:

$$CaCO_3 + 2CH_3CH_2COOH \xlongequal{} Ca(CH_3CH_2COO)_2 + CO_2 \uparrow + H_2O$$

表9-9　主要化合物的物性参数表

名称	分子式	性状	溶解性
丙酸	CH_3CH_2COOH	有刺激性气味	溶于水
丙酸钙	$Ca(CH_3CH_2COO)_2$	无臭或微臭	溶于水不溶于苯

【仪器与试剂】

仪器:马弗炉、恒温干燥箱、蒸发皿、烧杯、漏斗、铁圈、铁架台、玻璃搅拌棒、量筒、台秤、瓷研钵、恒温水浴锅、循环水真空泵、表面皿、坩埚、布氏漏斗、吸滤瓶、石棉网、坩埚钳。

试剂:HCl(10 mol/L)、丙酸 CH_3CH_2COOH、蛋壳。

其他:滤纸、硫酸纸。

【实验内容】

1. $CaCO_3$ 的制备

(1)洗涤:在台秤上称取 10 g 蛋壳碎片,放入大烧杯中,用蒸馏水洗涤干净,将蛋壳平摊在滤纸上晾干。

(2)除膜:将晾干的蛋壳放入 250 mL 烧杯中,加入 60 mL 近沸的蒸馏水,在不断搅拌下慢慢滴加 10 mol/L HCl 5 mL。浸泡 1 h 后,除去酸液,蛋壳用蒸馏水洗涤三次。

(3)干燥:将去膜的蛋壳放入恒温干燥箱中,110 ℃温度干燥约 1 h。

(4)研磨:从干燥箱中取出干燥后的蛋壳,在瓷研钵中研磨成粉末,称重。

2. CaO 的制备

将 $CaCO_3$ 粉末转移至坩埚中,将坩埚放到 1 100 ℃的马弗炉中进行高温煅烧约 1 h。此时蛋壳被煅烧变成白色 CaO 粉末,从马弗炉中取出坩埚,自然冷却至室温后,将 CaO 粉末转移到瓷研钵中再次研磨并称重。

3. $Ca(OH)_2$ 的制备

将 CaO 粉末转移到烧杯中,不断搅拌下分批加入计算量(过量 30%)的蒸馏水,继续搅拌片刻,制得 $Ca(OH)_2$。

4. $Ca(CH_3CH_2COO)_2$ 的制备

加入计算量(过量 10%)的丙酸溶液,并不断搅拌,待反应液澄清后进行常压过滤,将滤液转入到蒸发皿中,在 90 ℃的恒温水浴锅中加热,蒸发浓缩至液面刚刚产生晶膜时,停止加热,静置自然冷却至室温。待 $Ca(CH_3CH_2COO)_2$ 晶体完全析出后,减压过滤,尽量抽干。

将抽干的 $Ca(CH_3CH_2COO)_2$ 转移到已称重的表面皿中,将表面皿放入恒温干燥箱中,80 ℃干燥约 40 min。取出自然冷却至室温,称重,计算产率。

【数据记录与处理】

1. 数据记录

蛋壳的质量________ g。

$CaCO_3$ 粉末的质量________ g。

CaO 粉末的质量________ g。

过量 30% H_2O 的体积________ mL。

过量 10% CH_3CH_2COOH 体积________ mL。

$Ca(CH_3CH_2COO)_2$ 的实际产量________ g。

$Ca(CH_3CH_2COO)_2$ 的理论产量________ g。

2. 产率计算

【思考题】

试设计另一种方法由蛋壳制备丙酸钙的实验方案。

实验二十二　纳米三氧化二铁的制备

【实验目的】

1. 了解制备纳米材料的原理和方法。

2. 掌握水热法制备纳米三氧化二铁。

3. 进一步熟悉分光光度计、离心机、酸度计的使用。

【实验原理】

水解反应是酸碱中和反应的逆反应，是一个吸热反应，升温使水解反应的速率加快，反应程度增加，浓度增大对反应程度无影响，但可使反应速率加快。对金属离子的强酸盐来说，pH 值增大，水解程度与速率皆增大。在化学实验中，因金属离子的水解使某些试剂久置变质，所以需要采取措施抑制水解。但有时却利用水解反应来进行物质的分离、鉴定和提纯，特别是高纯度的金属氧化物都是通过水解沉淀过程提纯的。

纳米材料是指晶粒和晶界等显微结构能达到纳米级尺度水平的材料，由于粒径很小，比表面很大，表面原子数会超过体原子数。因此纳米材料常表现出与本体材料不同的性质。在保持原有物质化学性质的基础上，呈现出热力学上的不稳定性。氧化物纳米材料的制备方法很多，有化学沉淀法、热分解法、固相反应法、溶胶—凝胶法、气相沉积法、水解法等。水热水解法是较新的制备方法，它通过控制一定的温度和 pH 值条件，使一定浓度的金属盐水解，生成氢氧化物或氧化物沉淀。若条件适当可得到颗粒均匀的多晶态溶胶，其颗粒尺寸在纳米级，对提高气敏材料的灵敏度和稳定性有利。为了得到稳定的多晶溶胶，可降低金属离子的浓度，也可用配位剂控制金属离子的浓度，可适当增大金属离子的浓度，制得更多的沉淀，同时也可影响产物的晶形。

纳米氧化铁具有良好的耐候性、耐光性、磁性和对紫外线具有良好的吸收和屏蔽效应，可广泛应用于闪光涂料、油墨、塑料、皮革、汽车面漆、电子、高磁记录材料以及生物医学工程等方面。纳米氧化铁具有巨大的比表面，表面效应显著，是一种很好的催化剂。纳米粒子由于尺寸小，表面所占的体积百分数大，表面的键态和电子态与颗粒内部不同，表面原子配位不全等导致表面的活性位增加。用纳米粒子制成的催化剂的活性、选择性都高于普通的催化剂，并且寿命长、易操作。

纳米 Fe_2O_3 的制备利用了铁盐易水解的性质。可溶性铁盐在 pH 值很小的情况下就开始水解，水解形成的胶体是多种水解产物的混合体，混合体中各化合物所占比例受 pH 值和温度的影响，当 pH 大于 3，温度高于 70 ℃时，水解产物主要以 FeO(OH)的形式存在。本实验采用酸性 $FeCl_3$ 水解制备 Fe_2O_3，随着溶液 pH 和温度升高，于低 pH 值时产生少量晶核，控制温度与时间，得到一定粒径的纳米微粒。$FeCl_3$ 在水解过程中，由于 Fe^{3+} 转化为 Fe_2O_3，溶液的颜色发生变化，随着时间增加，Fe^{3+} 量逐渐减小，Fe_2O_3 粒径也逐渐增大，溶液颜色也趋于一个稳定位，可用分光光度计进行动态监测。

【仪器与试剂】

仪器：烘箱、721 型分光光度计、高速离心机、瓷研钵、滴管、具塞锥形瓶、容量瓶(50 mL)、离心吸管、吸管、烧杯、搅拌棒、吸量管、洗耳球。

试剂：固体 $FeCl_3 \cdot 6H_2O$，HCl(2 mol/L)，NaH_2PO_4(1 mol/L)，$(NH_4)_2SO_4$(1 mol/L)，

NaH_2PO_4(1 mol/L),$NH_3 \cdot H_2O$(1 mol/L)。

其他:滤纸、硫酸纸、镜头纸。

【实验内容】

1. 玻璃仪器的清洗

实验中所有玻璃仪器均需严格清洗。先用铬酸洗液洗涤,再用去离子水冲洗干净并烘干。

2. 水解

在台秤上称取 1.5 g $FeCl_3 \cdot 6H_2O$,置于小烧杯中。向小烧杯中加入一定量的重蒸水,配制成浓度为 0.05 mol/L $FeCl_3$ 水溶液,并用 2 mol/LHCl 调节溶液的 pH≈2。再加入一定量的 NaH_2PO_4 溶液,使其浓度约为 0.001 mol/L。

将配制的溶液转移至具塞锥形瓶中,并放入烘箱内,以每小时升温约 10 ℃进行加热。当烘箱升温至 85 ℃时,严格维持 85 ℃恒温加热。

每隔 30 min 取样 2 mL,用分光光度计在波长 550 nm 处测定水解液的吸光度,观察吸光度的变化,直到所测的吸光度基本不变(约需读数 6 次),观察到橘红色溶胶为止。此时立即停止加热,从烘箱中取出具塞锥形瓶,室温下放置约 10 h。

3. 沉降分离

向具塞锥形瓶中加入少量 1 mol/L $NH_3 \cdot H_2O$,搅拌漂洗,离心沉降。再用重蒸水洗涤两次,离心沉降,除去上清液。然后放入恒温干燥箱内 85 ℃恒温干燥,得到 FeO(OH)。

4. Fe_2O_3 纳米微粒的制备

将干燥后的粉末转移至瓷研钵中,仔细研磨。然后再将研磨后的细粉转移至坩埚中,在 280 ℃马弗炉中恒温加热 12 h,制得针状的纳米 Fe_2O_3。静置冷却至室温,称重,计算产率。

【数据记录与处理】

1. 数据记录

(1)$FeCl_3 \cdot 6H_2O$ 的量________g。

(2)加入重蒸水的量________g。

(3)纳米 Fe_2O_3 的量________g。

(4)纳米 Fe_2O_3 的外观描述________________________________。

(5)吸光度的测定。

时间 T	30 min	60 min	90 min	120 min	150 min	180 min
吸光度 A						

2. 数据处理

(1)绘制 $A \sim T$ 曲线。

(2)计算产率。

【思考题】

1. 影响水解的因素有哪些,如何影响?

2. 水解器皿在使用前为什么要清洗干净,若清洗不干净会带来什么后果?

3. 如何精密控制水解液的 pH 值?为什么可用分光光度计监控水解程度?

4. 氧化铁溶胶的分离有哪些方法,哪种效果较好?

第 10 章　设计性实验

实验二十三　元素性质综合实验

【实验目的】

1. 加深掌握重要化合物的基本性质。

2. 运用元素及化合物的基本性质鉴定常见离子及化合物。

3. 培养综合运用化学知识解决离子鉴定及化合物鉴别的能力。

4. 培养运用实验知识与技能解决实际问题的能力。

【实验要求】

选择实验内容进行分析研究，独立设计实验方案，设计方案经老师审查后方可进行实验。实验中须详细记录观察到的实验现象，并对出现的问题加以分析讨论，得出实验结论，完成实验报告：

1. 列出实验所需的仪器设备、化学试剂名称、试剂的浓度及用量。

2. 画出分离与鉴定流程图。

3. 写出分离鉴定步骤、实验现象、解释及相关反应式。

4. 写出实验结果或结论。

【实验内容】

1. 化合物性质设计实验，共 3 组，任选 1 组进行设计并实验

(1) 用实验证明：$(NH_4)_2Fe(SO_4)_2$ 和 $K_3[Fe(CN)_6]$ 哪一种是复盐，哪一种是配位化合物。

(2) 根据实验比较：KI，$SnCl_2$，$FeSO_4$ 溶液的还原性强弱顺序。

(3) 根据实验比较：$[Ag(S_2O_3)]^{3-}$ 和 $[Ag(NH_3)_2]^+$ 的相对稳性大小。

2. 未知试剂的鉴别，共 4 组，任选 1 组进行鉴别

(1) 未贴标签的固体试剂瓶中的试剂分别是

$CuSO_4$，$FeSO_4$，$CuCl_2$，$NiSO_4$，$CoCl_2$，$FeCl_3$，NH_4Cl，$MnSO_4$

(2) 未贴标签的固体试剂瓶中的试剂分别是

$NaNO_3$，$Na_2S_2O_3$，Na_3PO_4，$NaCl$，Na_2CO_3，Na_2SO_4，$NaBr$，Na_2S

(3) 未贴标签的液体试剂瓶中的试剂分别是

$AgNO_3$，$MnSO_4$，$FeCl_3$，$Pb(NO_3)_2$，$Cd(NO_3)_2$，KBr，K_2CrO_4

(4) 未贴标签的液体试剂瓶中的试剂分别是

稀 H_2SO_4，稀 HCl，稀 HNO_3，浓 H_2SO_4，浓 HCl，$NaOH$，$NH_3 \cdot H_2O$

3. 分离和鉴定未知混合离子，共有 9 组，任选 2 组进行鉴定

分离和鉴定混合离子，根据实验结果确定混合溶液中存在哪几种离子。

(1) 可能含有 Cl^-，I^-，Br^-，S^{2-}，$S_2O_3^{2-}$，SO_3^{2-} 中的部分或全部。

(2)可能含有 $S_2O_3^{2-}$,SO_4^{2-},NO_3^-,CO_3^{2-},PO_4^{3-} 中的部分或全部。

(3)可能含有 Co^{2+},Zn^{2+},Mn^{2+},Al^{3+},Cd^{2+} 中的部分或全部。

(4)可能含有 Sb^{3+},Fe^{3+},Cu^{2+},Ni^{2+},Ba^{2+} 中的部分或全部。

(5)可能含有 Cr^{3+},Mn^{2+},Fe^{3+},Co^{2+},Ni^{2+} 中的部分或全部。

(6)可能含有 Ag^+,Pb^{2+},Hg^{2+},Cu^{2+},Fe^{3+} 中的部分或全部。

(7)可能含有 NH_4^+,Ag^+,Cd^{2+},Al^{3+},Ba^{2+} 中的部分或全部。

(8)可能含有 Cu^{2+},Ag^+,Zn^{2+},Bi^{3+},Pb^{2+} 中的部分或全部。

(9)可能含有 Ag^+,Ba^{2+},Pb^{2+},Zn^{2+},Ni^{2+},Fe^{3+} 中的部分或全部。

实验二十四　废干电池的综合利用

【实验目的】

1. 了解废干电池中有效成分的回收利用方法。

2. 进一步掌握无机化合物的提取、制备、提纯、分析等方法与技能。

【实验原理】

日常生活中使用的干电池主要为锌锰干电池,使用后报废的干电池如果随便丢弃,将会给人类的生存环境造成严重的污染,而且也是极大的资源浪费。回收处理废干电池可获得的多种物质,如锌、二氧化锰、氯化铵和炭棒等都是重要的化工原料,是变废为宝的一种可再生利用资源。

锌锰干电池的负极是作为电池壳体的锌电极,正极是被 MnO_2 和碳粉包围着的石墨电极,电解质是 $ZnCl_2$ 和 NH_4Cl 的糊状物,其电池反应为

$$Zn + 2NH_4Cl + 2MnO_2 = Zn(NH_3)_2Cl_2 + Mn_2O_3 + H_2O$$

在使用过程中,锌皮消耗最多,MnO_2 只起氧化作用,NH_4Cl 作为电解质没有消耗,炭粉是填料。

将废电池外壳剥开,取出里面的黑色物质,它是二氧化锰、炭粉、氯化铵、氯化锌等的混合物。把这些黑色物质倒入烧杯中,加入蒸馏水(按每节1#电池加入 50 mL 水计算),搅拌溶解,澄清后过滤。滤液用以提取氯化铵,滤渣用以制备 MnO_2 及锰的化合物,电池的锌壳可用以制备锌粒及锌盐。

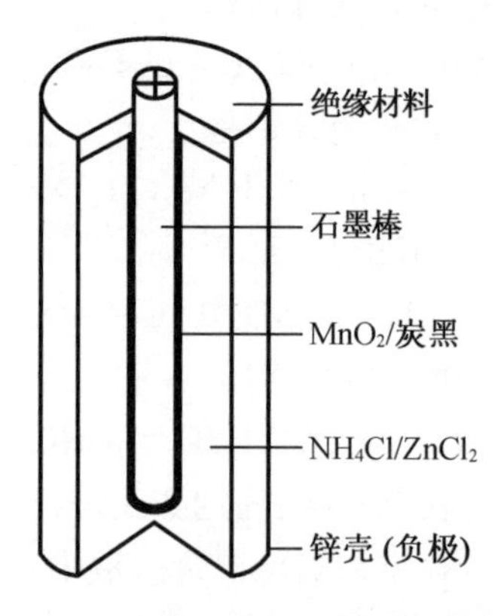

图 10-1　锌-锰电池构造示意图

【实验流程】

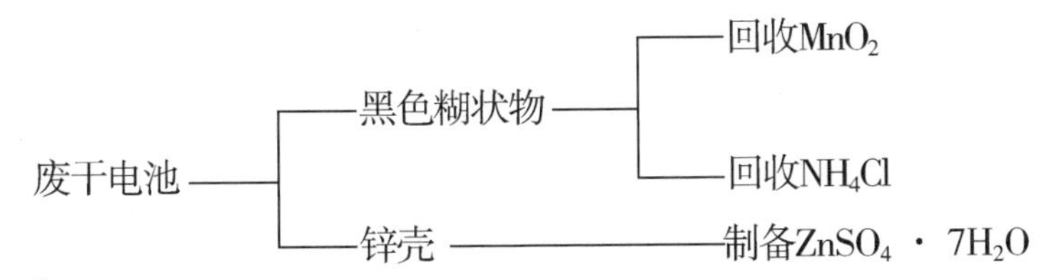

【实验内容】

1. 从黑色混合物的滤液中回收氯化铵

要求：

(1)列出实验所需仪器设备和实验试剂的种类、浓度及用量。

(2)设计实验方案，回收并提纯氯化铵。

(3)进行产品的定性检验：

①铵盐的检验。

②氯化物的检验。

③判断杂质存在与否。

实验指导：

(1)滤液的主要成分为 NH_4Cl 和 $ZnCl_2$，NH_4Cl 和 $ZnCl_2$ 在不同温度下的溶解度如表 10－1 所示。

表 10－1　NH_4Cl 和 $ZnCl_2$ 在不同温度下的溶解度　　单位：g/100 g H_2O

温度℃	0	10	20	30	40	60	80	90	100
NH_4Cl	29.4	33.2	37.2	31.4	45.8	55.3	65.3	71.2	77.3
$ZnCl_2$	342	363	395	437	452	488	541	—	614

NH_4Cl 在 100 ℃时开始显著地挥发，338 ℃时离解，350 ℃时升华。

2. 从黑色混合物的滤渣中回收 MnO_2

要求：

(1)列出实验所需仪器设备和实验试剂的种类、浓度及用量。

(2)设计实验方案，精制 MnO_2。

(3)验证 MnO_2 的催化作用。

实验指导：

黑色混合物的滤渣中含有 MnO_2、碳粉和其他少量有机物。用少量水冲洗、滤干固体，灼烧以除去碳粉和有机物。

粗 MnO_2 中还含有一些低价锰和少量其他金属氧化物，应设法除去，以获得精制的 MnO_2。纯 MnO_2 的密度为 5.03 g/cm^3，在 535 ℃时分解为 Mn_2O_3 和 O_2，不溶于水、硝酸及稀 H_2SO_4。

3. 由锌壳制备 $ZnSO_4 \cdot 7H_2O$

要求：

(1)列出实验所需仪器设备和实验试剂的种类、浓度及用量。

(2)设计实验方案，由 Zn 制备 $ZnSO_4 \cdot 7H_2O$。

(3)进行产品的定性检验:

①硫酸盐的检验。

②锌盐的检验。

③检验 Fe^{3+},Cu^{2+} 和 Cl^- 存在与否。

实验指导:

将洁净的碎锌片用适量的酸溶解。溶液中有 Fe^{3+},Cu^{2+} 杂质时,设法除去。$ZnSO_4 \cdot 7H_2O$ 极易溶于水(在 15 ℃时,无水盐为 33.4%),不溶于乙醇。在 39 ℃时含结晶水,100 ℃开始失水。在水中水解呈酸性。

【注意事项】

所设计的实验方法(或采用的装置)要尽可能避免产生空气污染。

【思考题】

1. 影响锌锰干电池性能的主要因素有哪些?
2. 久置不用的电池为什么会失效?

实验二十五　磷酸盐的制备

【实验目的】

1. 了解磷酸盐在不同领域中的作用。
2. 掌握系列磷酸盐的性质及制备原理。
3. 综合运用所学知识和实验技能解决实际问题。

【实验原理】

$Na_2HPO_4 \cdot 12H_2O$ 为无色透明、菱形单斜晶体,易溶于水,难溶于乙醇。在空气中易风化,当温度达到 100 ℃时可失去结晶水成为无水 Na_2HPO_4。可广泛用于工业领域及医药和食品行业。

$Na_2HPO_4 \cdot 12H_2O$ 可由工业 H_3PO_4 与 Na_2CO_3 反应,控制反应环境 $pH \approx 8.5$ 进行制备:

$$H_3PO_4 + Na_2CO_3 \longrightarrow Na_2HPO_4 + CO_2 \uparrow + H_2O$$

当 Na_2HPO_4 饱和溶液的温度降至 30 ℃以下时,结晶得到 $Na_2HPO_4 \cdot 12H_2O$ 晶体。

$NaH_2PO_4 \cdot 2H_2O$ 为无色的斜方晶体,易溶于水,难溶于乙醇。在空气中极易潮解,当温度达到 100 ℃时可失去结晶水。NaH_2PO_4 用途很广泛,可用作食品添加剂、医药试剂、锅炉水处理等,也可用于纺织、皮革、油漆等工业领域。

$NaH_2PO_4 \cdot 2H_2O$ 可由工业 H_3PO_4 与 Na_2CO_3 反应,控制反应环境 $pH > 4$ 以上来制备,也可由 Na_2HPO_4 与 H_3PO_4 反应制得:

$$2H_3PO_4 + Na_2CO_3 \longrightarrow 2NaH_2PO_4 + CO_2 \uparrow + H_2O$$

$$Na_2HPO_4 + H_3PO_4 \longrightarrow 2NaH_2PO_4$$

当 NaH_2PO_4 饱和溶液温度降至 40 ℃以下时,结晶得到 $NaH_2PO_4 \cdot 2H_2O$ 晶体。

$Na_4P_2O_7 \cdot 10H_2O$ 为无色的单斜晶体,易溶于水和酸,难溶于乙醇和氨水。加热易失去结晶水成为无水 $Na_4P_2O_7$。

$Na_4P_2O_7 \cdot 10H_2O$ 制备可由 Na_2HPO_4 熔融、脱水和缩合制成无水 $Na_4P_2O_7$:

$$2Na_2HPO_4 \longrightarrow Na_4P_2O_7 + H_2O$$

再将无水 $Na_4P_2O_7$ 溶于水,制成饱和溶液,当温度降至 70 ℃以下时,结晶得到$Na_4P_2O_7 \cdot 10H_2O$ 晶体。

【实验要求】

1. 以工业 H_3PO_4 和 Na_2CO_3 为原料制备 $Na_2HPO_4 \cdot 12H_2O$。

(1)设计实验方案,画出实验步骤流程图。

(2)列出实验所需仪器设备及试剂名称及浓度。

(3)写出制备 8 g(理论产量)产品所需试剂的用量。

(4)写出详细的实验步骤、现象及所有反应方程式。

(5)计算 $Na_2HPO_4 \cdot 12H_2O$ 产品的产率。

(6)进行产品的外观描述。

(7)将产品一分为二,用于制备 $NaH_2PO_4 \cdot 2H_2O$ 和 $Na_4P_2O_7 \cdot 10H_2O$。

2. 以 $Na_2HPO_4 \cdot 12H_2O$ 产品为原料制备 $NaH_2PO_4 \cdot 2H_2O$。

(1)设计实验方案,画出实验步骤流程图。

(2)列出实验所需仪器设备、试剂名称和浓度及所需试剂的用量。

(3)写出详细的实验步骤、现象及所有反应方程式。

(4)计算 $NaH_2PO_4 \cdot 2H_2O$ 产品的产率。

(5)对产品外观形状进行描述。

3. 以 $Na_2HPO_4 \cdot 12H_2O$ 产品为原料制备 $Na_4P_2O_7 \cdot 10H_2O$。

(1)设计实验方案,画出实验步骤流程图。

(2)列出实验所需仪器设备、试剂的名称和浓度及所需试剂的用量。

(3)写出详细的实验步骤、现象及所有反应方程式。

(4)计算 $Na_4P_2O_7 \cdot 10H_2O$ 产品的产率。

(5)对产品外观形状进行描述。

实验二十六　从含银废液中提取银

【实验目的】

掌握从含银废液中提取银的原理和方法。

【实验原理】

从含银废液中回收金属银,通常采用以下几种方法:

(1)沉淀法:加入适当的试剂,使含银废液中的银生成难溶化合物沉淀,再经高温灼烧等方法制取金属银。

$$含银废液 + Na_2S \rightarrow Ag_2S\downarrow \rightarrow 1\ 000\ ℃左右高温灼烧 \rightarrow Ag$$

(2)化学还原法:直接加入可还原银的还原剂,置换或还原出含银废液中的银。如可利用离子化倾向比较大的金属锌置换出银,也可用甲醛、葡萄糖、亚硫酸钠、连二硫酸钠、抗坏血酸、蚁酸或水合肼等还原剂还原出银。

(3)电还原法:利用电解的方法,使银在阴极上析出。

无机化学实验室分类回收的含银废液中,一般含有 AgCl, AgBr, AgI 等沉淀和 Ag^+, $[Ag(NH_3)_2]^+$, $[Ag(S_2O_3)_2]^{3-}$ 等离子。处理时可先将废液进行固液分离,将沉淀与溶液分离开,然后再采取不同的方法分别对含银沉淀与溶液进行金属银的回收。

含银沉淀可采用化学还原法,用金属锌将金属银置换出来:

$$AgCl + Zn = Ag\downarrow + Zn^{+} + Cl^{-}$$

$$AgBr + Zn = Ag\downarrow + Zn^{+} + Br^{-}$$

$$AgI + Zn = Ag\downarrow + Zn^{+} + I^{-}$$

含银溶液可先用沉淀法进行富集。向溶液中加入沉淀剂 Na_2S,将 Ag^+, $[Ag(NH_3)_2]^+$, $[Ag(S_2O_3)_2]^{3-}$ 等转化为溶解度非常小的 Ag_2S 沉淀:

$$2Ag^{+} + S^{-} = Ag_2S\downarrow$$

$$2[Ag(NH_3)_2]^{+} + S^{-} = Ag_2S\downarrow + 4NH_3^{+}$$

$$2[Ag(S_2O_3)_2]^{3-} + S^{-} = Ag_2S\downarrow + 4S_2O_3^{2-}$$

经过固液分离,高温灼烧沉淀得到金属 Ag:

$$Ag_2S + O_2 = 2Ag + SO_2$$

【实验要求】

1. 自行选定从分类回收的含银废液中提取银的实验方法。
2. 设计实验方案,画出实验流程图。
3. 列出实验所需仪器设备与试剂的浓度和用量。
4. 写出详细的实验步骤、现象及相关反应方程式。

【思考题】

提纯 Ag 的过程中,若引入了其他杂质应如何除去?

实验二十七　从四氯化碳废液中回收四氯化碳

【实验目的】

掌握从含四氯化碳废液中回收四氯化碳的原理和方法。

【实验原理】

实验室分类回收的 CCl_4 废液中,一般溶有卤素单质 Br_2,I_2 等物质,利用物质极性相似相溶的性质,可用还原剂将疏水的非极性卤素单质 Br_2,I_2 等物质还原为极性的卤素负离子 Br^-,I^- 等物质,然后从 CCl_4 中被反萃取,达到回收 CCl_4 的目的。Br^-,I^- 进入水相,回收后可进行含碘和含溴废液的回收处理实验。

【实验要求】

1. 自行选定从分类回收的含四氯化碳废液中回收 CCl_4 的实验方法。
2. 设计实验方案,画出实验流程图。
3. 列出实验所需仪器设备与试剂的浓度和用量。
4. 写出详细的实验步骤、现象及所有反应方程式。

第11章 生活实用性实验

实验二十八 碘盐中微量碘的快速测定

【实验目的】

1. 掌握含碘食盐中微量碘的快速测定原理和方法。

2. 了解碘对人体健康的作用。

【实验原理】

碘是维持人体正常生理功能的重要微量元素，是甲状腺素的重要成分，对人的大脑发育、身体成长和新陈代谢有重要的影响。人体内大部分的碘存在于甲状腺中，甲状腺的主要功能是促进能量的代谢及物质分解代谢产生能量，维持基本生命活动和生理功能。如果人体摄入碘不足会引起碘缺乏病，可导致胎儿先天畸形、新生儿死亡率增高、儿童智力低下、骨骼发育不良、地方性甲状腺肿及地方性克汀病等。但碘的摄入量也不是多多益善，如果人体摄入的碘过量也会对健康造成影响，易导致高碘性甲亢、记忆力下降等病症。

我国大部分地区都缺碘，所以国家强制在食用盐中加入碘，可以有效预防碘缺乏症。我国规定食用碘盐中碘元素的含量为每千克食盐含碘20 mg～40 mg，生产食用碘盐时通常加入一定量的碘酸钾（KIO_3）来达到这一生产标准。因为碘酸钾（KIO_3）具有化学性质稳定，常温下不易挥发、不易分解、不易潮解、活性效果好，具有口感舒适、易生产等优点而被广泛用于碘盐中。

人体每日需要摄取0.15 mg碘才能维持正常的生理功能，某些食物如海带等也富含碘元素，所以每日只需5～6 g含碘食盐即可满足人体日常的生理需要。

含碘食盐中微量碘的快速测定原理：碘酸钾（KIO_3）在酸性介质下是强氧化剂，用硫酸亚铁铵（$(NH_4)_2Fe(SO_4)_2$）作还原剂，KIO_3的还原产物主要为I_2：

$$2IO_3^- + 10Fe^{2+} + 12H^+ = 10Fe^{3+} + I_2 + 6H_2O$$

还生成少量的I^-：

$$IO_3^- + 6Fe^{2+} + 6H^+ = 6Fe^{3+} + I^- + 3H_2O$$

生成的少量I^-可被溶液中的Fe^{3+}氧化生成I_2：

$$2Fe^{3+} + 2I^- = 2Fe^{2+} + I_2$$

这样的连环反应循环往复地进行，直至达到最终的平衡。

食用碘盐中碘含量的测定可采用目视比色法，配制出系列标准色阶，与食用碘盐在同等条件下显色的时间和颜色的深浅相比对，以确定食用碘盐中KIO_3的含量。

【仪器与试剂】

仪器：台秤、点滴板、50 mL容量瓶、试管、试管架、酒精灯、铁圈、铁架台、烧杯、吸量管、玻璃搅拌棒。

试剂：固体$(NH_4)_2Fe(SO_4)_2 \cdot 6H_2O$（AR）、$H_2SO_4$（浓）、$H_3PO_4$（浓）、固体NaCl（AR）、

固体 KIO_3(AR)、淀粉溶液(1%)、食用碘盐。

【实验内容】

1. 含 Fe^{2+} 的酸性淀粉溶液的配制

(1)0.5 mol/L Fe^{2+} 酸性溶液的配制:称取计算量的 $(NH_4)_2Fe(SO_4)_2 \cdot 6H_2O$ 晶体,置于烧杯中,加入少量蒸馏水中,搅拌溶解。向溶液中加入 2 mL 浓 H_2SO_4 和 2.5 mL 浓 H_3PO_4,搅拌均匀。将溶液转移至 50 mL 容量瓶中,加蒸馏水稀释至刻度,配制成酸性 $(NH_4)_2Fe(SO_4)_2$ 溶液。

(2)Fe^{2+} 酸性淀粉溶液的配制:取 5 mL 酸性 Fe^{2+} 溶液,置于 100 mL 小烧杯中,再加入 50 mL 新配制的 1% 淀粉溶液,搅拌均匀,配制成 Fe^{2+} 酸性淀粉溶液。

2. 标准色阶的配制

准确称取含量为 40 μg,4 μg,0.4 μg,0.2 μg,0.1 μg,0.05 μg,0.01 μg 的 KIO_3,分别置于点滴板的井穴内,再分别向其中加入 1 g,0.1 g,0.01 g,0.005 g,0.002 5 g,0.001 g,0.000 5 g NaCl,混合均匀。向混合物中分别滴加 2 滴 Fe^{2+} 酸性淀粉溶液,观察不同浓度 KIO_3 的显色时间和颜色的深浅,将数据记录于表 11-1 中。

表 11-1　NaCl 中不同浓度 KIO_3 的显色时间和颜色的深浅表

KIO_3 含量	40 μg	4 μg	0.4 μg	0.2 μg	0.1 μg	0.05 μg	0.01 μg
显色时间/s							
颜色深浅							

3. 食用碘盐中碘含量的测定

取 0.1 g 食用碘盐,置于点滴板的井穴内,滴加 2 滴 Fe^{2+} 酸性淀粉溶液,出现蓝色,证明食用碘盐中含有 KIO_3。准确记录蓝色出现的时间,观察蓝色的深浅程度,与色阶进行比较,确定食用碘盐中 KIO_3 的含量。

实验二十九　食物中微量元素的鉴定

【实验目的】

1. 掌握大豆中微量铁的鉴定方法。
2. 掌握全麦面粉中锌元素的鉴定方法。
3. 掌握茶叶中微量元素的鉴定方法。

【实验原理】

铁、锌、钙、镁、碘、硒等是人体内必不可少的微量元素,它们在人体内发挥着巨大的生物学作用。

微量元素铁是人体内多数氧化还原体系的重要组成,是血红蛋白中氧的载体。大豆中富含铁等微量元素,大豆中微量的铁可通过将其转化为 Fe^{3+},Fe^{3+} 在酸性条件下与 SCN^- 反应生成血红色配合物进行鉴定。

微量元素锌可维持人体正常的生理活动和生长发育,特别是人体内胰岛素的合成不可缺少锌元素。小麦中锌的含量较多，主要存在于胚芽和皮之中。全麦面粉中的锌元素的检出方法主要是先将面粉高温灰化，其中的锌元素转化为氧化锌，酸溶灰粉，氧化锌转化为锌离子存在于溶液中。在 pH≈4.5 环境条件下，Zn^{2+} 与二苯硫腙反应可生成紫红色配合物。

茶叶中含有 Fe，Al，Ca，Mg 等人体必需的微量金属元素。鉴定时需先进行干灰化，再经酸溶解，即可逐级进行分析鉴定。

$$Fe^{3+} + K^{+} + [Fe(CN)_6]^{4-} \rightleftharpoons KFe[Fe(CN)_6]\downarrow \text{(深蓝色)}$$

$$Fe^{3+} + 5SCN^{-} \rightleftharpoons [Fe(SCN)_5]^{2-} \text{(血红色)}$$

$$Ca^{2+} + C_2O_4^{2-} \rightleftharpoons CaC_2O_4\downarrow \text{(白色)}$$

$$Al^{3+} + \text{铝试剂} + OH^{-} \text{红色絮状沉淀}$$

$$Mg^{2+} + \text{镁试剂} + OH^{-} \text{天蓝色沉淀}$$

【仪器与试剂】

仪器：粉碎机、筛子(40 目)、研钵、电炉、马弗炉、恒温干燥箱、蒸发皿、烧杯、锥形瓶、试管、酒精灯、漏斗、铁圈、铁架台、石棉网、玻璃搅拌棒、量筒、台秤、瓷研钵、恒温水浴锅、表面皿、坩埚、坩埚钳、布氏漏斗、吸滤瓶、循环水真空泵。

试剂：$(NH_4)_2C_2O_4$(0.5 mol/L)、NaOH (2 mol/L)、H_2SO_4(2 mol/L、浓)、H_2O_2(30%)、$K_2S_2O_8$(2%)、KSCN(20%)、HNO_3(2 mol/L、6 mol/L、浓)、$K_4[Fe(CN)_6]$(1%)、HAc (2 mol/L)、$Na_2S_2O_3$(2.5%)、CCl_4、二苯硫腙、盐酸羟胺(20%)、$NH_3 \cdot H_2O$(6 mol/L)、镁试剂、铝试剂。

其他：pH 试纸、滤纸、硫酸纸。

【实验内容】

1. 茶叶中微量元素的鉴定

(1)灰化

称取 10 g 已烘干的茶叶置于蒸发皿中，然后在电炉上加热灰化，将灰化后的茶叶在研钵中研磨。将研磨后的茶叶粉末转移至坩埚内，在 600 ℃马弗炉内进行灰化。当坩埚内灰分呈白色灰分时，停止加热，取出冷却。

(2)酸溶、过滤

将灰分转移至 50 mL 小烧杯中，向烧杯中加入 15 mL 2 mol/L HCl，搅拌溶解后。向滤液中加入 6 mol/L $NH_3 \cdot H_2O$ 至溶液 pH = 6 ~ 7，使沉淀产生。将烧杯置于沸水浴上加热 30 min 后，过滤。将滤液分成两份，用于鉴定 Ca 和 Mg 的存在，沉淀置于烧杯中，用于鉴定 Al 和 Fe 的存在。

(3)微量元素鉴定

Ca 的鉴定：向第一份滤液中加入几滴 0.5 mol/L $(NH_4)_2C_2O_4$ 溶液，若有白色沉淀生成，证明有 Ca 存在。

Mg 的鉴定：向第二份滤液中加几滴入镁试剂，再加入几滴若出现 2 mol/L NaOH 溶液，若出现天蓝色沉淀，证明有 Mg 存在。

向烧杯内的沉淀中加入 10 mL 2 mol/L NaOH 溶液，搅拌后离心分离。滤液和沉淀分别置于两支试管中。

Al 的鉴定：向滤液试管中滴加几滴 2 mol/L HAc 酸化，然后加入 5 滴铝试剂，再加入 5 滴 6 mol/L $NH_3 \cdot H_2O$，若出现红色絮状沉淀，证明有 Al 存在。

Fe^{2+}的鉴定：向沉淀试管中加入 2 mol/L H_2SO_4 溶解，再加入几滴 1% $K_4[Fe(CN)_6]$溶

液,若出现深蓝色沉淀,证明有 Fe 存在。

2. 大豆中微量铁的鉴定

(1)粉碎筛滤

将大豆样品在粉碎机中研磨粉碎,用 40 目筛子筛出大豆粉。

(2)Fe^{3+} 的转化

在台秤上称取 2 g 大豆粉,放入 100 mL 锥形瓶中,加入约 10 mL 浓 H_2SO_4。然后放在电炉上低温加热至瓶内 H_2SO_4 开始冒白烟,继续加热 5 min 后停止加热。当冷却至锥形瓶内温度约为 60 ~ 70 ℃时,向锥形瓶中逐滴加入 2 mL 30% H_2O_2(必须慢慢滴加,以防反应过猛)。在电炉上继续加热 2 min,当观察到瓶内仍有黑色或棕色物质,再从电炉上取下,稍冷却后再滴加 30% H_2O_2,然后再加热,如此反复处理,直到瓶内溶液完全无色为止。继续加热 5 min,以除去过量的 H_2O_2。

(3)Fe 的鉴定

在试管中加入 10 滴样品溶液,再加入 2 滴浓 H_2SO_4、10 滴 2% $K_2S_2O_8$ 溶液和 5 滴 20% KSCN 溶液,观察到溶液变为血红色,证明有 Fe 元素存在。

3. 全麦面粉中微量元素锌的鉴定

(1)氧化锌的转化

在台秤上称取 10 g 全麦面粉,置入蒸发皿中,在电炉上低温炭化。待浓烟散尽后,转移至坩埚内,在 600 ℃马弗炉内进行灰化。当坩埚内灰分呈白色灰分时,停止加热,取出冷却。

(2)硝酸锌的转化

将坩埚内灰分转移至 50 mL 小烧杯中,向烧杯中加入 2 ml 6 mol/L HNO_3,放在水浴上加热蒸发,当水分完全蒸出时停止加热,自然冷却至室温。

(3)硝酸锌的溶解

向上述制得的固体硝酸锌中加入适量蒸馏水,搅拌溶解。

(4)Zn 的鉴定

在试管中加入 10 滴上述样品溶液,再加入数滴 2 mol/L HNO_3,调节溶液的 $pH \approx 4.5$ 左右。向溶液中加入 10 滴 2.5% $Na_2S_2O_3$ 和 10 滴 20% 盐酸羟氨溶液,混合均匀后,再加入 10 滴二苯硫腙溶液和 10 滴 CCl_4,经剧烈摇动后,静置,观察到 CCl_4 层出现紫红色,证明有 Zn 元素存在。

【思考题】

1. 试设计高温灰化法进行大豆中微量铁的鉴定的实验方案。
2. 除全麦面粉外,还有何食品富含锌元素?设计锌元素鉴定实验方案。

实验三十　日常食品的质量检测

【实验目的】

1. 掌握掺假蜂蜜和牛奶的鉴定方法。
2. 掌握油条中铝元素的鉴定方法。
3. 掌握松花蛋中铅元素的鉴定方法。

【实验原理】

蜂蜜是营养丰富的保健食品，具有蜂蜜特有的甜香味且回味无穷。正常蜂蜜的密度为 1.401～1.433 g/mL。蜂蜜的主要成分有：葡萄糖和果糖含量为 65%～81%，蔗糖含量约为 8%，水含量为 16%～25%，糊精、非糖物质、矿物质和有机酸等含量约为 5%。因蜂蜜种类差别，其营养成分略有差异。如果在蜂蜜中掺入价格低廉的蔗糖糖浆，蜂蜜的外观会略有变化，色泽会变鲜艳，一般呈浅黄色，甜香味变淡，回味短且有糖浆味，鉴别时可用 $AgNO_3$ 来判定蜂蜜是否已被掺入蔗糖。

牛奶具有丰富的营养，它是老少皆宜的食品。正常牛奶为白色或浅黄色均匀胶状的液体，无沉淀、无凝块、无杂质，具有微微的香味和甜味，牛奶的主要成分为水，主要营养成分有：蛋白质含量为 3.4%、脂肪含量为 3.75%、乳糖含量为 4.75%、酪蛋白含量为 3%、白蛋白含量为 0.4% 等。如果在牛奶中掺入一定量价格较低的豆浆，牛奶的密度和蛋白质的含量变化不大。由于掺入的豆浆中含有碳水化合物，主要是棉籽糖、水苏糖、蔗糖、阿拉伯半乳聚糖等，它们遇碘后会显墨绿色，利用这一性质可定性检测出牛奶中是否掺入豆浆。

人体摄入过量的铝对健康危害很大，当铝进入人体后，可形成牢固的、难以消化排除的配合物，对人体伤害性增加，可引起痴呆、贫血、甲状腺功能降低、神经细胞死亡等疾病，被视为有害人身健康的元素。油条为大众早餐食物，制作过程中为了得到较好的卖相和口感，通常加入过量的含有铝元素的明矾（$KAl(SO_4)_2 \cdot H_2O$），长期食用这样的油条早餐可使人体铝元素过量而危害健康。油条中铝元素的检出方法是：将油条高温灰化，使铝转化为氧化铝，酸溶使氧化铝转化为铝离子。Al^{3+} 可以与铝试剂反应生成红色配合物。

随食物进入人体的铅具有很大的毒性，可损害骨髓造血系统和神经系统，引起贫血、末梢神经炎。如果随血液流入脑组织，可损害小脑和大脑皮质细胞，引发脑损伤。铅在人体内可形成难溶磷酸铅沉积并积累于骨骼之中，也可形成可溶的磷酸氢铅进入血液而引发慢性铅中毒。美味松花蛋因制作工艺而受到铅的污染，松花蛋中铅元素的检出方法是：将松花蛋高温灰化，使其中的铅元素转化为氧化铅，硝酸酸溶，氧化铅转化为铅离子存在于溶液中。在 $pH \approx 9$ 介质中，Pb^{2+} 与二苯硫腙反应可生成红色配合物。

【仪器与试剂】

仪器：粉碎机、电炉、马弗炉、恒温干燥箱、蒸发皿、烧杯、试管、酒精灯、漏斗、铁圈、铁架台、石棉网、玻璃搅拌棒、量筒、台秤、瓷研钵、恒温水浴锅、表面皿、坩埚、坩埚钳。

试剂：$AgNO_3$（1%）、碘水、HNO_3（6 mol/L）、巯基乙酸（0.8%）、$NH_3 \cdot H_2O$（6 mol/L）、铝试剂、柠檬酸铵（20%）、盐酸羟胺（20%）、二苯硫腙、CCl_4。

【实验内容】

1. 掺假蜂蜜的检测

在试管中加入约 0.5 mL 掺蔗糖的蜂蜜，再加入 2 mL 水，振荡并搅拌使其混合均匀，如果试管中液体变浑浊或有沉淀出现，向试管中滴加 2 滴 1% $AgNO_3$ 溶液，振摇试管，观察到有絮状物产生。

2. 掺假牛奶的检测

在 2 支试管中分别加入约 1 mL 纯牛奶和掺入豆浆的牛奶，分别向试管中加入 2 滴碘水，振摇试管，观察 2 支试管中液体颜色的变化，纯牛奶呈橙黄色，掺豆浆牛奶呈墨绿色。

3. 油条中铝的鉴定

（1）高温灰化：截取一小块油条切碎后放入坩埚中，在电炉上低温炭化，待浓烟散尽后，放入炉温为600 ℃马弗炉中进行灰化。待坩埚内物质呈白色灰状时,停止加热,取出冷却。

(2)硝酸铝的转化:将坩埚内灰分转移至50 mL小烧杯中,向烧杯中加入2 ml 6 mol/L HNO_3,放在水浴上加热蒸发,当水分完全蒸出时停止加热,自然冷却至室温。

(3)硝酸铝的溶解:向上述制得的固体硝酸铝中,加入适量蒸馏水,搅拌溶解。

(4)Al的鉴定:在试管中加入10滴上述样品溶液,加入5滴0.8%硫基乙酸溶液,摇匀后,加入5滴6 mol/L $NH_3 \cdot H_2O$,摇匀后,再加入5滴铝试剂缓冲溶液,再摇匀,并放入热水浴中加热。观察到溶液变为红色,证明有Al存在。

4. 松花蛋中铅的鉴定

(1)粉碎:将松花蛋剥去蛋壳后放入粉碎机中,按蛋: $H_2O=2:1$ 的比例加入蒸馏水,绞碎至匀浆状。

(2)加热蒸发:将松花蛋匀浆转移至蒸发皿中,在水浴上加热蒸发,当其中的水分完全蒸出时,停止加热。

(3)高温灰化:将蒸发皿放在电炉上加热炭化至无烟冒出时,停止加热。将炭化物转移至坩埚中,放入600 ℃马弗炉中进行灰化。待坩埚内物质呈白色灰状时,停止加热,取出冷却。

(4)硝酸铅的转化:将坩埚内灰分转移至50 mL小烧杯中,向烧杯中加入3 mL 6 mol/L HNO_3,至灰分溶解,制得 $Pb(NO_3)_2$ 溶液。

(5)Pb的鉴定:在试管中加入5滴上述样品溶液,再加入10滴20% 柠檬酸铵和10滴20% 盐酸羟胺溶液,用6 mol/L $NH_3 \cdot H_2O$ 调节试液pH≈9。然后加入10滴二苯硫腙溶液和10滴 CCl_4,剧烈振摇1 min,静置分层后,观察到 CCl_4 层出现红色,证明有Pb存在。

实验三十一　化学冰袋、热袋的制作

【实验目的】

1. 掌握化学冰袋的制冷原理与制作方法。
2. 掌握化学热袋的发热原理与制作方法。
3. 了解化学冰袋与化学热袋在生活中的重要用途。

【实验原理】

日常生活中的许多方面都会用到化学冰袋来降温。如在高温天气从事野外工作时,中暑患病的情况时有发生;外出游玩、野外聚餐时,某些食物需要短时间低温保存,若能随身携带几个自制的冷敷袋或化学冰袋既可以救急又很实用。

制作化学冰袋的原理通常是用几种特殊的铵盐如硝酸铵、氯化铵等,溶于水时具有强烈吸热降温的性质,此外它们还可以从与其接触的晶体盐中夺取结晶水而溶解吸热,利用这种性质,可以通过简单地混合两种盐而制冷,制成化学冰袋。

在寒冷的冬天,热袋是人们常用的取暖用品。制作化学热袋的原理通常是以铁粉和醋酸为主要原料,利用铁粉和醋酸反应生成的醋酸亚铁易被空气中的氧所氧化,同时释放热量的性质,制成化学热袋:

$$Fe + 2HAc \xlongequal{} Fe(Ac)_2 + H\uparrow$$

$$2Fe(Ac)_2 + O_2 + H_2O \xlongequal{} FeOAc + Fe(OH)_2Ac + 热量$$

【仪器与试剂】

仪器:台秤、烧杯、量筒、蒸发皿、表面皿、玻璃搅拌棒、酒精灯、铁圈、铁架台、石棉网。

试剂:$Na_2SO_4 \cdot 10H_2O$、$(NH_4)_2SO_4$、NH_4NO_3、$NaHSO_4$、还原 Fe 粉、3% HAc、活性炭。

其他:木屑、带封口软质塑料袋(6 cm×8 cm)、聚乙烯薄膜塑料袋(3 cm×4 cm)。

【实验内容】

1. 化学冰袋的制作

(1) 在台秤上称取 96 g $Na_2SO_4 \cdot 10H_2O$ 晶体[1]、40 g 固体 $(NH_4)_2SO_4$、80 g 固体 NH_4NO_3 和 40 g 固体 $NaHSO_4$,一并装入带封口软质塑料袋中,密封袋口,即制得化学冰袋。

(2) 使用时,用双手揉搓软质塑料袋,使各种原料充分接触,即可发挥制冷作用。

(3) 实验测试制冷效果,每半小时测定一次化学冰袋温度,将数据记录在表 11-2 中。

表 11-2　化学冰袋温度测试

室温/℃	冰袋温度/℃						最低温度/℃
	0.5 h	1 h	1.5 h	2 h	2.5 h	3 h	

2. 冷敷袋的制作

(1) 在台秤上称取 3 g 固体 NH_4NO_3,装入一个聚乙烯薄膜塑料袋中并用封口器密封袋口。用量筒量取 5 mL 5% HAc 溶液,倒入另一个聚乙烯薄膜塑料袋中并用封口器密封袋口。将两个装有试剂的密封聚乙烯薄膜塑料袋一并装入带封口软质塑料袋中,最后密封软质塑料袋袋口,即制得冷敷袋。

(2) 使用时,用双手揉搓软质塑料袋,破坏里面的聚乙烯薄膜塑料袋,使两种试剂充分接触混合,即可发挥冷敷作用。

(3) 实验测试制冷效果,每半小时测定一次冷敷袋温度,将数据记录在表 11-3 中。

表 11-3　冷敷袋温度测试

室温/℃	冷敷袋温度/℃						最低温度/℃
	0.5 h	1 h	1.5 h	2 h	2.5 h	3 h	

3. 化学热袋的制作

(1) 在台秤上称取 50 g 还原 Fe 粉,置于蒸发皿中,在电炉上加热片刻至还原 Fe 粉微热时,向蒸发皿中加入 3 mL 3% HAc,充分搅拌,当还原 Fe 粉开始呈现灰黑色时,停止加热,将表面皿盖在蒸发皿上,静置自然冷却至室温。

(2) 将冷却后的产物倒入带封口软质大塑料袋中,堆紧、压实并折叠塑料袋。然后装入 12 g 活性炭和 5 g 木屑,再将物料堆紧、压实并折叠、卷紧塑料袋,密封袋口,使袋中物料与空气隔绝,即制得化学热袋。

(3) 使用时,将折叠的软质塑料袋封口打开[2],让空气进入,用双手揉搓并上下抖动软质塑料袋,使袋内物料充分混匀,片刻即可发挥其制热作用。

如果想中途停止发热,可将袋内物料重新堆紧、压实并折叠、卷紧塑料袋,密封袋口,使袋中物料与空气隔绝。

(4)实验测试发热效果,每半小时测定一次化学热袋温度,将数据记录在表 11 -4 中。

表 11 -4　化学热袋温度测试

室温/℃	热袋温度/℃						最高温度/℃
	0.5 h	1 h	1.5 h	2 h	2.5 h	3 h	

【注意事项】

1. 制作化学冰袋时,不可加入无水 Na_2SO_4。

2. 化学热袋发热时,密封袋口的通气量大小直接影响热袋的升温速度、发热效果和制热寿命。若开口较大,透气量大,则升温速度快、发热温度高但持续发热时间短。

第四部分
附　录

附录一　国际相对原子质量表

序数	名称	符号	相对原子质量	序数	名称	符号	相对原子质量
1	氢	H	1.007 9	33	砷	As	74.921 6
2	氦	He	4.002 602	34	硒	Se	78.96
3	锂	Li	6.941	35	溴	Br	79.904
4	铍	Be	9.012 18	36	氪	Kr	83.80
5	硼	B	10.811	37	铷	Rb	85.467 8
6	碳	C	12.011	38	锶	Sr	87.62
7	氮	N	14.006 7	39	钇	Y	88.905 9
8	氧	O	15.999 4	40	锆	Zr	91.224
9	氟	F	18.998 403	41	铌	Nb	92.906 4
10	氖	Ne	20.179	42	钼	Mo	95.94
11	钠	Na	22.989 77	43	锝	Tc	(98)*
12	镁	Mg	24.305	44	钌	Ru	101.07
13	铝	Al	26.981 54	45	铑	Rh	102.905 5
14	硅	Si	28.085 5	46	钯	Pd	106.42
15	磷	P	30.973 76	47	银	Ag	107.868
16	硫	S	32.066	48	镉	Cd	112.41
17	氯	Cl	35.453	49	铟	In	114.82
18	氩	Ar	39.948	50	锡	Sn	118.710
19	钾	K	39.098 3	51	锑	Sb	121.75
20	钙	Ca	40.078	52	碲	Te	127.60
21	钪	Sc	44.955 91	53	碘	I	126.904 5
22	钛	Ti	47.88	54	氙	Xe	131.29
23	钒	V	50.941 5	55	铯	Cs	132.905 4
24	铬	Cr	51.996 1	56	钡	Ba	137.33
25	锰	Mn	54.938 0	57	镧	La	138.905 5
26	铁	Fe	55.847	58	铈	Ce	140.12
27	钴	Co	58.933 2	59	镨	Pr	140.907 7
28	镍	Ni	58.69	60	钕	Nd	144.24
29	铜	Cu	63.546	61	钷	Pm	(145)
30	锌	Zn	65.39	62	钐	Sm	150.36
31	镓	Ga	69.723	63	铕	Eu	151.96
32	锗	Ge	72.59	64	钆	Gd	157.25

续表

序数	名称	符号	相对原子质量	序数	名称	符号	相对原子质量
65	铽	Tb	158.925 4	89	锕	Ac	(227)
66	镝	Dy	162.50	90	钍	Th	232.0381
67	钬	Ho	164.930 4	91	镤	Pa	231.035 88
68	铒	Er	167.26	92	铀	U	238.028 9
69	铥	Tm	168.934 2	93	镎	Np	(237)
70	镱	Yb	173.04	94	钚	Pu	(244)
71	镥	Lu	174.967	95	镅	Am	(243)
72	铪	Hf	178.49	96	锔	Cm	(247)
73	钽	Ta	180.947 9	97	锫	Bk	(247)
74	钨	W	183.85	98	锎	Cf	(251)
75	铼	Re	186.207	99	锿	Es	(252)
76	锇	Os	190.23	100	镄	Fm	(257)
77	铱	Ir	192.22	101	钔	Md	(258)
78	铂	Pt	195.08	102	锘	No	(259)
79	金	Au	196.966 5	103	铹	Lr	(262)
80	汞	Hg	200.59	104	𬬻	Rf	(267)
81	铊	Tl	204.383	105	𬭊	Db	(268)
82	铅	Pb	207.2	106	𬭳	Sg	(271)
83	铋	Bi	208.980 4	107	𬭛	Bh	(272)
84	钋	Po	(210)	108	𬭶	Hs	(270)
85	砹	At	(210)	109	鿏	Mt	(276)
86	氡	Rn	(222)	110	𫟼	Ds	(281)
87	钫	Fr	(223)	111	𬬭	Rg	(280)
88	镭	Ra	(226)	112	鿔	Cn	(285)

* 括号中的数值为该放射性元素已知的半衰期最长的同位素的原子量数。

附录二　一些单质与化合物的热力学函数

(298.15 K,100 kPa)

单质或化合物	kJ/mol	kJ/mol	J/mol · K	J/mol · K
O(g)	249.17	231.731	161.055	21.912
O_2(g)	0	0	205.138	29.355
O_3(g)	142.7	163.2	238.93	39.2

续表 1

单质或化合物	kJ/mol	kJ/mol	J/mol · K	J/mol · K
$H_2(g)$	0	0	130.684	28.824
H(g)	217.965	203.247	114.713	20.784
$H_2O(l)$	-285.83	-237.129	69.91	75.291
$H_2O(g)$	-241.818	-228.572	188.825	33.577
$H_2O_2(l)$	-187.78	-120.35	109.6	89.1
0 族				
He(g)	0	0	126.15	20.786
Ne(g)	0	0	146.328	20.786
Ar(g)	0	0	154.843	20.786
Kr(g)	0	0	164.082	20.786
Xe(g)	0	0	169.683	20.786
Rn(g)	0	0	176.21	20.786
Ⅶ族				
$F_2(g)$	0	0	202.78	31.3
HF(g)	-271.1	-273.2	173.799	29.133
$Cl_2(g)$	0	0	223.066	33.907
HCl(g)	-92.307	-95.299	186.908	29.12
$Br_2(l)$	0	0	152.231	75.689
$Br_2(g)$	30.907	3.11	245.463	36.02
$I_2(cr)$	0	0	116.135	54.438
$I_2(g)$	62.438	19.327	260.69	36.9
HI(g)	26.48	1.7	206.594	29.158
Ⅵ族				
S(cr,正交晶)	0	0	31.8	22.64
S(cr,单斜晶)	0.33	—	—	—
SO(g)	6.259	-19.853	221.95	30.17
$SO_2(g)$	-296.83	-300.194	248.22	39.87
$SO_3(g)$	-395.72	-371.06	256.76	50.67
$H_2S(g)$	-20.63	-33.56	205.79	34.23
Ⅴ族				
$N_2(g)$	0	0	191.61	29.125
NO(g)	90.25	86.55	210.761	29.844
$NO_2(g)$	33.18	51.31	240.06	37.2
$N_2O(g)$	82.05	104.2	219.85	38.45

续表 2

单质或化合物	kJ/mol	kJ/mol	J/mol · K	J/mol · K
N_2O_4(g)	9.16	97.89	304.29	77.28
N_2O_5(g)	-43.1	113.9	178.2	143.1
NH_3(g)	-46.11	-16.45	192.45	35.06
HNO_3(l)	-174.1	-80.71	155.6	109.87
NH_4Cl(cr)	-314.43	-202.87	94.6	84.1
P(cr,白色)	0	0	41.09	23.84
P(cr,三斜晶)	-17.6	-12.1	22.8	21.21
P_4(g)	58.91	24.44	279.98	67.15
P_4O_{10}(cr,六方晶)	-2 984	-2 697.7	228.86	211.71
PH_3(g)	5.4	13.4	210.23	37.11
Ⅳ族				
C(cr,石墨)	0	0	5.74	8.527
C(cr,金刚石)	1.859	2.9	2.377	6.113
C(g)	716.682	671.257	158.096	20.838
CO(g)	-110.525	-137.168	197.674	29.142
CO_2(g)	-393.509	-394.359	213.74	37.11
CH_4(g)	-74.81	-50.72	186.264	35.309
HCOOH(l)	-424.72	-361.35	128.95	99.04
CH_3OH(l)	-238.66	-166.27	126.8	81.6
CH_3OH(g)	-200.66	-161.96	239.81	43.89
CCl_4(l)	-135.44	-65.21	216.4	131.75
CCl_4(g)	-102.9	-60.59	309.85	83.3
CH_3Cl(g)	-80.83	-57.37	234.58	40.75
$CHCl_3$(l)	-134.47	-73.66	201.7	113.8
$CHCl_3$(g)	-103.14	-70.34	295.71	65.69
CH_3Br(g)	-35.1	-25.9	246.38	42.43
CS_2(l)	89.7	65.27	151.34	75.7
HCN(g)	135.1	124.7	201.78	35.86
CH_3CHO(g)	-166.19	-128.86	250.3	57.3
$CO(NH_2)_2$(cr)	-333.51	-197.33	104.6	93.14
C_6H_6(g)	82.9	129.7	269.2	82.4
C_6H_6(l)	49.1	124.5	173.4	136
Si(cr)	0	0	18.83	20
SiO_2(cr,α 石英)	-910.94	-856.64	41.84	44.43

续表 3

单质或化合物	kJ/mol	kJ/mol	J/mol·K	J/mol·K
Pb(cr)	0	0	64.81	26.44
Ⅲ族				
B(cr)	0	0	5.86	11.09
B_2O_3(cr)	-1272.77	-1193.65	53.97	62.93
B_2H_6(g)	35.6	86.7	232.11	56.9
B_5H_9(g)	73.2	175	275.92	96.78
Al(cr)	0	0	28.33	24.35
Al_2O_3(cr,α 刚玉)	-1675.7	-1528.3	50.92	79.04
ⅡB 族				
Zn(cr)	0	0	41.63	25.4
ZnS(cr,纤锌矿)	-192.63	—	—	—
ZnS(cr,闪锌矿)	-205.98	-201.29	57.7	46
Hg(l)	0	0	76.02	27.98
HgO(cr,红色,斜方晶)	-90.83	-58.54	70.29	44.06
HgO(cr,黄色)	-90.46	-58.41	71.1	—
$HgCl_2$(cr)	-224.3	-178.6	146	—
Hg_2Cl_2(cr)	-265.22	-210.75	192.5	—
ⅠB 族				
Cu(cr)	0	0	33.15	24.435
CuO(cr)	-157.3	-129.7	42.63	42.3
$CuSO_4$(cr)	-771.36	-661.8	109	100
$CuSO_4 \cdot 5H_2O$(cr)	-2 279.65	-1 879.745	300.4	280
Ag(cr)	0	0	42.55	25.35
AgO(cr)	-31.05	-11.2	121.3	65.86
AgCl(cr)	-127.068	-109.789	96.2	50.79
$AgNO_3$(cr)	-124.39	-33.41	140.92	93.05
Ⅷ族				
Fe(cr)	0	0	27.28	25.1
Fe_2O_3(cr,赤铁矿)	-824.4	-742.2	87.4	103.85
Fe_3O_4(cr,磁铁矿)	-1118.4	-1015.4	146.4	143.43
ⅦB 族				
Mn(cr)	0	0	32.01	26.32
MnO_2(cr)	-520.03	-465.14	53.05	54.14
Ⅱ族				
Be(cr)	0	0	9.5	16.44

续表 4

单质或化合物	kJ/mol	kJ/mol	J/mol · K	J/mol · K
Mg(cr)	0	0	32.68	24.89
MgO(cr,方镁石)	-601.7	-569.43	26.94	37.15
$Mg(OH)_2$(cr)	-924.54	-833.51	63.18	77.03
$MgCl_2$(cr)	-641.32	-591.79	89.62	71.38
Ca(cr)	0	0	41.42	25.31
CaO(cr)	-635.09	-604.03	39.75	42.8
CaF_2(cr)	-1 219.6	-1 167.3	68.87	67.03
$CaSO_4$(cr)	-1 434.11	-1 321.79	106.7	99.66
$CaSO_4 \cdot 1/2H_2O$(cr,α)	-1 576.74	-1 436.74	130.5	119.41
$CaSO_4 \cdot 2H_2O$ (cr,β 透石膏)	-2 022.63	-1 797.28	194.1	186.02
$Ca_3(PO_4)_2$(cr,低温形)	-4 120.8	-3 884.7	236	227.82
$CaCO_3$(cr,方解石)	-1 206.92	-1 128.79	92.9	81.88
$CaO \cdot SiO_2$(cr,钙硅石)	-1 634.94	-1 549.66	81.92	85.27
Ⅰ族				
Li(cr)	0	0	29.12	24.77
Li(g)	159.37	126.66	138.77	20.79
Li_2(g)	215.9	174.4	197	36.1
Li_2O(cr)	-597.94	-561.18	37.57	54.1
LiH(g)	139.24	116.47	170.9	29.73
LiCl(cr)	-408.61	-384.37	59.33	47.99
Na(cr)	0	0	51.21	28.24
Na(g)	107.32	76.761	153.712	20.786
Na_2(g)	142.05	103.94	230.23	37.57
NaO_2(cr)	-260.2	-218.4	115.9	72.13
Na_2O(cr)	-414.22	-375.46	75.06	69.12
Na_2O_2(cr)	-510.87	-447.7	95	89.24
NaOH(cr)	-425.61	-379.494	64.455	59.54
NaCl(cr)	-411.153	-384.138	72.13	50.50
NaBr(cr)	-361.062	-348.983	86.82	51.38
Na_2SO_4(cr,斜方晶)	-1 387.08	-1 270.16	149.58	128.2
$Na_2SO_4 \cdot 10H_2O$(cr)	-4 327.26	-3 646.85	592	—
$NaNO_3$(cr)	-467.85	-367	116.52	92.88
Na_2CO_3(cr)	-1 130.68	-1 044.44	134.98	112.3
K(cr)	0	0	64.18	29.58

续表 5

单质或化合物	kJ/mol	kJ/mol	J/mol · K	J/mol · K
K(g)	89.24	60.59	160.336	20.786
K_2(g)	123.7	87.5	249.73	37.89
K_2O(cr)	-361.5	—	—	—
KOH(cr)	-424.764	-379.08	78.9	64.9
KCl(cr)	-436.747	-409.14	82.59	51.3
$KMnO_4$(cr)	-837.2	-737.6	171.71	117.57

附录三　不同温度下水的饱和蒸汽压

温度/℃	蒸汽压		温度/℃	蒸汽压	
	mmHg	kPa		mmHg	kPa
-20	0.772	0.102 9	3	5.69	0.758 4
-19	0.85	0.113 3	4	6.10	0.813 4
-18	0.935	0.124 6	5	6.54	0.871 7
-17	1.027	0.136 9	6	7.01	0.934 3
-16	1.128	0.150 3	7	7.51	1.000 9
-15	1.238	0.165 0	8	8.05	1.072 9
-14	1.357	0.180 9	9	8.61	1.147 5
-13	1.486	0.198 1	10	9.21	1.227 5
-12	1.627	0.216 8	11	9.84	1.311 5
-11	1.78	0.237	12	10.52	1.402 1
-10	1.946	0.259 4	13	11.23	1.496 7
-9	2.215	0.295 2	14	11.99	1.598 0
-8	2.321	0.309 3	15	12.79	1.704 7
-7	2.532	0.337 5	16	13.63	1.816 6
-6	2.761	0.368 0	17	14.53	1.936 6
-5	3.008	0.400 9	18	15.48	2.063 1
-4	3.276	0.436 6	19	16.48	2.196 5
-3	3.566	0.475 3	20	17.54	2.337 7
-2	3.879	0.517 0	21	18.65	2.485 7
-1	4.216	0.561 9	22	19.83	2.642 9
0	4.579	0.610 5	23	21.07	2.808 2
1	4.93	0.656 8	24	22.38	2.982 8
2	5.29	0.705 8	25	23.76	3.166 7

续表 1

温度/℃	蒸汽压		温度/℃	蒸汽压	
	mmHg	kPa		mmHg	kPa
26	25.21	3.359 9	59	142.6	19.005 7
27	26.74	3.563 9	60	149.4	19.912 0
28	28.35	3.778 5	61	156.4	20.845 0
29	30.04	4.003 7	62	163.8	21.831 3
30	31.82	4.240 9	63	171.4	22.844 2
31	33.7	4.491 5	64	179.3	23.897 1
32	35.66	4.752 8	65	187.5	24.990
33	37.73	5.028 7	66	196.1	26.136 2
34	39.9	5.317 9	67	205	27.322 4
35	42.18	5.621 8	68	214.2	28.548 6
36	44.56	5.938 9	69	223.7	29.814 7
37	47.07	6.273 5	70	233.7	31.147 5
38	49.65	6.617 3	71	243.9	32.507
39	52.44	6.989 2	72	254.6	33.933 1
40	55.32	7.373 0	73	265.7	35.412 5
41	58.34	7.775 6	74	277.2	36.945 2
42	61.5	8.196 7	75	289.1	38.531 2
43	64.8	8.636 5	76	301.4	40.170 6
44	68.26	9.097 7	77	314.1	41.863 2
45	71.88	9.580 2	78	327.3	43.622 5
46	75.65	10.082 6	79	341	45.448 5
47	79.6	10.609 1	80	355.1	47.327 7
48	83.71	11.156 87	81	369.7	49.273 6
49	88.02	11.731 3	82	384.9	51.299 5
50	92.51	12.329 7	83	400.6	53.392
51	79.2	10.555 8	84	416.8	55.551 1
52	102.1	13.607 9	85	433.6	57.790 2
53	107.2	14.287 6	86	450.9	60.095 9
54	112.5	14.994	87	468.7	62.468 3
55	118	15.727 0	88	487.1	64.9207
56	123.8	16.500 1	89	506.1	67.453
57	129.8	17.299 7	90	525.8	70.078 6
58	136.1	18.139 4	91	546.1	72.784 2

续表2

温度/℃	蒸汽压		温度/℃	蒸汽压	
	mmHg	kPa		mmHg	kPa
92	567	75.569 8	97	682.1	90.910 3
93	588.6	78.448 6	98	707.3	94.268 9
94	610.9	81.420 8	99	733.2	97.720 9
95	633.9	84.486 2	100	760	101.293
96	657.6	87.644 9			

附录四　常见弱电解质在水溶液中的解离常数

(25℃)

化合物名称	K_a	pK_a
砷酸 H_3AsO_4	$5.98\times10^{-3}(K_1)$	2.223
	$1.73\times10^{-7}(K_2)$	6.760
	$5.1\times10^{-12}(K_3)$	11.50
亚砷酸 $HAsO_3$	5.25×10^{-10}	9.28
硼酸 H_3BO_3	$5.8\times10^{-10}(K_1)$	9.236
	$1.8\times10^{-13}(K_2)$	12.74
	$1.6\times10^{-14}(K_3)$	13.80
焦硼酸 $H_2B_4O_7$	$1\times10^{-4}(K_1)$	4
	$1\times10^{-9}(K_2)$	9
次溴酸 HBrO	2.4×10^{-9}	8.62
氢氰酸 HCN	6.2×10^{-10}	9.21
碳酸 H_2CO_3	$4.5\times10^{-7}(K_1)$	6.352
	$4.7\times10^{-11}(K_2)$	10.25
次氯酸 HClO	4.69×10^{-11}	10.33
氢氟酸 HF	6.3×10^{-4}	3.18
过氧化氢 H_2O_2	2.3×10^{-12}	11.64
高碘酸 HIO_4	2.8×10^{-2}	1.56
亚硝酸 HNO_2	7.2×10^{-4}	3.14
次磷酸 H_3PO_2	5.9×10^{-2}	1.23
亚磷酸 H_3PO_3	$3.72\times10^{-2}(K_1)$	1.43
	$2.08\times10^{-7}(K_2)$	6.68

续表1

化合物名称	K_a	pK_a
磷酸 H_3PO_4	$7.08\times10^{-3}(K_1)$	2.148
	$6.31\times10^{-8}(K_2)$	7.198
	$4.8\times10^{-13}(K_3)$	12.32
焦磷酸 $H_4P_2O_7$	$1.2\times10^{-1}(K_1)$	0.91
	$7.9\times10^{-3}(K_2)$	2.10
	$2.0\times10^{-7}(K_3)$	6.70
	$4.5\times10^{-10}(K_4)$	9.35
氢硫酸 H_2S	$1.1\times10^{-7}(K_1)$	6.97
	$1.3\times10^{-13}(K_2)$	12.90
亚硫酸 H_2SO_3	$1.3\times10^{-2}(K_1)$	1.89
	$6.2\times10^{-8}(K_2)$	7.208
硫酸 H_2SO_4	$1.0\times10^{3}(K_1)$	-3.0
	$1.02\times10^{-2}(K_2)$	1.99
硫代硫酸 $H_2S_2O_3$	$2.52\times10^{-1}(K_1)$	0.60
	$1.9\times10^{-2}(K_2)$	1.72
氢硒酸 H_2Se	$1.3\times10^{-4}(K_1)$	3.89
	$1.0\times10^{-11}(K_2)$	11.0
亚硒酸 H_2SeO_3	$2.7\times10^{-3}(K_1)$	2.57
	$2.5\times10^{-7}(K_2)$	6.60
硒酸 H_2SeO_4	$1\times10^{3}(K_1)$	-3.0
	$1.2\times10^{-2}(K_2)$	1.92
原硅酸 H_4SiO_4	$2.5\times10^{-10}(K_1)$	9.60
	$1.6\times10^{-12}(K_2)$	11.80
	$1.0\times10^{-12}(K_3)$	12.0
甲酸 HCOOH	1.8×10^{-4}	3.75
乙酸 CH_3COOH	1.74×10^{-5}	4.74
草酸 $H_2C_2O_4$	$5.9\times10^{-2}(K_1)$	1.22
	$6.4\times10^{-5}(K_2)$	4.19
乳酸 $CH_3CHOHCOOH$	1.4×10^{-4}	3.86
氢氧化铝 $Al(OH)_3$	$1.38\times10^{-9}(K_3)$	8.86
氢氧化银 AgOH	1.10×10^{-4}	3.96
氢氧化钙 $Ca(OH)_2$	3.72×10^{-3}	2.43
	3.98×10^{-2}	1.40

续表 2

化合物名称	K_a	pK_a
氨水 $NH_3 \cdot H_2O$	1.78×10^{-5}	4.75
	$1.26\times10^{-15}(K_2)$	14.9
羟氨 $NH_2OH \cdot H_2O$	9.12×10^{-9}	8.04
氢氧化铅 $Pb(OH)_2$	$9.55\times10^{-4}(K_1)$	3.02
	$3.0\times10^{-8}(K_2)$	7.52
氢氧化锌 $Zn(OH)_2$	9.55×10^{-4}	3.02
甘氨酸 $CH_2(NH_2)COOH$	1.7×10^{-10}	9.78
丙酸 CH_3CH_2COOH	1.35×10^{-5}	4.87
丙烯酸 CH_2 ══CHCOOH	5.5×10^{-5}	4.26
丙二酸 $HOCOCH_2COOH$	$1.4\times10^{-3}(K_1)$	2.85
	$2.2\times10^{-6}(K_2)$	5.66
甘油酸 $HOCH_2CHOHCOOH$	2.29×10^{-4}	3.64
正丁酸 $CH_3(CH_2)_2COOH$	1.52×10^{-5}	4.82
异丁酸 $(CH_3)_2CHCOOH$	1.41×10^{-5}	4.85
反丁烯二酸（富马酸）HOCOCH ══CHCOOH	$9.3\times10^{-4}(K_1)$	3.03
	$3.6\times10^{-5}(K_2)$	4.44
顺丁烯二酸（马来酸）HOCOCH ══CHCOOH	$1.2\times10^{-2}(K_1)$	1.92
	$5.9\times10^{-7}(K_2)$	6.23
酒石酸 HOCOCH(OH)CH(OH)COOH	$9.1\times10^{-4}(K_1)$	3.04
	$4.3\times10^{-5}(K_2)$	4.37
正戊酸 $CH_3(CH_2)_3COOH$	1.4×10^{-5}	4.86
异戊酸 $(CH_3)_2CHCH_2COOH$	1.67×10^{-5}	4.78
戊二酸 $HOCO(CH_2)_3COOH$	$1.7\times10^{-4}(K_1)$	3.77
	$8.3\times10^{-7}(K_2)$	6.08
谷氨酸 $HOCOCH_2CH_2CH(NH_2)COOH$	$7.4\times10^{-3}(K_1)$	2.13
	$4.9\times10^{-5}(K_2)$	4.31
	$4.4\times10^{-10}(K_3)$	9.358
正己酸 $CH_3(CH_2)_4COOH$	1.39×10^{-5}	4.86
异己酸 $(CH_3)_2CH(CH_2)_3$—COOH	1.43×10^{-5}	4.85
己二酸 $HOCOCH_2CH_2CH_2CH_2COOH$	$3.8\times10^{-5}(K_1)$	4.42
	$3.9\times10^{-6}(K_2)$	5.41
柠檬酸 $HOCOCH_2C(OH)(COOH)CH_2COOH$	$7.4\times10^{-4}(K_1)$	3.13
	$1.7\times10^{-5}(K_2)$	4.76
	$4.0\times10^{-7}(K_3)$	6.40

续表 3

化合物名称	K_a	pK_a
苯酚 C_6H_5OH	1.1×10^{-10}	9.96
葡萄糖酸 $CH_2OH(CHOH)_4COOH$	1.4×10^{-4}	3.86
苯甲酸 C_6H_5COOH	6.3×10^{-5}	4.20
水杨酸 $C_6H_4(OH)COOH$	$1.05\times10^{-3}(K_1)$	2.98
	$4.17\times10^{-13}(K_2)$	12.38
乙二胺四乙酸(EDTA) $CH_2—N(CH_2COOH)_2$ | $CH_2—N(CH_2COOH)_2$	$1.0\times10^{-2}(K_1)$	2.0
	$2.14\times10^{-3}(K_2)$	2.67
	$6.92\times10^{-7}(K_3)$	6.16
	$5.5\times10^{-11}(K_4)$	10.26

附录五　难溶电解质的溶度积

分子式	K_{sp}	$pK_{sp}(-\lg K_{sp})$	分子式	K_{sp}	$pK_{sp}(-\lg K_{sp})$
Ag_3AsO_4	1.0×10^{-22}	22.0	BaC_2O_4	1.6×10^{-7}	6.79
AgBr	5.35×10^{-13}	12.3	$BaCrO_4$	1.2×10^{-10}	9.93
$AgBrO_3$	5.50×10^{-5}	4.26	$Ba_3(PO_4)_2$	3.4×10^{-23}	22.44
AgCl	1.8×10^{-10}	9.75	$BaSO_4$	1.1×10^{-10}	9.96
AgCN	5.97×10^{-17}	16.22	$BiAsO_4$	4.4×10^{-10}	9.36
Ag_2CO_3	8.46×10^{-12}	11.09	$Bi(OH)_3$	4.0×10^{-31}	30.4
$Ag_2C_2O_4$	3.5×10^{-11}	10.46	$BiPO_4$	1.26×10^{-23}	22.9
$Ag_2Cr_2O_4$	1.2×10^{-12}	11.92	$CaCO_3$	2.8×10^{-9}	8.54
$Ag_2Cr_2O_7$	2.0×10^{-7}	6.70	$CaC_2O_4\cdot H_2O$	4.0×10^{-9}	8.4
AgI	8.3×10^{-17}	16.08	CaF_2	2.7×10^{-11}	10.57
$AgIO_3$	3.1×10^{-8}	7.51	$CaMoO_4$	4.17×10^{-8}	7.38
AgOH	2.0×10^{-8}	7.71	$Ca(OH)_2$	5.5×10^{-6}	5.26
Ag_2MoO_4	2.8×10^{-12}	11.55	$Ca_3(PO_4)_2$	2.0×10^{-29}	28.70
Ag_3PO_4	1.4×10^{-16}	15.84	$CaSO_4$	3.16×10^{-7}	5.04
Ag_2S	6.3×10^{-50}	49.2	$CaSiO_3$	2.5×10^{-8}	7.60
AgSCN	1.0×10^{-12}	12.00	$CdCO_3$	5.2×10^{-12}	11.28
Ag_2SO_3	1.5×10^{-14}	13.82	$CdC_2O_4\cdot 3H_2O$	9.1×10^{-8}	7.04
Ag_2SO_4	1.4×10^{-5}	4.84	$Cd_3(PO_4)_2$	2.5×10^{-33}	32.6
$Al(OH)_3$ ①	4.57×10^{-33}	32.34	CdS	8.0×10^{-27}	26.1
Al_2S_3	2.0×10^{-7}	6.7	CdSe	6.31×10^{-36}	35.2
$BaCO_3$	5.1×10^{-9}	8.29	$CO_3(AsO_4)_2$	7.6×10^{-29}	28.12

续表 1

分子式	K_{sp}	$pK_{sp}(-\lg K_{sp})$	分子式	K_{sp}	$pK_{sp}(-\lg K_{sp})$
$CoCO_3$	1.4×10^{-13}	12.84	Hg_2I_2	4.5×10^{-29}	28.35
CoC_2O_4	6.3×10^{-8}	7.2	HgI_2	2.82×10^{-29}	28.55
$Co(OH)_2$(蓝)	6.31×10^{-15}	14.2	$Hg_2(IO_3)_2$	2.0×10^{-14}	13.71
$Co(OH)_2$（粉红，新沉淀）	1.58×10^{-15}	14.8	$Hg_2(OH)_2$	2.0×10^{-24}	23.7
			HgS(红)	4.0×10^{-53}	52.4
$Co(OH)_2$（粉红，陈化）	2.00×10^{-16}	15.7	HgS(黑)	1.6×10^{-52}	51.8
			$Mg_3(AsO_4)_2$	2.1×10^{-20}	19.68
$CoHPO_4$	2.0×10^{-7}	6.7	$MgCO_3$	3.5×10^{-8}	7.46
$CO_3(PO_4)_3$	2.0×10^{-35}	34.7	$MgCO_3\cdot3H_2O$	2.14×10^{-5}	4.67
$CrAsO_4$	7.7×10^{-21}	20.11	$Mg(OH)_2$	1.8×10^{-11}	10.74
$Cr(OH)_3$	6.3×10^{-31}	30.2	$Mg_3(PO_4)_2\cdot8H_2O$	6.31×10^{-26}	25.2
$CrPO_4\cdot4H_2O$(绿)	2.4×10^{-23}	22.62	$Mn_3(AsO_4)_2$	1.9×10^{-29}	28.72
$CrPO_4\cdot4H_2O$(紫)	1.0×10^{-17}	17.0	$MnCO_3$	1.8×10^{-11}	10.74
CuBr	5.3×10^{-9}	8.28	$Mn(IO_3)_2$	4.37×10^{-7}	6.36
CuCl	1.2×10^{-6}	5.92	$Mn(OH)_4$	1.9×10^{-13}	12.72
CuCN	3.2×10^{-20}	19.49	MnS(粉红)	2.5×10^{-10}	9.6
$CuCO_3$	2.34×10^{-10}	9.63	MnS(绿)	2.5×10^{-13}	12.6
CuI	1.1×10^{-12}	11.96	$Ni_3(AsO_4)_2$	3.1×10^{-26}	25.51
$Cu(OH)_2$	4.8×10^{-20}	19.32	$NiCO_3$	6.6×10^{-9}	8.18
$Cu_3(PO_4)_2$	1.3×10^{-37}	36.9	NiC_2O_4	4.0×10^{-10}	9.4
Cu_2S	2.5×10^{-48}	47.6	$Ni(OH)_{(}$新)	2.0×10^{-15}	14.7
CuS	6.3×10^{-36}	35.2	$Ni_3(PO_4)_2$	5.0×10^{-31}	30.3
$FeAsO_4$	5.7×10^{-21}	20.24	$\alpha-NiS$	3.2×10^{-19}	18.5
$FeCO_3$	3.2×10^{-11}	10.50	$\beta-NiS$	1.0×10^{-24}	24.0
$Fe(OH)_2$	8.0×10^{-16}	15.1	$\gamma-NiS$	2.0×10^{-26}	25.7
$Fe(OH)_3$	4.0×10^{-38}	37.4	$Pb_3(AsO_4)_2$	4.0×10^{-36}	35.39
$FePO_4$	1.3×10^{-22}	21.89	$PbBr_2$	4.0×10^{-5}	4.41
FeS	6.3×10^{-18}	17.2	$PbCl_2$	1.6×10^{-5}	4.79
Hg_2Br_2	5.6×10^{-23}	22.24	$PbCO_3$	7.4×10^{-14}	13.13
Hg_2Cl_2	1.3×10^{-18}	17.88	$PbCrO_4$	2.8×10^{-13}	12.55
HgC_2O_4	1.0×10^{-7}	7.0	PbF_2	2.7×10^{-8}	7.57
Hg_2CO_3	8.9×10^{-17}	16.05	$PbMoO_4$	1.0×10^{-13}	13.0
$Hg_2(CN)_2$	5.0×10^{-40}	39.3	$Pb(OH)_2$	1.2×10^{-15}	14.93
Hg_2CrO_4	2.0×10^{-9}	8.70	$Pb(OH)_4$	3.2×10^{-66}	65.49

续表 2

分子式	K_{sp}	$pK_{sp}(-\lg K_{sp})$	分子式	K_{sp}	$pK_{sp}(-\lg K_{sp})$
$Pb_3(PO_4)_3$	8.0×10^{-43}	42.10	SnS	1.0×10^{-25}	25.0
PbS	1.0×10^{-28}	28.00	SnSe	3.98×10^{-39}	38.4
$PbSO_4$	1.6×10^{-8}	7.79	$SrCO_3$	1.1×10^{-10}	9.96
PbSe	7.94×10^{-43}	42.1	SrF_2	2.5×10^{-9}	8.61
$PbSeO_4$	1.4×10^{-7}	6.84	$SrSO_4$	3.2×10^{-7}	6.49
$Pd(OH)_2$	1.0×10^{-31}	31.0	$Zn_3(AsO_4)_2$	1.3×10^{-28}	27.89
$Pd(OH)_4$	6.3×10^{-71}	70.2	$ZnCO_3$	1.4×10^{-11}	10.84
PdS	2.03×10^{-58}	57.69	$Zn(OH)_2$③	2.09×10^{-16}	15.68
$Sn(OH)_2$	1.4×10^{-28}	27.85	$Zn_3(PO_4)_2$	9.0×10^{-33}	32.04
$Sn(OH)_4$	1.0×10^{-56}	56.0	α-ZnS	1.6×10^{-24}	23.8
SnO_2	3.98×10^{-65}	64.4	β-ZnS	2.5×10^{-22}	21.6

附录六　标准电极电势

(298 K)

酸性介质中			
电极反应	E^θ/V	电极反应	E^θ/V
$Ag^+ + e^- = Ag$	0.799 6	$HAsO_2 + 3H^+ + 3e^- = As + 2H_2O$	0.248
$Ag^{2+} + e^- = Ag^+$	1.98 0	$H_3AsO_4 + 2H^+ + 2e^- = HAsO_2 + 2H_2O$	0.560
$AgAc + e^- = Ag + Ac^-$	0.643	$Au^+ + e^- = Au$	1.692
$AgBr^+ e^- = Ag + Br^-$	0.071 33	$Au^{3+} + 3e^- = Au$	1.498
$Ag_2BrO_3 + e^- = 2Ag + BrO_3^-$	0.546	$AuCl_4^- + 3e^- = Au + 4Cl^-$	1.002
$Ag_2C_2O_4 + 2e^- = 2Ag + C_2O_4^{2-}$	0.464 7	$Au^{3+} + 2e^- = Au^+$	1.401
$AgCl + e^- = Ag + Cl^-$	0.222 3	$H_3BO_3 + 3H^+ + 3e^- = B + 3H_2O$	-0.869 8
$Ag_2CO_3 + 2e^- = 2Ag + CO_3^{2+}$	0.47	$Ba^{2+} + 2e^- = Ba$	-2.912
$Ag_2CrO_4 + 2e^- = 2Ag + CrO_4^{2-}$	0.447 0	$Ba^{2+} + 2e^- = Ba(Hg)$	-1.570
$AgF + e^- = Ag + F^-$	0.779	$Be^{2+} + 2e^- = Be$	-1.847
$AgI + e^- = Ag + I^-$	-0.152 2	$BiCl_4^- + 3e^- = Bi + 4Cl^-$	0.16
$Ag_2S + 2H + 2e^- = 2Ag + H_2S$	-0.036 6	$Bi_2O_4 + 4H^+ + 2e^- = 2BiO^+ + 2H_2O$	1.593
$AgSCN + e^- = Ag + SCN^-$	0.089 5	$BiO^+ + 2H^+ + 3e^- = Bi + H_2O$	0.320
$Ag_2SO_4 + 2e^- = 2Ag + SO_4^{2-}$	0.654	$BiOCl + 2H^+ + 3e^- = Bi + Cl^- + H_2O$	0.158 3
$Al^{3+} + 3e^- = Al$	-1.662	$Br_2(aq) + 2e^- = 2Br^-$	1.087 3
$AlF_6^{3-} + 3e^- = Al + 6F^-$	-2.069	$Br_2(l) + 2e^- = 2Br^-$	1.066
$As_2O_3 + 6H^+ + 6e^- = 2As + 3H_2O$	0.234	$HBrO + H^+ + 2e^- = Br^- + H_2O$	1.331

续表 1

酸性介质中			
电极反应	E^{θ}/V	电极反应	E^{θ}/V
$HBrO + H^{+} + e^{-} = 1/2Br_2(aq) + H_2O$	1.574	$Cu^{2+} + 2e^{-} = Cu$	0.341 9
$HBrO + H^{+} + e^{-} = 1/2Br_2(l) + H_2O$	1.596	$CuCl + e^{-} = Cu + Cl^{-}$	0.124
$BrO_3^{-} + 6H^{+} + 5e^{-} = 1/2Br_2 + 3H_2O$	1.482	$F_2 + 2H^{+} + 2e^{-} = 2HF$	3.053
$BrO_3^{-} + 6H^{+} + 6e^{-} = Br^{-} + 3H_2O$	1.423	$F_2 + 2e^{-} = 2F^{-}$	2.866
$Ca^{2+} + 2e^{-} = Ca$	-2.868	$Fe^{2+} + 2e^{-} = Fe$	-0.447
$Cd^{2+} + 2e^{-} = Cd$	-0.403 0	$Fe^{3+} + 3e^{-} = Fe$	-0.037
$CdSO_4 + 2e^{-} = Cd + SO_4^{2-}$	-0.246	$Fe^{3+} + e^{-} = Fe^{2+}$	0.771
$Cd^{2+} + 2e^{-} = Cd(Hg)$	-0.352 1	$[Fe(CN)_6]^{3-} + e^{-} = [Fe(CN)_6]^{4-}$	0.358
$Ce^{3+} + 3e^{-} = Ce$	-2.483	$FeO_4^{2-} + 8H^{+} + 3e^{-} = Fe^{3+} + 4H_2O$	2.20
$Cl_2(g) + 2e^{-} = 2Cl^{-}$	1.358 3	$Ga^{3+} + 3e^{-} = Ga$	-0.560
$HClO + H^{+} + e^{-} = 1/2Cl_2 + H_2O$	1.611	$2H^{+} + 2e^{-} = H_2$	0.000 0
$HClO + H^{+} + 2e^{-} = Cl^{-} + H_2O$	1.482	$H_2(g) + 2e^{-} = 2H^{-}$	-2.23
$ClO_2 + H^{+} + e^{-} = HClO_2$	1.277	$HO_2 + H^{+} + e^{-} = H_2O_2$	1.495
$HClO_2 + 2H^{+} + 2e^{-} = HClO + H_2O$	1.645	$H_2O_2 + 2H^{+} + 2e^{-} = 2H_2O$	1.776
$HClO_2 + 3H^{+} + 3e^{-} = 1/2Cl_2 + 2H_2O$	1.628	$Hg^{2+} + 2e^{-} = Hg$	0.851
$HClO_2 + 3H^{+} + 4e^{-} = Cl^{-} + 2H_2O$	1.570	$2Hg^{2+} + 2e^{-} = Hg_2^{2+}$	0.920
$ClO_3^{-} + 2H^{+} + e^{-} = ClO_2 + H_2O$	1.152	$Hg_2^{2+} + 2e^{-} = 2Hg$	0.797 3
$ClO_3^{-} + 3H^{+} + 2e^{-} = HClO_2 + H_2O$	1.214	$Hg_2Br_2 + 2e^{-} = 2Hg + 2Br^{-}$	0.139 2
$ClO_3^{-} + 6H^{+} + 5e^{-} = 1/2Cl_2 + 3H_2O$	1.47	$Hg_2Cl_2 + 2e^{-} = 2Hg + 2Cl^{-}$	0.268 1
$ClO_3^{-} + 6H^{+} + 6e^{-} = Cl^{-} + 3H_2O$	1.451	$Hg_2I_2 + 2e^{-} = 2Hg + 2I^{-}$	-0.040 5
$ClO_4^{-} + 2H^{+} + 2e^{-} = ClO_3^{-} + H_2O$	1.189	$Hg_2SO_4 + 2e^{-} = 2Hg + SO_4^{2-}$	0.612 5
$ClO_4^{-} + 8H^{+} + 7e^{-} = 1/2Cl_2 + 4H_2O$	1.39	$I^{2} + 2e^{-} = 2I^{-}$	0.535 5
$ClO_4^{-} + 8H^{+} + 8e^{-} = Cl^{-} + 4H_2O$	1.389	$I_3^{-} + 2e^{-} = 3I^{-}$	0.536
$Co^{2+} + 2e^{-} = Co$	-0.28	$H_5IO_6 + H^{+} + 2e^{-} = IO_3^{-} + 3H_2O$	1.601
$Co^{3+} + e^{-} = Co^{2+}(2\ mol \cdot L^{-1}H_2SO_4)$	1.83	$2HIO + 2H^{+} + 2e^{-} = I_2 + 2H_2O$	1.439
$CO_2 + 2H^{+} + 2e^{-} = HCOOH$	-0.199	$HIO + H^{+} + 2e^{-} = I^{-} + H_2O$	0.987
$Cr^{2+} + 2e^{-} = Cr$	-0.913	$2IO_3^{-} + 12H^{+} + 10e^{-} = I_2 + 6H_2O$	1.195
$Cr^{3+} + e^{-} = Cr^{2+}$	-0.407	$IO_3^{-} + 6H^{+} + 6e^{-} = I^{-} + 3H_2O$	1.085
$Cr^{3+} + 3e^{-} = Cr$	-0.744	$In^{3+} + 2e^{-} = In^{+}$	-0.443
$Cr_2O_7^{2-} + 14H^{+} + 6e^{-} = 2Cr^{3+} + 7H_2O$	1.232	$In^{3+} + 3e^{-} = In$	-0.338 2
$HCrO_4^{-} + 7H^{+} + 3e^{-} = Cr^{3+} + 4H_2O$	1.350	$Ir^{3+} + 3e^{-} = Ir$	1.159
$Cu^{+} + e^{-} = Cu$	0.521	$K^{+} + e^{-} = K$	-2.931
$Cu^{2+} + e^{-} = Cu^{+}$	0.153	$La^{3+} + 3e^{-} = La$	-2.522

续表2

酸性介质中			
电极反应	E^θ/V	电极反应	E^θ/V
$Li^+ + e^- = Li$	-3.040 1	$H_3PO_3 + 3H^+ + 3e^- = P + 3H_2O$	-0.454
$Mg^{2+} + 2e^- = Mg$	-2.372	$H_3PO_4 + 2H^+ + 2e^- = H_3PO_3 + H_2O$	-0.276
$Mn^{2+} + 2e^- = Mn$	-1.185	$Pb^{2+} + 2e^- = Pb$	-0.126 2
$Mn^{3+} + e^- = Mn^{2+}$	1.541 5	$PbBr_2 + 2e^- = Pb + 2Br^-$	-0.284
$MnO_2 + 4H^+ + 2e^- = Mn^{2+} + 2H_2O$	1.224	$PbCl_2 + 2e^- = Pb + 2Cl^-$	-0.267 5
$MnO_4^- + e^- = MnO_4^{2-}$	0.558	$PbF_2 + 2e^- = Pb + 2F^-$	-0.344 4
$MnO_4^- + 4H^+ + 3e^- = MnO_2 + 2H_2O$	1.679	$PbI_2 + 2e^- = Pb + 2I^-$	-0.365
$MnO_4^- + 8H^+ + 5e^- = Mn^{2+} + 4H_2O$	1.507	$PbO_2 + 4H^+ + 2e^- = Pb^{2+} + 2H_2O$	1.455
$MO^{3+} + 3e^- = MO$	-0.200	$PbO_2 + SO_4^{2-} + 4H^+ + 2e^- = PbSO_4 + 2H_2O$	1.691 3
$N_2 + 2H_2O + 6H^+ + 6e^- = 2NH_4OH$	0.092	$PbSO_4 + 2e^- = Pb + SO_4^{2-}$	-0.358 8
$3N_2 + 2H^+ + 2e^- = 2NH_3(aq)$	-3.09	$Pd^{2+} + 2e^- = Pd$	0.951
$N_2O + 2H^+ + 2e^- = N_2 + H_2O$	1.766	$PdCl_4^{2-} + 2e^- = Pd + 4Cl^-$	0.591
$N_2O_4 + 2e^- = 2NO_2^-$	0.867	$Pt^{2+} + 2e^- = Pt$	1.118
$N_2O_4 + 2H^+ + 2e^- = 2HNO_2$	1.065	$Rb^+ + e^- = Rb$	-2.98
$N_2O_4 + 4H^+ + 4e^- = 2NO + 2H_2O$	1.035	$Re^{3+} + 3e^- = Re$	0.300
$2NO + 2H^+ + 2e^- = N_2O + H_2O$	1.591	$S + 2H^+ + 2e^- = H_2S(aq)$	0.142
$HNO_2 + H^+ + e^- = NO + H_2O$	0.983	$S_2O_6^{2-} + 4H^+ + 2e^- = 2H_2SO_3$	0.564
$2HNO_2 + 4H^+ + 4e^- = N_2O + 3H_2O$	1.297	$S_2O_8^{2-} + 2e^- = 2SO$	2.010
$NO_3^- + 3H^+ + 2e^- = HNO_2 + H_2O$	0.934	$S_2O_8^{2-} + 2H^+ + 2e^- = 2HSO_4^-$	2.123
$NO_3^- + 4H^+ + 3e^- = NO + 2H_2O$	0.957	$2H_2SO_3 + H^+ + 2e^- = H_2SO_4^- + 2H_2O$	-0.056
$2NO_3^- + 4H^+ + 2e^- = N_2O_4 + 2H_2O$	0.803	$H_2SO_3 + 4H^+ + 4e^- = S + 3H_2O$	0.449
$Na^+ + e^- = Na$	-2.71	$SO_4^{2-} + 4H^+ + 2e^- = H_2SO_3 + H_2O$	0.172
$Nb^{3+} + 3e^- = Nb$	-1.1	$2SO_4^{2-} + 4H^+ + 2e^- = S_2O + 2H_2O$	-0.22
$Ni^{2+} + 2e^- = Ni$	-0.257	$Sb + 3H^+ + 3e^- = 2SbH_3$	-0.510
$NiO_2 + 4H^+ + 2e^- = Ni^{2+} + 2H_2O$	1.678	$Sb_2O_3 + 6H^+ + 6e^- = 2Sb + 3H_2O$	0.152
$O_2 + 2H^+ + 2e^- = H_2O_2$	0.695	$Sb_2O_5 + 6H^+ + 4e^- = 2SbO^+ + 3H_2O$	0.581
$O_2 + 4H^+ + 4e^- = 2H_2O$	1.229	$SbO^+ + 2H^+ + 3e^- = Sb + H_2O$	0.212
$O(g) + 2H^+ + 2e^- = H_2O$	2.421	$Sc^{3+} + 3e^- = Sc$	-2.077
$O_3 + 2H^+ + 2e^- = O_2 + H_2O$	2.076	$Se + 2H^+ + 2e^- = H_2Se(aq)$	-0.399
$P(red) + 3H^+ + 3e^- = PH_3(g)$	-0.111	$H_2SeO_3 + 4H^+ + 4e^- = Se + 3H_2O$	0.74
$P(white) + 3H^+ + 3e^- = PH_3(g)$	-0.063	$SeO_4^{2-} + 4H^+ + 2e^- = H_2SeO_3 + H_2O$	1.151
$H_3PO_2 + H^+ + e^- = P + 2H_2O$	-0.508	$SiF_6^{2-} + 4e^- = Si + 6F^-$	-1.24
$H_3PO_3 + 2H^+ + 2e^- = H_3PO_2 + H_2O$	-0.499	$SiO_2 + 4H^+ + 4e^- = Si + 2H_2O$	0.857

续表 3

酸性介质中

电极反应	E^{θ}/V	电极反应	E^{θ}/V
$Sn^{2+} + 2e^- \rightleftharpoons Sn$	-0.1375	$TiO_2 + 4H^+ + 2e^- \rightleftharpoons Ti^{2+} + 2H_2O$	-0.502
$Sn^{4+} + 2e^- \rightleftharpoons Sn^{2+}$	0.151	$Tl^+ + e^- \rightleftharpoons Tl$	-0.336
$Sr^+ + e^- \rightleftharpoons Sr$	-4.10	$V^{2+} + 2e^- \rightleftharpoons V$	-1.175
$Sr^{2+} + 2e^- \rightleftharpoons Sr$	-2.89	$V^{3+} + e^- \rightleftharpoons V^{2+}$	-0.255
$Sr^{2+} + 2e^- \rightleftharpoons Sr(Hg)$	-1.793	$VO^{2+} + 2H^+ + e^- \rightleftharpoons V^{3+} + H_2O$	0.337
$Te + 2H^+ + 2e^- \rightleftharpoons H_2Te$	-0.793	$VO_2^+ + 2H^+ + e^- \rightleftharpoons VO^{2+} + H_2O$	0.991
$Te^{4+} + 4e^- \rightleftharpoons Te$	0.568	$V(OH)_4^+ + 2H^+ + e^- \rightleftharpoons VO^{2+} + 3H_2O$	1.00
$TeO_2 + 4H^+ + 4e^- \rightleftharpoons Te + 2H_2O$	0.593	$V(OH)_4^+ + 4H^+ + 5e^- \rightleftharpoons V + 4H_2O$	-0.254
$TeO_4^- + 8H^+ + 7e^- \rightleftharpoons Te + 4H_2O$	0.472	$W_2O_5 + 2H^+ + 2e^- \rightleftharpoons 2WO_2 + H_2O$	-0.031
$H_6TeO_6 + 2H^+ + 2e^- \rightleftharpoons TeO_2 + 4H_2O$	1.02	$WO_2 + 4H^+ + 4e^- \rightleftharpoons W + 2H_2O$	-0.119
$Th^{4+} + 4e^- \rightleftharpoons Th$	-1.899	$WO_3 + 6H^+ + 6e^- \rightleftharpoons W + 3H_2O$	-0.090
$Ti^{2+} + 2e^- \rightleftharpoons Ti$	-1.630	$2WO_3 + 2H^+ + 2e^- \rightleftharpoons W_2O_5 + H_2O$	-0.029
$Ti^{3+} + e^- \rightleftharpoons Ti^{2+}$	-0.368	$Y^{3+} + 3e^- \rightleftharpoons Y$	-2.37
$TiO_{2+} + 2H^+ + e^- \rightleftharpoons Ti^{3+} + H_2O$	0.099	$Zn^{2+} + 2e^- \rightleftharpoons Zn$	-0.761 8

碱性介质中

电极反应	E^{θ}/V	电极反应	E^{θ}/V
$AgCN + e^- \rightleftharpoons Ag + CN^-$	-0.017	$ClO^- + H_2O + 2e^- \rightleftharpoons Cl^- + 2OH^-$	0.81
$[Ag(CN)_2]^- + e^- \rightleftharpoons Ag + 2CN^-$	-0.31	$ClO_2^- + H_2O + 2e^- \rightleftharpoons ClO^- + 2OH^-$	0.66
$Ag_2O + H_2O + 2e^- \rightleftharpoons 2Ag + 2OH^-$	0.342	$ClO_2^- + 2H_2O + 4e^- \rightleftharpoons Cl^- + 4OH^-$	0.76
$2AgO + H_2O + 2e^- \rightleftharpoons Ag_2O + 2OH^-$	0.607	$ClO_3^- + H_2O + 2e^- \rightleftharpoons ClO_2^- + 2OH^-$	0.33
$Ag_2S + 2e^- \rightleftharpoons 2Ag + S^{2-}$	-0.691	$ClO_3^- + 3H_2O + 6e^- \rightleftharpoons Cl^- + 6OH^-$	0.62
$H_2AlO_3^- + H_2O + 3e^- \rightleftharpoons Al + 4OH^-$	-2.33	$ClO_4^- + H_2O + 2e^- \rightleftharpoons ClO_3^- + 2OH^-$	0.36
$AsO_2^- + 2H_2O + 3e^- \rightleftharpoons As + 4OH^-$	-0.68	$[Co(NH_3)_6]^{3+} + e^- \rightleftharpoons [Co(NH_3)_6]^{2+}$	0.108
$AsO_4^{3-} + 2H_2O + 2e^- \rightleftharpoons As + 4OH^-$	-0.71	$Co(OH)_2 + 2e^- \rightleftharpoons Co + 2OH^-$	-0.73
$H_2BO_3^- + 5H_2O + 8e^- \rightleftharpoons BH_4^- + 8OH^-$	-1.24	$Co(OH)_3 + e^- \rightleftharpoons Co(OH)_2 + OH^-$	0.17
$H_2BO_3^- + H_2O + 3e^- \rightleftharpoons B + 4OH^-$	-1.79	$CrO_2^- + 2H_2O + 3e^- \rightleftharpoons Cr + 4OH^-$	-1.2
$Ba(OH)_2 + 2e^- \rightleftharpoons Ba + 2OH^-$	-2.99	$CrO_4^{2-} + 4H_2O + 3e^- \rightleftharpoons Cr(OH)_3 + 5OH^-$	-0.13
$Be_2O_3^{2-} + 3H_2O + 4e^- \rightleftharpoons 2Be + 6OH^-$	-2.63	$Cr(OH)_3 + 3e^- \rightleftharpoons Cr + 3OH^-$	-1.48
$Bi_2O_3 + 3H_2O + 6e^- \rightleftharpoons 2Bi + 6OH^-$	-0.46	$Cu^2 + 2CN^- + e^- \rightleftharpoons [Cu(CN)_2]^-$	1.103
$BrO^- + H_2O + 2e^- \rightleftharpoons Br^- + 2OH^-$	0.761	$[Cu(CN)_2]^- + e^- \rightleftharpoons Cu + 2CN^-$	-0.429
$BrO_3^- + 3H_2O + 6e^- \rightleftharpoons Br^- + 6OH^-$	0.61	$Cu_2O + H_2O + 2e^- \rightleftharpoons 2Cu + 2OH^-$	-0.360
$Ca(OH)_2 + 2e^- \rightleftharpoons Ca + 2OH^-$	-3.02	$Cu(OH)_2 + 2e^- \rightleftharpoons Cu + 2OH^-$	-0.222
$Ca(OH)_2 + 2e^- \rightleftharpoons Ca(Hg) + 2OH^-$	-0.809	$2Cu(OH)_2 + 2e^- \rightleftharpoons Cu_2O + 2OH^- + H_2O$	-0.080

续表 4

碱性介质中

电极反应	E^{θ}/V	电极反应	E^{θ}/V
$[Fe(CN)_6]^{3-} + e^- = [Fe(CN)_6]^{4-}$	0.358	$H_2PO_2^- + e^- = P + 2OH^-$	-1.82
$Fe(OH)_3 + e^- = Fe(OH)_2 + OH^-$	-0.56	$HPO_3^{2-} + 2H_2O + 2e^- = H_2PO_2^- + 3OH^-$	-1.65
$H_2GaO_3^- + H_2O + 3e^- = Ga + 4OH^-$	-1.219	$HPO_3^{2-} + 2H_2O + 3e^- = P + 5OH^-$	-1.71
$2H_2O + 2e^- = H_2 + 2OH^-$	-0.827 7	$PO_4^{3-} + 2H_2O + 2e^- = HPO_3^{2-} + 3OH^-$	-1.05
$Hg_2O + H_2O + 2e^- = 2Hg + 2OH^-$	0.123	$PbO + H_2O + 2e^- = Pb + 2OH^-$	-0.580
$HgO + H_2O + 2e^- = Hg + 2OH^-$	0.097 7	$HPbO_2^- + H_2O + 2e^- = Pb + 3OH^-$	-0.537
$H_3IO_3^{2-} + 2e^- = IO_3^- + 3OH^-$	0.7	$PbO_2 + H_2O + 2e^- = PbO + 2OH^-$	0.247
$IO^- + H_2O + 2e^- = I^- + 2OH^-$	0.485	$Pd(OH)_2 + 2e^- = Pd + 2OH^-$	0.07
$IO_3^- + 2H_2O + 4e^- = IO^- + 4OH^-$	0.15	$Pt(OH)_2 + 2e^- = Pt + 2OH^-$	0.14
$IO_3^- + 3H_2O + 6e^- = I^- + 6OH^-$	0.26	$ReO_4^- + 4H_2O + 7e^- = Re + 8OH^-$	-0.584
$Ir_2O_3 + 3H_2O + 6e^- = 2Ir + 6OH^-$	0.098	$S + 2e^- = S^{2-}$	-0.476 3
$Mg(OH)_2 + 2e^- = Mg + 2OH^-$	-2.690	$S + H_2O + 2e^- = HS^- + OH^-$	-0.478
$MnO_4^- + 2H_2O + 3e^- = MnO_2 + 4OH^-$	0.595	$2S + 2e^- = S$	-0.428 4
$MnO_4^{2-} + 2H_2O + 2e^- = MnO_2 + 4OH^-$	0.60	$S_4O_6^{2-} + 2e^- = 2S_2O_3^{2-}$	0.08
$Mn(OH)_2 + 2e^- = Mn + 2OH^-$	-1.56	$2SO_3^{2-} + 2H_2O + 2e^- = S_2O_4^{2-} + 4OH^-$	-1.12
$Mn(OH)_3 + e^- = Mn(OH)_2 + OH^-$	0.15	$2SO_3^{2-} + 3H_2O + 4e^- = S_2O_4^{3-} + 6OH^-$	-0.571
$2NO + H_2O + 2e^- = N_2O + 2OH^-$	0.76	$SO_4^{2-} + H_2O + 2e^- = SO_3^{2-} + 2OH^-$	-0.93
$NO + H_2O + e^- = NO + 2OH^-$	-0.46	$SbO^{2-} + 2H_2O + 3e^- = Sb + 4OH^-$	-0.66
$2NO_2^- + 2H_2O + 4e^- = N_2^{2-} + 4OH^-$	-0.18	$SbO_3^- + H_2O + 2e^- = SbO_2^- + 2OH^-$	-0.59
$2NO_2^- + 3H_2O + 4e^- = N_2O + 6OH^-$	0.15	$SeO_3^{2-} + 3H_2O + 4e^- = Se + 6OH^-$	-0.366
$NO_3^- + H_2O + 2e^- = NO_2^- + 2OH^-$	0.01	$SeO_4^{2-} + H_2O + 2e^- = SeO_3^{2-} + 2OH^-$	0.05
$2NO_3^- + 2H_2O + 2e^- = N_2O_4 + 4OH^-$	-0.85	$SiO_3^{2-} + 3H_2O + 4e^- = Si + 6OH^-$	-1.697
$Ni(OH)_2 + 2e^- = Ni + 2OH^-$	-0.72	$HSnO_2^- + H_2O + 2e^- = Sn + 3OH^-$	-0.909
$NiO_2 + 2H_2O + 2e^- = Ni(OH)_2 + 2OH^-$	-0.490	$Sn(OH)_3^{2-} + 2e^- = HSnO_2^- + 3OH^- + H_2O$	-0.93
$O_2 + H_2O + 2e^- = HO_2^- + OH^-$	-0.076	$Sr(OH) + 2e^- = Sr + 2OH^-$	-2.88
$O_2 + 2H_2O + 2e^- = H_2O_2 + 2OH^-$	-0.146	$Te + 2e^- = Te^{2-}$	-1.143
$O_2 + 2H_2O + 4e^- = 4OH^-$	0.401	$TeO_3^{2-} + 3H_2O + 4e^- = Te + 6OH^-$	-0.57
$O_3 + H_2O + 2e^- = O_2 + 2OH^-$	1.24	$Th(OH)_4 + 4e^- = Th + 4OH^-$	-2.48
$HO_2^- + H_2O + 2e^- = 3OH^-$	0.878	$Tl_2O_3 + 3H_2O + 3e^- = 2Tl^+ + 6OH^-$	0.02
$P + 3H_2O + 3e^- = PH_3(g) + 3OH^-$	-0.87	$ZnO_2^{2-} + 2H_2O + 2e^- = Zn + 4OH^-$	-1.215

附录七　常见配离子的稳定常数

配位体	金属离子	配位体数目 n	$\lg K$
NH_3	Ag^{+}	1,2	3.24,7.05
	Au^{3+}	4	10.3
	Cd^{2+}	1,2,3,4,5,6	2.65,4.75,6.19,7.12,6.80,5.14
	Co^{2+}	1,2,3,4,5,6	2.11,3.74,4.79,5.55,5.73,5.11
	Co^{3+}	1,2,3,4,5,6	6.7,14.0,20.1,25.7,30.8,35.2
	Cu^{+}	1,2	5.93,10.86
	Cu^{2+}	1,2,3,4,5	4.31,7.98,11.02,13.32,12.86
	Fe^{2+}	1,2	1.4,2.2
	Hg^{2+}	1,2,3,4	8.8,17.5,18.5,19.28
	Mn^{2+}	1,2	0.8,1.3
	Ni^{2+}	1,2,3,4,5,6	2.80,5.04,6.77,7.96,8.71,8.74
	Pd^{2+}	1,2,3,4	9.6,18.5,26.0,32.8
	Pt^{2+}	6	35.3
	Zn^{2+}	1,2,3,4	2.37,4.81,7.31,9.46
Br^{-}	Ag^{+}	1,2,3,4	4.38,7.33,8.00,8.73
	Bi^{3+}	1,2,3,4,5,6	2.37,4.20,5.90,7.30,8.20,8.30
	Cd^{2+}	1,2,3,4	1.75,2.34,3.32,3.70
	Ce^{3+}	1	0.42
	Cu^{+}	2	5.89
	Cu^{2+}	1	0.30
	Hg^{2+}	1,2,3,4	9.05,17.32,19.74,21.00
	In^{3+}	1,2	1.30,1.88
	Pb^{2+}	1,2,3,4	1.77,2.60,3.00,2.30
	Pd^{2+}	1,2,3,4	5.17,9.42,12.70,14.90
	Rh^{3+}	2,3,4,5,6	14.3,16.3,17.6,18.4,17.2
	Sc^{3+}	1,2	2.08,3.08
	Sn^{2+}	1,2,3	1.11,1.81,1.46
	Tl^{3+}	1,2,3,4,5,6	9.7,16.6,21.2,23.9,29.2,31.6
	U^{4+}	1	0.18
	Y^{3+}	1	1.32

续表 1

配位体	金属离子	配位体数目 n	$\lg K$
NH_3	Ag^{+}	1,2,4	3.04,5.04,5.30
	Bi^{3+}	1,2,3,4	2.44,4.7,5.0,5.6
	Cd^{2+}	1,2,3,4	1.95,2.50,2.60,2.80
	Co^{3+}	1	1.42
	Cu^{+}	2,3	5.5,5.7
	Cu^{2+}	1,2	0.1,0.6
	Fe^{2+}	1	1.17
	Fe^{3+}	2	9.8
	Hg^{2+}	1,2,3,4	6.74,13.22,14.07,15.07
	In^{3+}	1,2,3,4	1.62,2.44,1.70,1.60
	Pb^{2+}	1,2,3	1.42,2.23,3.23
	Pd^{2+}	1,2,3,4	6.1,10.7,13.1,15.7
	Pt^{2+}	2,3,4	11.5,14.5,16.0
	Sb^{3+}	1,2,3,4	2.26,3.49,4.18,4.72
	Sn^{2+}	1,2,3,4	1.51,2.24,2.03,1.48
	Tl^{3+}	1,2,3,4	8.14,13.60,15.78,18.00
	Th^{4+}	1,2	1.38,0.38
	Zn^{2+}	1,2,3,4	0.43,0.61,0.53,0.20
	Zr^{4+}	1,2,3,4	0.9,1.3,1.5,1.2
CN^{-}	Ag^{+}	2,3,4	21.1,21.7,20.6
	Au^{+}	2	38.3
	Cd^{2+}	1,2,3,4	5.48,10.60,15.23,18.78
	Cu^{+}	2,3,4	24.0,28.59,30.30
	Fe^{2+}	6	35.0
	Fe^{3+}	6	42.0
	Hg^{2+}	4	41.4
	Ni^{2+}	4	31.3
	Zn^{2+}	1,2,3,4	5.3,11.70,16.70,21.60
F^{-}	Al^{3+}	1,2,3,4,5,6	6.11,11.12,15.00,18.00,19.40,19.80
	Be^{2+}	1,2,3,4	4.99,8.80,11.60,13.10
	Bi^{3+}	1	1.42
	Co^{2+}	1	0.4
	Cr^{3+}	1,2,3	4.36,8.70,11.20
	Cu^{2+}	1	0.9

续表 2

配位体	金属离子	配位体数目 n	$\lg K$
	Fe^{2+}	1	0.8
	Fe^{3+}	1,2,3,5	5.28,9.30,12.06,15.77
	Ga^{3+}	1,2,3	4.49,8.00,10.50
	Hf^{4+}	1,2,3,4,5,6	9.0,16.5,23.1,28.8,34.0,38.0
	Hg^{2+}	1	1.03
	In^{3+}	1,2,3,4	3.70,6.40,8.60,9.80
	Mg^{2+}	1	1.30
	Mn^{2+}	1	5.48
	Ni^{2+}	1	0.50
	Pb^{2+}	1,2	1.44,2.54
	Sb^{3+}	1,2,3,4	3.0,5.7,8.3,10.9
	Sn^{2+}	1,2,3	4.08,6.68,9.50
	Th^{4+}	1,2,3,4	8.44,15.08,19.80,23.20
	TiO^{2+}	1,2,3,4	5.4,9.8,13.7,18.0
	Zn^{2+}	1	0.78
	Zr^{4+}	1,2,3,4,5,6	9.4,17.2,23.7,29.5,33.5,38.3
I^-	Ag^+	1,2,3	6.58,11.74,13.68
	Bi^{3+}	1,4,5,6	3.63,14.95,16.80,18.80
	Cd^{2+}	1,2,3,4	2.10,3.43,4.49,5.41
	Cu^+	2	8.85
	Fe^{3+}	1	1.88
	Hg^{2+}	1,2,3,4	12.87,23.82,27.60,29.83
	Pb^{2+}	1,2,3,4	2.00,3.15,3.92,4.47
	Pd^{2+}	4	24.5
	Tl^+	1,2,3	0.72,0.90,1.08
	Tl^{3+}	1,2,3,4	11.41,20.88,27.60,31.82
OH^-	Ag^+	1,2	2.0,3.99
	Al^{3+}	1,4	9.27,33.03
	As^{3+}	1,2,3,4	14.33,18.73,20.60,21.20
	Be^{2+}	1,2,3	9.7,14.0,15.2
	Bi^{3+}	1,2,4	12.7,15.8,35.2
	Ca^{2+}	1	1.3
	Cd^{2+}	1,2,3,4	4.17,8.33,9.02,8.62
	Ce^{3+}	1	4.6

续表 3

配位体	金属离子	配位体数目 n	$\lg K$
	Ce^{4+}	1,2	13.28,26.46
	Co^{2+}	1,2,3,4	4.3,8.4,9.7,10.2
	Cr^{3+}	1,2,4	10.1,17.8,29.9
	Cu^{2+}	1,2,3,4	7.0,13.68,17.00,18.5
	Fe^{2+}	1,2,3,4	5.56,9.77,9.67,8.58
	Fe^{3+}	1,2,3	11.87,21.17,29.67
	Hg^{2+}	1,2,3	10.6,21.8,20.9
	In^{3+}	1,2,3,4	10.0,20.2,29.6,38.9
	Mg^{2+}	1	2.58
	Mn^{2+}	1,3	3.9,8.3
	Ni^{2+}	1,2,3	4.97,8.55,11.33
	Pa^{4+}	1,2,3,4	14.04,27.84,40.7,51.4
	Pb^{2+}	1,2,3	7.82,10.85,14.58
	Pd^{2+}	1,2	13.0,25.8
	Sb^{3+}	2,3,4	24.3,36.7,38.3
	Sc^{3+}	1	8.9
	Sn^{2+}	1	10.4
	Th^{3+}	1,2	12.86,25.37
	Ti^{3+}	1	12.71
	Zn^{2+}	1,2,3,4	4.40,11.30,14.14,17.66
	Zr^{4+}	1,2,3,4	14.3,28.3,41.9,55.3
NO_3^-	Ba^{2+}	1	0.92
	Bi^{3+}	1	1.26
	Ca^{2+}	1	0.28
	Cd^{2+}	1	0.40
	Fe^{3+}	1	1.0
	Hg^{2+}	1	0.35
	Pb^{2+}	1	1.18
	Tl^{+}	1	0.33
	Tl^{3+}	1	0.92
$P_2O_7^{4-}$	Ba^{2+}	1	4.6
	Ca^{2+}	1	4.6
	Cd^{3+}	1	5.6
	Co^{2+}	1	6.1

续表 4

配位体	金属离子	配位体数目 n	lg$K$
	Cu^{2+}	1,2	6.7,9.0
	Hg^{2+}	2	12.38
	Mg^{2+}	1	5.7
	Ni^{2+}	1,2	5.8,7.4
	Pb^{2+}	1,2	7.3,10.15
	Zn^{2+}	1,2	8.7,11.0
SCN^{-}	Ag^{+}	1,2,3,4	4.6,7.57,9.08,10.08
	Bi^{3+}	1,2,3,4,5,6	1.67,3.00,4.00,4.80,5.50,6.10
	Cd^{2+}	1,2,3,4	1.39,1.98,2.58,3.6
	Cr^{3+}	1,2	1.87,2.98
	Cu^{+}	1,2	12.11,5.18
	Cu^{2+}	1,2	1.90,3.00
	Fe^{3+}	1,2,3,4,5,6	2.21,3.64,5.00,6.30,6.20,6.10
	Hg^{2+}	1,2,3,4	9.08,16.86,19.70,21.70
	Ni^{2+}	1,2,3	1.18,1.64,1.81
	Pb^{2+}	1,2,3	0.78,0.99,1.00
	Sn^{2+}	1,2,3	1.17,1.77,1.74
	Th^{4+}	1,2	1.08,1.78
	Zn^{2+}	1,2,3,4	1.33,1.91,2.00,1.60
$S_2O_3^{2-}$	Ag^{+}	1,2	8.82,13.46
	Cd^{2+}	1,2	3.92,6.44
	Cu^{+}	1,2,3	10.27,12.22,13.84
	Fe^{3+}	1	2.10
	Hg^{2+}	2,3,4	29.44,31.90,33.24
	Pb^{2+}	2,3	5.13,6.35
SO_4^{2-}	Ag^{+}	1	1.3
	Ba^{2+}	1	2.7
	Bi^{3+}	1,2,3,4,5	1.98,3.41,4.08,4.34,4.60
	Fe^{3+}	1,2	4.04,5.38
	Hg^{2+}	1,2	1.34,2.40
	In^{3+}	1,2,3	1.78,1.88,2.36
	Ni^{2+}	1	2.4
	Pb^{2+}	1	2.75
	Pr^{3+}	1,2	3.62,4.92
	Th^{4+}	1,2	3.32,5.50
	Zr^{4+}	1,2,3	3.79,6.64,7.77

续表 5

配位体	金属离子	配位体数目 n	$\lg K$
乙二胺四乙酸(EDTA)$[(HOOCCH_2)2NCH_2]_2$	Ag^{+}	1	7.32
	Al^{3+}	1	16.11
	Ba^{2+}	1	7.78
	Be^{2+}	1	9.3
	Bi^{3+}	1	22.8
	Ca^{2+}	1	11.0
	Cd^{2+}	1	16.4
	Co^{2+}	1	16.31
	Co^{3+}	1	36.0
	Cr^{3+}	1	23.0
	Cu^{2+}	1	18.7
	Fe^{2+}	1	14.83
	Fe^{3+}	1	24.23
	Ga^{3+}	1	20.25
	Hg^{2+}	1	21.80
	In^{3+}	1	24.95
	Li^{+}	1	2.79
	Mg^{2+}	1	8.64
	Mn^{2+}	1	13.8
	Mo(V)	1	6.36
	Na^{+}	1	1.66
	Ni^{2+}	1	18.56
	Pb^{2+}	1	18.3
	Pd^{2+}	1	18.5
	Sc^{2+}	1	23.1
	Sn^{2+}	1	22.1
	Sr^{2+}	1	8.80
	Th^{4+}	1	23.2
	TiO^{2+}	1	17.3
	Tl^{3+}	1	22.5
	U^{4+}	1	17.50
	VO^{2+}	1	18.0
	Y^{3+}	1	18.32
	Zn^{2+}	1	16.4
	Zr^{4+}	1	19.4

续表 6

配位体	金属离子	配位体数目 n	lg$K$
乙酸 CH_3COOH	Ag^{+}	1,2	0.73,0.64
	Ba^{2+}	1	0.41
	Ca^{2+}	1	0.6
	Cd^{2+}	1,2,3	1.5,2.3,2.4
	Ce^{3+}	1,2,3,4	1.68,2.69,3.13,3.18
	Co^{2+}	1,2	1.5,1.9
	Cr^{3+}	1,2,3	4.63,7.08,9.60
	Cu^{2+}(20 ℃)	1,2	2.16,3.20
	In^{3+}	1,2,3,4	3.50,5.95,7.90,9.08
	Mn^{2+}	1,2	9.84,2.06
	Ni^{2+}	1,2	1.12,1.81
	Pb^{2+}	1,2,3,4	2.52,4.0,6.4,8.5
	Sn^{2+}	1,2,3	3.3,6.0,7.3
	Tl^{3+}	1,2,3,4	6.17,11.28,15.10,18.3
	Zn^{2+}	1	1.5
乙酰丙酮 $CH_3COCH_2CH_3$	Al^{3+}(30 ℃)	1,2	8.6,15.5
	Cd^{2+}	1,2	3.84,6.66
	Co^{2+}	1,2	5.40,9.54
	Cr^{2+}	1,2	5.96,11.7
	Cu^{2+}	1,2	8.27,16.34
	Fe^{2+}	1,2	5.07,8.67
	Fe^{3+}	1,2,3	11.4,22.1,26.7
	Hg^{2+}	2	21.5
	Mg^{2+}	1,2	3.65,6.27
	Mn^{2+}	1,2	4.24,7.35
	Mn^{3+}	3	3.86
	Ni^{2+}(20 ℃)	1,2,3	6.06,10.77,13.09
	Pb^{2+}	2	6.32
	Pd^{2+}(30 ℃)	1,2	16.2,27.1
	Th^{4+}	1,2,3,4	8.8,16.2,22.5,26.7
	Ti^{3+}	1,2,3	10.43,18.82,24.90
	V^{2+}	1,2,3	5.4,10.2,14.7
	Zn^{2+}(30 ℃)	1,2	4.98,8.81
	Zr^{4+}	1,2,3,4	8.4,16.0,23.2,30.1

续表 7

配位体	金属离子	配位体数目 n	$\lg K$
草酸 HOOCCOOH	Ag^{+}	1	2.41
	Al^{3+}	1,2,3	7.26,13.0,16.3
	Ba^{2+}	1	2.31
	Ca^{2+}	1	3.0
	Cd^{2+}	1,2	3.52,5.77
	Co^{2+}	1,2,3	4.79,6.7,9.7
	Cu^{2+}	1,2	6.23,10.27
	Fe^{2+}	1,2,3	2.9,4.52,5.22
	Fe^{3+}	1,2,3	9.4,16.2,20.2
	Hg^{2+}	1	9.66
	Hg_2^{2+}	2	6.98
	Mg^{2+}	1,2	3.43,4.38
	Mn^{2+}	1,2	3.97,5.80
	Mn^{3+}	1,2,3	9.98,16.57,19.42
	Ni^{2+}	1,2,3	5.3,7.64,8.5
	Pb^{2+}	1,2	4.91,6.76
	Sc^{3+}	1,2,3,4	6.86,11.31,14.32,16.70
	Th^{4+}	4	24.48
	Zn^{2+}	1,2,3	4.89,7.60,8.15
	Zr^{4+}	1,2,3,4	9.80,17.14,20.86,21.15
乳酸 $CH_3CHOHCOOH$	Ba^{2+}	1	0.64
	Ca^{2+}	1	1.42
	Cd^{2+}	1	1.70
	Co^{2+}	1	1.90
	Cu^{2+}	1,2	3.02,4.85
	Fe^{3+}	1	7.1
	Mg^{2+}	1	1.37
	Mn^{2+}	1	1.43
	Ni^{2+}	1	2.22
	Pb^{2+}	1,2	2.40,3.80
	Sc^{2+}	1	5.2
	Th^{4+}	1	5.5
	Zn^{2+}	1,2	2.20,3.75

续表 8

配位体	金属离子	配位体数目 n	$\lg K$
水杨酸 $C_6H_4(OH)COOH$	Al^{3+}	1	14.11
	Cd^{2+}	1	5.55
	Co^{2+}	1,2	6.72,11.42
	Cr^{2+}	1,2	8.4,15.3
	Cu^{2+}	1,2	10.60,18.45
	Fe^{2+}	1,2	6.55,11.25
	Mn^{2+}	1,2	5.90,9.80
	Ni^{2+}	1,2	6.95,11.75
	Th^{4+}	1,2,3,4	4.25,7.60,10.05,11.60
	TiO^{2+}	1	6.09
	V^{2+}	1	6.3
	Zn^{2+}	1	6.85
磺基水杨酸 $HO_3SC_6H_3(OH)COOH$	Al^{3+}	1,2,3	13.20,22.83,28.89
	Be^{2+}	1,2	11.71,20.81
	Cd^{2+}	1,2	16.68,29.08
	Co^{2+}	1,2	6.13,9.82
	Cr^{3+}	1	9.56
	Cu^{2+}	1,2	9.52,16.45
	Fe^{2+}	1,2	5.9,9.9
	Fe^{3+}	1,2,3	14.64,25.18,32.12
	Mn^{2+}	1,2	5.24,8.24
	Ni^{2+}	1,2	6.42,10.24
	Zn^{2+}	1,2	6.05,10.65
酒石酸 $(HOOCCHOH)_2$	Ba^{2+}	2	1.62
	Bi^{3+}	3	8.30
	Ca^{2+}	1,2	2.98,9.01
	Cd^{2+}	1	2.8
	Co^{2+}	1	2.1
	Cu^{2+}	1,2,3,4	3.2,5.11,4.78,6.51
	Fe^{3+}	1	7.49
	Hg^{2+}	1	7.0
	Mg^{2+}	2	1.36
	Mn^{2+}	1	2.49
	Ni^{2+}	1	2.06
	Pb^{2+}	1,3	3.78,4.7
	Sn^{2+}	1	5.2
	Zn^{2+}	1,2	2.68,8.32

续表 9

配位体	金属离子	配位体数目 n	$\lg K$
丁二酸 $HOOCCH_2CH_2COOH$	Ba^{2+}	1	2.08
	Be^{2+}	1	3.08
	Ca^{2+}	1	2.0
	Cd^{2+}	1	2.2
	Co^{2+}	1	2.22
	Cu^{2+}	1	3.33
	Fe^{3+}	1	7.49
	Hg^{2+}	2	7.28
	Mg^{2+}	1	1.20
	Mn^{2+}	1	2.26
	Ni^{2+}	1	2.36
	Pb^{2+}	1	2.8
	Zn^{2+}	1	1.6
硫脲 $H_2NC(=S)NH_2$	Ag^{+}	1,2	7.4,13.1
	Bi^{3+}	6	11.9
	Cd^{2+}	1,2,3,4	0.6,1.6,2.6,4.6
	Cu^{+}	3,4	13.0,15.4
	Hg^{2+}	2,3,4	22.1,24.7,26.8
	Pb^{2+}	1,2,3,4	1.4,3.1,4.7,8.3
乙二胺 $H_2NCH_2CH_2NH_2$	Ag^{+}	1,2	4.70,7.70
	Cd^{2+}(20 ℃)	1,2,3	5.47,10.09,12.09
	Co^{2+}	1,2,3	5.91,10.64,13.94
	Co^{3+}	1,2,3	18.7,34.9,48.69
	Cr^{2+}	1,2	5.15,9.19
	Cu^{+}	2	10.8
	Cu^{2+}	1,2,3	10.67,20.0,21.0
	Fe^{2+}	1,2,3	4.34,7.65,9.70
	Hg^{2+}	1,2	14.3,23.3
	Mg^{2+}	1	0.37
	Mn^{2+}	1,2,3	2.73,4.79,5.67
	Ni^{2+}	1,2,3	7.52,13.84,18.33
	Pd^{2+}	2	26.90
	V^{2+}	1,2	4.6,7.5
	Zn^{2+}	1,2,3	5.77,10.83,14.11

注:表中金属与无机配位体配合物的稳定常数,除特别说明外,均表示是在 25 ℃下,离子强度 $I=0$;

金属与有机配位体配合物的稳定常数,离子强度都是在有限的范围内,$I\approx0$。

附录八 常见无机化合物在水中的溶解度

数据为 1atm 下,单位为 g/100 cm^3

化学式	0 ℃	10 ℃	20 ℃	30 ℃	40 ℃	60 ℃	80 ℃	90 ℃	100 ℃
NH_3	88.5	70	56	44.5	34	20	11	8	7
NH_4HCO_3	11.9	16.1	21.7	28.4	36.6	59.2	109	170	354
NH_4Br	60.6	68.1	76.4	83.2	91.2	108	125	135	145
NH_4Cl	29.4	33.2	37.2	41.4	45.8	55.3	65.6	71.2	77.3
$(NH_4)_2Cr_2O_7$	18.2	25.5	35.6	46.5	58.5	86	115	—	156
NH_4NO_3	118	150	192	242	297	421	580	740	871
$(NH_4)_2C_2O_4$	2.2	3.21	4.45	6.09	8.18	14	22.4	27.9	34.7
NH_4ClO_4	12	16.4	21.7	37.7	34.6	49.9	68.9	—	—
$(NH_4)_2SO_4$	70.6	73	75.4	78	81	88	95	—	103
$(NH_4)_2SO_3$	47.9	54	60.8	68.8	78.4	104	144	150	153
$BaBr_2$	98	101	104	109	114	123	135	—	149
$BaCl_2$	31.2	33.5	35.8	38.1	40.8	46.2	52.5	55.8	59.4
$Ba(ClO_2)_2$	43.9	44.6	45.4	—	47.9	53.8	66.6	—	80.8
BaI_2	182	201	223	250	—	264	—	291	301
$Ba(NO_3)_2$	4.95	6.67	9.02	11.5	14.1	20.4	27.2	—	34.4
$CaCl_2$	59.5	64.7	74.5	100	128	137	147	154	159
$Ca(C_2H_3O_2)_2 \cdot 2H_2O$	37.4	36	34.7	33.8	33.2	32.7	33.5	31.1	29.7
$Ca(HCO_3)_2$	16.1	—	16.6	—	17.1	17.5	17.9	—	18.4
$CaBr_2$	125	132	143	—	213	278	295	—	312
$Ca(H_2PO_4)_2$	—	—	1.8	—	—	—	—	—	—
$Ca(NO_3)_2 \cdot 4H_2O$	102	115	129	152	191	—	358	—	363
$Ca(NO_2)_2 \cdot 4H_2O$	63.9	—	84.5	104	—	134	151	166	178
$CaSO_4 \cdot 2H_2O$	0.22	0.24	0.26	0.26	0.27	0.24	0.23	—	0.205
$CdBr_2$	56.3	75.4	98.8	129	152	153	156	—	160
$CdCl_2$	100	135	135	135	135	136	140	—	147
CdI_2	78.7	—	84.7	87.9	92.1	100	111	—	125
$Cd(NO_3)_2$	122	—	136	150	194	310	713	—	—
$CdSO_4$	75.4	76	76.6	—	78.5	81.8	66.7	63.1	60.8
$HgCl_2$	3.63	4.82	6.57	8.34	10.2	16.3	30	—	61.3
$CoBr_2$	91.9	—	112	128	163	227	241	—	257
$CoCl_2$	43.5	47.7	52.9	59.7	69.5	93.8	97.6	101	106

续表 1

化学式	0 ℃	10 ℃	20 ℃	30 ℃	40 ℃	60 ℃	80 ℃	90 ℃	100 ℃
$Co(NO_3)_2$	84	89.6	97.4	111	125	174	204	300	—
$CoSO_4$	25.5	30.5	36.1	42	48.8	55	53.8	45.3	38.9
KBr	53.6	59.5	65.3	70.7	75.4	85.5	94.9	99.2	104
K_2CO_3	105	109	111	114	117	127	140	148	156
$KClO_3$	3.3	5.2	7.3	10.1	13.9	23.8	37.5	46	56.3
KCl	28	31.2	34.2	37.2	40.1	45.8	51.3	53.9	56.3
K_2CrO_4	56.3	60	63.7	66.7	67.8	70.1	—	74.5	—
$K_2Cr_2O_7$	4.7	7	12.3	18.1	26.3	45.6	73	—	—
KH_2PO_4	14.8	18.3	22.6	28	35.5	50.2	70.4	83.5	—
$K_3Fe(CN)_6$	30.2	38	46	53	59.3	70	—	—	91
$K_4Fe(CN)_6$	14.3	21.1	28.2	35.1	41.4	54.8	66.9	71.5	74.2
$KHCO_3$	22.5	27.4	33.7	39.9	47.5	65.6	—	—	—
$KHSO_4$	36.2	—	48.6	54.3	61	76.4	96.1	—	122
KOH	95.7	103	112	126	134	154	—	—	178
KIO_3	4.6	6.27	8.08	10.3	12.6	18.3	24.8	—	32.3
KI	128	136	144	153	162	176	192	198	206
KNO_3	13.9	21.9	31.6	45.3	61.3	106	167	203	245
KNO_2	279	292	306	320	329	348	376	390	410
$KClO_4$	0.76	1.06	1.68	2.56	3.73	7.3	13.4	17.7	22.3
KIO_4	0.17	0.28	0.42	0.65	1	2.1	4.4	5.9	—
$KMnO_4$	2.83	4.31	6.34	9.03	12.6	22.1	—	—	—
K_2SO_4	7.4	9.3	11.1	13	14.8	18.2	21.4	22.9	24.1
KSCN	177	198	224	255	289	372	492	571	675
$K_2S_2O_3$	96	—	155	175	205	238	293	312	—
$AlCl_3$	43.9	44.9	45.8	46.6	47.3	48.1	48.6	—	49
$Al(NO_3)_3$	60	66.7	73.9	81.8	88.7	106	132	153	160
$Al_2(SO_4)_3$	31.2	33.5	36.4	40.4	45.8	59.2	73	80.8	89
$MgBr_2$	98	99	101	104	106	112	—	—	125
$Mg(ClO_3)_2$	114	123	135	155	178	242	—	268	—
$MgCl_2$	52.9	53.6	54.6	55.8	57.5	61	66.1	69.5	73.3
$Mg(NO_3)_2$	62.1	66	69.5	73.6	78.9	78.9	91.6	106	—
$MgSO_4$	22	28.2	33.7	38.9	44.5	54.6	55.8	52.9	50.4
$MnBr_2$	127	136	147	157	169	197	225	226	228
$MnCl_2$	63.4	68.1	73.9	80.8	88.5	109	113	114	115

续表 2

化学式	0 ℃	10 ℃	20 ℃	30 ℃	40 ℃	60 ℃	80 ℃	90 ℃	100 ℃
$MnSO_4$	52.9	59.7	62.9	62.9	60	53.6	45.6	40.9	35.3
CH_3COONa	36.2	40.8	46.4	54.6	65.6	139	153	161	170
$NaBrO_3$	24.2	30.3	36.4	42.6	48.8	62.6	75.7	—	90.8
NaBr	80.2	85.2	90.8	98.4	107	118	120	121	121
Na_2CO_3	7	12.5	21.5	39.7	49	46	43.9	43.9	—
$NaClO_3$	79.6	87.6	95.9	105	115	137	167	184	204
NaCl	35.7	35.8	35.9	36.1	36.4	37.1	38	38.5	39.2
Na_2CrO_4	31.7	50.1	84	88	96	115	125	—	126
$Na_2Cr_2O_7$	163	172	183	198	215	269	376	405	415
NaH_2PO_4	56.5	69.8	86.9	107	133	172	211	234	—
NaF	3.66	—	4.06	4.22	4.4	4.68	4.89	—	5.08
HCOONa	43.9	62.5	81.2	102	108	122	138	147	160
$NaHCO_3$	7	8.1	9.6	11.1	12.7	16	—	—	—
NaOH	—	98	109	119	129	174	—	—	—
$NaIO_3$	2.48	4.59	8.08	10.7	13.3	19.8	26.6	29.5	33
NaI	159	167	178	191	205	257	295	—	302
Na_2MoO_4	44.1	64.7	65.3	66.9	68.6	71.8	—	—	—
$NaNO_3$	73	80.8	87.6	94.9	102	122	148	—	180
$NaNO_2$	71.2	75.1	80.8	87.6	94.9	111	113	—	160
$Na_2C_2O_4$	2.69	3.05	3.41	3.81	4.18	4.93	5.71	—	6.5
$NaClO_4$	167	183	201	222	245	288	306	—	329
Na_3PO_4	4.5	8.2	12.1	16.3	20.2	20.9	60	68.1	77
Na_2SO_4	4.9	9.1	19.5	40.8	48.8	45.3	43.7	42.7	42.5
$Na_2S_2O_3$	71.5	—	73	—	77.6	—	90.8	—	97.2
$NiBr_2$	113	122	131	138	144	153	154	—	155
$Ni(ClO_3)_2$	111	120	133	155	181	221	308	—	—
$NiCl_2$	53.4	56.3	66.8	70.6	73.2	81.2	86.6	—	87.6
NiI_2	124	135	148	161	174	184	187	188	—
$Ni(NO_3)_2$	79.2	—	94.2	105	119	158	187	188	—
$NiSO_4 \cdot 6H_2O$	—	—	44.4	46.6	49.2	55.6	64.5	70.1	76.7
HCl	81	75	70	65.5	61	53	47	43	40
$Pb(C_2H_3O_2)_2$	19.8	29.5	44.3	69.8	116	—	—	—	—
$PbCl_2$	0.67	0.82	1	1.2	1.42	1.94	2.54	2.88	3.2
PbI_2	0.04	0.06	0.07	0.09	0.12	0.19	0.29	—	0.42

续表 3

化学式	0 ℃	10 ℃	20 ℃	30 ℃	40 ℃	60 ℃	80 ℃	90 ℃	100 ℃
$Pb(NO_3)_2$	37.5	46.2	54.3	63.4	72.1	91.6	111	—	133
$SbCl_3$	602	—	910	1090	1370	—	—	—	—
$FeBr_2$	101	109	117	124	133	144	168	176	184
$FeCl_2$	49.7	59	62.5	66.7	70	78.3	88.7	92.3	94.9
$FeSO_4 \cdot 7H_2O$	28.8	40	48	60	73.3	101	68.3	57.8	—
$FeCl_3 \cdot 6H_2O$	74.4	—	91.8	107	—	—	—	—	—
$Fe(NO_3)_3 \cdot 9H_2O$	112	—	138	—	175	—	—	—	—
$CuCl_2$	68.6	70.9	73	77.3	87.6	96.5	104	108	120
$Cu(NO_3)_2$	83.5	100	125	156	163	182	208	222	247
$CuSO_4 \cdot 5H_2O$	23.1	27.5	32	37.8	44.6	61.8	83.8	—	114
$ZnBr_2$	389	—	446	528	591	618	645	—	672
$ZnCl_2$	342	353	395	437	452	488	541	—	614
ZnI_2	430	—	432	—	445	467	490	—	510
$Zn(NO_3)_2$	98	—	—	138	211	—	—	—	—
$ZnSO_4$	41.6	47.2	53.8	61.3	70.5	75.4	71.1	—	60.5
$AgNO_3$	122	167	216	265	311	440	585	652	733
Ag_2SO_4	0.57	0.7	0.8	0.89	0.98	1.15	1.3	1.36	1.41

附录九　常见离子与化合物的颜色

离子或化合物	颜色	离子化合物	颜色
Ag_2O	褐	Ag_2S	黑
$AgCl$	白	Ag_2SO_4	白
Ag_2CO_3	白	$Al(OH)_3$	白
Ag_3CPO_4	黄	$BaSO_4$	白
Ag_2CrO_4	砖红	$BaSO_3$	白
$Ag_2C_2O_4$	白	BaS_2O_3	白
$AgCN$	白	$BaCO_3$	白
$AgSCN$	白	$Ba_3(PO_4)_2$	白
$Ag_2S_2O_3$	白	$BaCrO_4$	黄
$Ag_3[Fe(CN)_6]$	橙	BaC_2O_4	白
$Ag_4[Fe(CN)_6]$	白	$BiOCl$	白
$AgBr$	浅黄	Bi_2O_3	黄
AgI	黄	Bi_2S_3	黑

续表 1

离子或化合物	颜色	离子或化合物	颜色
BiI_3	白	$CrCl_3 \cdot 6H_2O$	绿
$Bi(OH)_3$	黄	$[Cr(H_2O)_6]^{2+}$	天蓝
$Bi(OH)CO_3$	白	$[Cr(H_2O)_6]^{3+}$	紫蓝
$BiO(OH)$	灰黄	CrO_3	橙红
$Ca_3(PO_4)_2$	白	$[Cr(H_2O)_5Cl]^{2+}$	蓝绿
$CaCO_3$	白	$[Cr(H_2O)_4Cl_2]^{+}$	绿
$CaHPO_4$	白	$Cr(OH)_3$	灰绿
$Ca(OH)_2$	白	CrO_4^{2-}	黄
CaO	白	CrO_2^{-}	亮绿
$CaSO_4$	白	$Cr_2O_7^{2-}$	橙
$CaSO_3$	白	CuS	黑
$CdCO_3$	白	$Cu_2[Fe(CN)_6]$	红棕
$Cd(OH)_2$	白	$Cu_2(OH)_2CO_3$	蓝
CdO	棕灰	$Cu_2(OH)_2SO_4$	浅蓝
CdS	黄	Cu_2O	暗红
Co_2O_3	灰黑	$[CuCl_2]^{-}$	白
$CoCl \cdot 2H_2O$	紫红	$[CuCl4]^{2-}$	黄
$CoCl \cdot 6.2H_2O$	粉红	$CuCl$	白
$[Co(H_2O)_6]^{2+}$	粉红	$[Cu(H_2O)_4]^{2+}$	蓝
$[Co(NH_3)_6]^{2+}$	黄	$[CuI_2]^{-}$	黄
$[Co(NH_3)_6]^{3+}$	橙黄	CuI	白
$Co(OH)_2$	粉红	$[Cu(NH_3)_4]^{2+}$	深蓝
$Co(OH)$	褐棕	$Cu(OH)_2$	浅蓝
$Co(OH)Cl$	蓝	$Cu(OH)$	黄
CoO	灰绿	CuO	黑
$[Co(SCN)_4]^{2-}$	蓝	$Cu(SCN)_2$	黑绿
$CoSiO_3$	紫	$CuSO_4 \cdot 5H_2O$	蓝
$CoSO_4 \cdot 7H_2O$	红	FeC_2O_4	浅黄
CoS	黑	Fe_2O_3	砖红
Cr_2O_3	绿	Fe_2S_3	黑
$Cr_2O_7^{2-}$	橙	$Fe_2(SiO_3)_3$	棕红
$Cr_2(SO_4)_3 \cdot 18H_2O$	紫	$Fe_3[Fe(CN)_6]_2$	蓝
$Cr_2(SO_4)_3 \cdot 6H_2O$	绿	$Fe_4[Fe(CN)_6]_3$	蓝
$Cr_2(SO_4)_3$	桃红	$FeCO_3$	白

续表 2

离子或化合物	颜色	离子或化合物	颜色
$[Fe(H_2O)_6]^{2+}$	浅绿	$[Ni(NH_3)_6]^{2+}$	蓝
$[Fe(H_2O)_6]^{3+}$	淡紫	$Ni(OH)_2$	浅绿
$[Fe(NCS)_n]^{3-n}$	血红	$Ni(OH)_3$	黑
$[Fe(NO)]SO_4$	深棕	NiO	暗绿
$Fe(OH)_2$	白	$NiSiO_3$	翠绿
$Fe(OH)_3$	红棕	NiS	黑
FeO	黑	Pb_3O_4	红
$FePO_4$	浅黄	$PbBr_2$	白
FeS	黑	PbC_2O_4	白
$[Fe(CN)_6]^{4-}$	黄	$PbCl_2$	白
$FeCl_3 \cdot 6H_2O$	黄棕	$PbCO_3$	白
$[Fe(CN)_6]^{3-}$	红棕	$PbCrO_4$	黄
HgS	红黑	PbI_2	黄
Hg_2Cl_2	黄白	$PbMoO_4$	黄
Hg_2I_2	黄	PbO_2	棕褐
Hg_2SO_4	白	$Pb(OH)_2$	白
HgO	红(黄)	$PbSO_4$	白
I_2	紫	PbS	黑
I_3^-	棕黄	Sb_2O_3	白
$Mg(OH)_2$	白	Sb_2O_5	淡黄
$MgCO_3$	白	SbI_3	黄
$MgNH_4PO_4$	白	SbOCl	白
$Mn_2[Fe(CN)_6]$	白	$Sb(OH)_3$	白
$[Mn(H_2O)_6]^{2+}$	浅红	$Sn(OH)_4$	白
MnO_2	棕	$Sn(OH)Cl$	白
$Mn(OH)_2$	白	SnS_2	黄
MnO_4^{2-}	绿	SnS	棕
MnO_4^-	紫红	$TiCl_3 \cdot 6H_2O$	绿
$MnSiO_3$	肉粉	$[Ti(H_2O)_6]^{3+}$	紫
MnS	肉粉	TiO_2^{2+}	橙红
$Na[Fe(CN)_5NO] \cdot 2H_2O$	红	ZnO	白
$NaBiO_3$	黄棕	$Zn(OH)_2$	白
$Na[Sb(OH)_6]$	白	ZnS	白
$(NH_4)_2Fe(SO_4)_2 \cdot 12H_2O$	浅紫	$Zn_2(OH)_2CO_3$	白
$(NH_4)_2Fe(SO_4)_2 \cdot 6H_2O$	蓝绿	ZnC_2O_4	白
$(NH_4)_2Na[CO(NO_2)_6]$	黄	$ZnSiO_3$	白
$(NH_4)_3PO_4 \cdot 12MoO_3 \cdot 6H_2O$	黄	$Zn_2[Fe(CN)_6]$	白
$Ni(CN)_2$	浅绿	$Zn_3[Fe(CN)_6]_2$	黄褐
$[Ni(H_2O)_6]^{2+}$	亮绿		

附录十　常用酸、碱溶液的密度和浓度

试剂名称		密度/(g/mL)	含量/%	浓度/(mol/L)
盐酸 HCl	浓	1.18	38	12
	稀	1.03	7	2
硝酸 HNO_3	浓	1.42	70.4	16
	稀	1.2	33	6
		1.07	12	2
硫酸 H_2SO_4	浓	1.84	98	18
	稀	1.06	9	1
磷酸 H_3PO_4	浓	1.7	85	14.6
	稀	1.06	9	1
高氯酸 $HClO_4$	浓	1.68	70	11.7
	稀	1.12	19	2
冰乙酸 CH_3COOH	浓	1.05	99	17.5
	稀	1.04	30	5
		1.02	12	2
氢氟酸 HF	浓	1.13	40	23
氢氧化钠 NaOH	浓	1.43	40	14
		1.33	30	13
	稀	1.09	8	2
氨水 $NH_3 \cdot H_2O$	浓	0.91	28	14.8
	稀	0.98	4	2

附录十一　常用 pH 缓冲溶液的配制

(298 K)

试剂名称	pH 值(298 K)	缓冲溶液配制方法
草酸三氢钾 $KH_3(C_2O_4)_2 \cdot 2H_2O$	1.68 ±0.01	称取 12.61 g $KH_3(C_2O_4)_2 \cdot 2H_2O$,加蒸馏水溶解,转移至 1000 mL 容量瓶中,加蒸馏水至刻度
酒石酸氢钾 $KHC_4H_4O_6$	3.56 ±0.01	将过量的 $KHC_4H_4O_6$ 固体试剂与蒸馏水(约 20 g/1 L),放入试剂瓶中,控制温度在(298 ±5)K,剧烈震荡 30 min,待溶液澄清后取清液备用
邻苯二甲酸氢钾 $KHC_8H_4O_4$	4.00 ±0.01	称取 10.12 g $KHC_8H_4O_4$,加蒸馏水溶解,转移至 1 000 mL 容量瓶中,加蒸馏水至刻度

续表

试剂名称	pH 值(298 K)	缓冲溶液配制方法
磷酸二氢钾－磷酸氢二钠 $KH_2PO_4-Na_2HPO_4$	6.86±0.01	称取3.387 g KH_2PO_4 和3.533 g Na_2HPO_4,加蒸馏水溶解,转移至1 000 mL 容量瓶中,加蒸馏水至刻度
四硼酸钠 $Na_2B_4O_7\cdot10H_2O$	9.18±0.01	称取3.80 g $Na_2B_4O_7\cdot10H_2O$,加蒸馏水溶解,转移至1 000 mL 容量瓶中,加蒸馏水至刻度
碳酸氢钠－碳酸钠 $NaHCO_3-Na_2CO_3$	10.00±0.01	称取2.10 g $NaHCO_3$ 和2.65 g Na_2CO_3,加蒸馏水溶解,转移至1 000 mL容量瓶中,加蒸馏水至刻度
氢氧化钙 $Ca(OH)_2$	12.46±0.01	将过量的 $Ca(OH)_2$ 固体试剂与蒸馏水(约10 g/1L),放入试剂瓶中,控制温度在(298±5)K,剧烈震荡30 min,待溶液澄清后取清液备用

附录十二　常用特殊试剂的配制

试剂名称	浓度	配制方法
三氯化铋 $BiCl_3$	0.1 mol/L	将3.2 g 三氯化铋溶解于33 mL 6 mol/L HCl 溶液中,加蒸馏水稀释至100 mL
三氯化锑 $SbCl_3$	0.1 mol/L	将2.3 g 三氯化锑溶解于33 mL 6 mol/L HCl 溶液中,加蒸馏水稀释至100 mL
三氯化铁 $FeCl_3$	1 mol/L	将9 g $FeCl_3\cdot6H_2O$ 溶解于8 mL 6 mol/L HCl 溶液中,加蒸馏水稀释至100 mL
三氯化铬 $CrCl_3$	0.5 mol/L	将4.5 g $CrCl_3\cdot6H_2O$ 溶解于4 mL 6 mol/L HCl 溶液中,加蒸馏水稀释至100 mL
氯化亚锡 $SnCl_2$	0.1 mol/L	将2.3 g $SnCl_2\cdot H_2O$ 溶解于33 mL 6 mol/L HCl 溶液中,加蒸馏水稀释至100 mL,加入几粒纯锡
氯化氧钒 VO_2Cl		将1 g 氯化氧钒溶解于20 mL 6 mol/L HCl 溶液和10 mL 蒸馏水中
硝酸汞 $Hg(NO_3)_2$	0.1 mol/L	将3.3 g $Hg(NO_3)_2\cdot H_2O$ 溶解于100 mL 0.6 mol/L HNO_3 溶液
硝酸亚汞 $Hg_2(NO_3)_2$	0.1 mol/L	将5.6 g $Hg_2(NO_3)_2\cdot2H_2O$ 溶解于100 mL 0.6 mol/L HNO_3 溶液中,再加入少许金属汞
硫化钠 Na_2S	1 mol/L	将24 g $Na_2S\cdot9H_2O$ 和4克 NaOH 溶解于50 mL 蒸馏水中,再加蒸馏水稀释至100 mL
硫酸亚铁 $FeSO_4$	0.5 mol/L	将7 g $FeSO_4\cdot7H_2O$ 溶解于30 mL 蒸馏水中,加入15 mL 6 mol/L H_2SO_4 溶液,再加蒸馏水稀释至100 mL
硫酸氧钛 $TiOSO_4$	0.1 mol/L	将1.9 g 液态 $TiCl_4$ 溶解于22 mL 9 mol/L H_2SO_4 溶液中,加蒸馏水稀释至100 mL
硫化铵 $(NH_4)_2S$	3 mol/L	在20 mL 浓 $NH_3\cdot H_2O$ 中通入 H_2S 直至饱和,加入20 mL 浓 $NH_3\cdot H_2O$,再加蒸馏水稀释至100 mL

续表

试剂名称	浓度	配制方法
硫酸铵 $(NH_4)_2SO_4$	饱和	将 50 g $(NH_4)_2SO_4$ 溶解于 100 mL 热蒸馏水中,冷却后过滤
硫代乙酰胺 CH_3CSNH_2	5%	将 5 g 硫代乙酰胺溶解于 100 mL 蒸馏水中,过滤
碳酸铵 $(NH_4)_2CO_3$	1 mol/L	将 9.6 g $(NH_4)_2CO_3$ 溶解于 100 mL 2 mol/L $NH_3 \cdot H_2O$ 溶液
钼酸铵 $(NH_4)_6Mo_7O_{24}$	0.1 mol/L	将 6.4 g $(NH_4)_6Mo_7O_{24} \cdot 4H_2O$ 溶解于 50 mL 蒸馏水中;然后倒入 50 mL 6 mol/L HNO_3 溶液中,静置 24 h,过滤
六硝基钴酸钠 $Na_3[Co(NO_2)_6]$		将 23 g $NaNO_2$ 溶解于 50 mL 蒸馏水中,然后加入 16.5 mL 6 mol/L HAc 溶液和 3 克 $Cu(NO_3)_2 \cdot 6H_2O$,溶解后静置 24 h,过滤后,再加蒸馏水稀释至 100 mL,储存于棕色瓶中
亚硝酰铁氰化钠 $Na_2[Fe(CN)_5NO]$	1%	将 1 g $Na_2[Fe(CN)_5NO]$ 溶解于 100 mL 蒸馏水中,该溶液保存期 1 周左右
硝酸银—氨溶液 $AgNO_3$—NH_3		将 1 g $AgNO_3$ 溶解于 100 mL 蒸馏水中,加入 10 mL 浓 $NH_3 \cdot H_2O$,再加蒸馏水稀释至 500 mL
氯水	饱和	在蒸馏水中通入氯气,直至溶液饱和
溴水	饱和	在蒸馏水中滴加液溴,直至溶液饱和
碘水	0.01 mol/L	将 1.25 g 碘和 1.5 gKI 溶解于 100 mL 蒸馏水中,再加蒸馏水稀释至 500 mL
甲基橙	0.1%	将 0.1 g 甲基橙溶解于 100 mL 热蒸馏水中
甲基红	0.2%	将 0.2 g 甲基红溶解于 100 mL 60% 乙醇中
酚酞	0.1%	将 0.1 g 酚酞溶解于 100 mL 95% 乙醇中
石蕊	0.2%	将 0.2 g 石蕊溶解于 50 mL 蒸馏水中,静置 12 h 后,过滤。在滤液中加 30 mL 95% 乙醇。再加蒸馏水稀释至 100 mL
淀粉溶液	1%	将 1 g 淀粉与少量冷水调成糊状,倒入 100 mL 沸水中,煮沸后冷却(若加少量 $ZnCl_2$ 作防腐剂,可延长存放时间
品红溶液	0.2%	将 0.2 g 品红溶解于 100 mL 蒸馏水中
镁试剂		将 0.01 g 对硝基苯偶氮间苯二酚溶解于 1 000 mL 1 mol/L NaOH 溶液中
镁铵试剂		将 10 g $MgCl_2 \cdot 6H_2O$ 和 10 克 NH_4Cl 溶解于 50 mL 蒸馏水中,加 5 mL 浓 $NH_3 \cdot H_2O$ 溶液,再加蒸馏水稀释至 100 mL
铝试剂		将 0.1 g 铝试剂溶解于 100 mL 蒸馏水中
二乙酰二肟		将 1 g 二乙酰二肟溶解于 100 mL95% 乙醇中
钙指示剂		将钙指示剂和烘干的氯化钠研细,按 1:100 的比例混合均匀,储存于棕色瓶中
奈斯勒试剂		将 11.5 g HgI_2 和 8 g KI 溶解于 30 mL 蒸馏水中,然后稀释至 50 mL,再加入 50 mL 6 mol/L NaOH 溶液,静置后过滤,储存于棕色瓶中
二苯硫腙		将 0.01 g 二苯硫腙溶解于 100 mL CCl_4 或 $CHCl_3$ 中
铬黑 T		将铬黑 T 和烘干的氯化钠研细,按 1:100 的比例混合均匀,储存于棕色瓶中

参考文献

[1] 中山大学等校. 无机化学实验[M]. 3版. 北京:高等教育出版社,1992.
[2] 北京师范大学. 无机化学实验[M]. 3版. 北京:高等教育出版社,2001.
[3] 扬州大学等校. 新编大学化学实验(二)[M]. 北京:化学工业出版社,2010.
[4] 天津大学无机化学教研室. 无机化学实验[M]. 北京:高等教育出版社,2012.
[5] 贡雪东. 大学化学实验[M]. 北京:化学工业出版社,2007.
[6] 华东理工大学无机化学教研组. 无机化学实验[M]. 4版. 北京:高等教育出版社,2011.
[7] 周仕学,薛彦辉. 普通化学实验[M]. 北京:化学工业出版社,2003.
[8] 张勇. 现代化学基础实验[M]. 2版. 北京. 科学出版社,2005.
[9] 林深,王世铭. 大学化学实验[M]. 北京:化学工业出版社,2009.
[10] 胡立江,尤宏,郝素娥. 工科大学化学实验(修订版)[M]. 哈尔滨:哈尔滨工业大学出版社,2005.
[11] 倪惠琼. 普通化学实验[M]. 上海:华东理工大学出版社,2005.
[12] 魏庆莉,罗世忠,解从霞. 基础化学实验[M]. 北京:科学出版社,2008.
[13] 王秋长,赵鸿喜,张守民,等. 基础化学实验[M]. 北京:科学出版社,2007.
[14] 浙江大学化学系组. 新编普通化学实验[M]. 北京:科学出版社,2005.
[15] 武汉大学化学与分子科学学院实验中心. 普通化学实验[M]. 武汉:武汉大学出版社,2004.
[16] 侯海鸽,朱志彪,范乃英. 无机及分析化学实验[M]. 哈尔滨:哈尔滨工业大学出版社,2005.